2025 PATENT ATTORNEY

10개년
기출문제집

변리사 1차
자연과학개론

시대에듀

저자약력

물리 김학균 ────●
- (현) 해커스공무원 7급 물리학개론 강의
- (현) 해커스임용 임용물리(전공) 및 물리교육론 강의
- (전) EBSi 물리 강의
- (전) 메가엠디 MEET, DEET(의학전문대학원, 치의학전문대학원 입학시험) 일반물리학 강의
- (전) 메가 UT 편입 일반물리학 강의
- (전) 메가엠디 PEET(약학대학입문자격시험) 물리추론(일반물리학) 강의

화학 박상일 ────●
- (현) 차의과학대학교 유기화학, 일반화학 강사
- (현) 해커스임용 유기화학 강사
- (전) 동국대학교 화학과 강사
- (전) 한국공학대학교 강사
- (전) 한국방송통신대학교 환경보건학과 강사
- (전) 한양여자대학 식품영양과 강사
- (전) 한국체육대학교 강사
- (전) 메가엠디 유기화학 강사
- (전) 김영편입 의대계열 강사
- (전) 바이오리플라 선임연구원
- (전) 수양켐텍 산업소재팀장
- (전) 한국화학연구원 신약개발팀
- (전) 유유제약 중앙연구소 연구원
- 한양대학교 화학과 박사수료

생물 조효진 ────●
- (현) G스쿨 중등임용고시 전공생물학 강의
- (전) 에듀윌 기술직, 간호/보건직 공무원 생물학 강의
- (전) 홍익대, 가천대, 한양대 생명공학 · 일반생물학 강의
- (전) 김영PMS M/DEET 일반생물학 강의
- (전) KG 패스원 PEET 일반생물학, 간호/보건직 공무원 생물학 강의
- (전) 메가엠디 PEET 일반생물학 강의
- 홍익대 최우수 강사 총장 표창
- 고려대학교 생명공학과 박사과정 수료

지구과학 이윤희 ────●
- (현) 자양고등학교 교사
- (현) 강남구청 인터넷 수능방송 고등 지구과학 강사
- (전) 디지털교육연구센터 과학탐구영역 강사

Always with you

사람의 인연은 길에서 우연하게 만나거나 함께 살아가는 것만을 의미하지는 않습니다.
책을 펴내는 출판사와 그 책을 읽는 독자의 만남도 소중한 인연입니다.
SD에듀는 항상 독자의 마음을 헤아리기 위해 노력하고 있습니다. 늘 독자와 함께하겠습니다.

머리말

변리사는 지식재산전문가로서 산업재산권에 관한 상담, 권리취득 및 분쟁해결 등에 관련된 제반 업무를 수행합니다. 첨단기술의 발달과 함께 변리사의 역할과 중요성은 나날이 커지고 있으며 그 수요 역시 꾸준히 증가하고 있으나, 고도로 기술적인 전문분야의 업무를 수행하는 만큼, 변리사가 되기 위해서는 관련 법규는 물론 특허 대상 분야에 대한 이해와 전문지식까지 요구되므로, 치열한 경쟁 속 수험생들의 부담감 역시 상당한 것이 현실입니다.

『시대에듀 변리사 1차 자연과학개론 10개년 기출문제집』은 이러한 현실 속에서 변리사 1차 시험을 준비하는 수험생들에게 가장 기본적인 방향을 제시하고자 출간되었습니다. 물리·화학·생물·지구과학으로 구성된 자연과학개론의 방대한 내용 중에서 어떠한 부분이 핵심인지는 기출문제를 통해 파악하는 것이 가장 효과적이며, 그리하여 기출문제를 분석하고 실력을 향상시키는 것이 시험에 합격하는 가장 확실한 지름길이기 때문입니다.

이 책의 특징은 다음과 같습니다.

첫째 문제편과 해설편을 분리하고, 변리사 자연과학개론 10개년(2024~2015년) 기출문제를 수록하여 출제경향을 파악할 수 있도록 하였습니다.

둘째 물리·화학·생물·지구과학 각 과목별로 핵심을 파악할 수 있도록 명확하게 서술하였고, 오답해설을 통해 고난이도 문제까지도 효과적으로 학습할 수 있도록 구성하였습니다.

셋째 보다 깊이 있는 학습을 원하는 수험생은 시대에듀 동영상 강의(유료)를 통해 검증된 수준의 강의를 지원받을 수 있습니다.

자연과학개론은 특별히 수험생 개인의 배경에 따라 난이도가 천차만별로 달라지는 과목입니다. 따라서 기출문제를 통하여 자신의 실력을 객관화시키고, 부족한 부분을 빠짐없이 보완하는 것이 필요합니다. 최근 변리사 자연과학개론은 네 과목 중 단 하나라도 포기하게 되면 1차 시험에 합격하기 힘들 정도로 수험생들의 수준이 많이 높아졌습니다. 꾸준한 복습을 통해 자신의 이해도를 점검하고 실전감각을 키우시길 바랍니다.
본서가 변리사 시험에 도전하는 수험생 여러분에게 합격의 길잡이가 될 것을 확신하며, 학습하는 모든 수험생 여러분에게 뜻하는 목표가 이루어지기를 진심으로 기원합니다.

편저자 올림

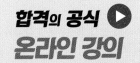

혼자 공부하기 힘드시다면 방법이 있습니다.
SD에듀의 동영상 강의를 이용하시면 됩니다.
www.sdedu.co.kr → 회원가입(로그인) → 강의 살펴보기

자격시험안내

변리사란?

산업재산권에 관한 상담 및 권리취득이나 분쟁해결에 관련된 제반 업무를 수행하는 산업재산권에 관한 전문자격사로서, 산업재산권의 출원에서 등록까지의 모든 절차를 대리하는 역할을 하는 사람

수행직무

- 산업재산권 분쟁사건 대리[무효심판 · 취소심판 · 권리범위확인심판 · 정정심판 · 통상실시권 허여심판 · 거절(취소)결정불복심판 등]
- 심판의 심결에 대해 특허법원 및 대법원에 소 제기하는 경우 그 대리
- 권리의 이전 · 명의변경 · 실시권 · 사용권 설정 대리
- 기업 등에 대한 산업재산권 자문 또는 관리업무 등 담당

시행처

한국산업인력공단

2024년 시험일정

구 분	원서접수	시험일자	합격자 발표
1차 시험	2024.01.15 ~ 2024.01.19	2024.02.24	2024.03.27
2차 시험	2024.04.22 ~ 2024.04.26	2024.07.26 ~ 2024.07.27	2024.10.30

※ 2025년 시험일정은 미발표
※ 2025년 시험일정은 반드시 한국산업인력공단 홈페이지(http://www.q-net.or.kr/)를 다시 확인하시기 바랍니다.

합격기준

구 분	합격결정기준(변리사법 시행령 제4조)
1차 시험	영어능력검정시험의 기준점수 이상을 받고 영어과목을 제외한 나머지 과목에서 과목당 100점을 만점으로 하여 각 과목의 40점 이상, 전과목 평균 60점 이상을 받은 사람 중에서 시험성적과 응시자 수를 고려하여 전과목 총점이 높은 사람 순으로 합격자 결정
2차 시험	과목당 100점을 만점으로 하여 선택과목에서 50점 이상을 받고, 필수과목의 각 과목 40점 이상, 필수과목 평균 60점 이상을 받은 사람을 합격자로 결정

시험과목

구 분	교시	시험과목	문항수	시험시간	시험방법
제1차 시험	1교시	산업재산권법	과목당 40문항	09:30~10:40(70분)	객관식 5지택일형
	2교시	민법개론		11:10~12:20(70분)	
	3교시	자연과학개론		13:40~14:40(60분)	
제2차 시험	1일차	특허법	과목당 4문항	09:30~11:30(120분)	논 술 형
		상표법		13:30~15:30(120분)	
	2일차	민사소송법		09:30~11:30(120분)	
		선택과목 택1 ① 디자인보호법(조약포함) ② 저작권법(조약포함) ③ 산업디자인 ④ 기계설계 ⑤ 열역학 ⑥ 금속재료 ⑦ 유기화학 ⑧ 화학반응공학 ⑨ 전기자기학 ⑩ 회로이론 ⑪ 반도체공학 ⑫ 제어공학 ⑬ 데이터구조론 ⑭ 발효공학 ⑮ 분자생물학 ⑯ 약제학 ⑰ 약품제조화학 ⑱ 섬유재료학 ⑲ 콘크리트 및 　철근 콘크리트공학		13:30~15:30(120분)	

공인어학성적 기준점수

시험명	TOEFL		TOEIC	TEPS	G-TELP	FLEX	IELTS
	PBT	IBT					
일반 응시자	560	83	775	385	77(level-2)	700	5
청각 장애인	373	41	387	245	51(level-2)	350	-

통계자료

구 분	제1차 시험				제2차 시험			
	대상	응시	합격	합격률	대상	응시	합격	합격률
2024년도	3,465	3,071	607	19.76%	-	-	-	-
2023년도	3,640	3,312	665	20.07%	1,184	1,116	209	18.72%
2022년도	3,713	3,349	602	17.97%	1,160	1,093	210	19.21%
2021년도	3,380	3,305	613	20.20%	1,193	1,111	201	18.09%
2020년도	3,055	2,724	647	23.75%	1,209	1,157	210	18.15%

이 책의 구성과 특징

STEP 01   문제편

문제편

2024년 제61회 기출문제

⏱ Time   분 | 해설편 183p

01 그림과 같이 반지름이 R인 반구 모양의 면을 따라 움직이던 물체가 점 q에서 반구면으로부터 이탈된다. 점 p, q에서 물체의 운동에너지는 각각 E, $3E$이고, 반구의 중심 O와 q를 잇는 선분이 수평면과 이루는 각은 θ이다. $\sin\theta$는? (단, p, q는 반구면 상의 점이며, 물체의 크기와 모든 마찰은 무시한다.)

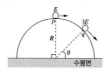

① $\dfrac{3}{5}$

② $\dfrac{13}{20}$

③ $\dfrac{7}{10}$

④ $\dfrac{3}{4}$

⑤ $\dfrac{4}{5}$

01 동일한 물체 A, B, C가 그림과 같이 줄로 도르래를 통해 연결되어 일정한 속력으로 움직인다. 물체와 수평면 사이의 운동마찰계수는 일정하다. 어느 순간 물체 A와 B 사이의 줄이 끊겨, 물체 B와 C만 연결되어 운동한다. 줄이 끊어진 후 물체 C의 가속도 크기는? (단, 줄의 질량, 공기 저항, 도르래의 관성모멘트와 회전 마찰력은 무시한다. 중력가속도는 $\vec{g}$이다)

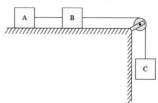

① $\dfrac{1}{2}g$

② $\dfrac{1}{4}g$

③ $\dfrac{1}{5}g$

④ $\dfrac{1}{\sqrt{2}}g$

⑤ $\dfrac{1}{\sqrt{5}}g$

2024년 포함 10개년 기출문제 수록

문제편과 해설편을 분리하고, 변리사 자연과학개론 10개년(2024~2015년) 기출문제를 수록하여 출제경향을 파악할 수 있도록 하였습니다.

STEP 02 해설편

정답 해설

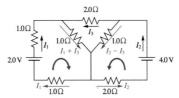

⑤ 각 저항에 흐르는 전류를 그림과 같이 설정한 다음 키르히호프의 전압규칙을 적용한다.

왼쪽 폐회로를 시계방향으로 돌리면 $2-3I_1-I_3=0$이고, 오른쪽 폐회로를 반시계방향으로 돌리면 $4-3I_2+I_3=0$이고, 가장 바깥 폐회로를 반시계 방향으로 돌리면 $2-2I_3+2I_1-2I_2=0$이 된다. 세 식을 연립하면 $I_1=0.6A$, $I_2=1.4A$이다.

오답 해설

① B는 맨틀로, SiO_2 함량이 작은 감람암질 암석으로 이루어져 있다. 규장질은 SiO_2 함량이 큰 화강암질 암석을 의미한다.

③ C 외핵과 D 내핵은 모두 철, 니켈과 같은 금속 성분으로 이루어져 있어 화학 조성은 같으나, 외핵은 액체 상태, 내핵은 고체 상태이므로 물리적 성질은 서로 다르다.

④ A, B, D는 고체, C는 액체로 구성되어 있다.

⑤ C 외핵은 액체, D 내핵은 고체이기 때문에 경계면에서 지진파 P파의 속도는 증가한다.

핵심을 파악하는 해설

물리·화학·생물·지구과학 각 과목별로 핵심을 파악할 수 있도록 명확하게 서술하였고, 오답해설을 통해 고난이도 문제까지도 효과적으로 학습할 수 있도록 구성하였습니다.

온라인 CBT 모의고사

도서 구매자를 위한 특별 혜택

이벤트 쿠폰 입력하고 모의고사 응시권 받으세요. 시대에듀 도서를 구매하신 분들께 모의고사를 응시할 수 있는 기회를 드립니다.

이 책의 목차

문제편

해설편

Patent Attorney

문제편

변리사 1차 자연과학개론

변리사 1차 국가자격시험

교 시	문제형별	시험시간	시 험 과 목
3교시	A	60분	자연과학개론

수험번호		성 명	

【 수 험 자 유 의 사 항 】

1. **시험문제지 표지와 시험문제지 내 문제형별의 동일여부** 및 시험문제지의 **총면수, 문제번호 일련순서, 인쇄상태** 등을 확인하시고, 문제지 표지에 수험번호와 성명을 기재하시기 바랍니다.

2. 답은 각 문제마다 요구하는 **가장 적합하거나 가까운 답 1개**만 선택하고, 답안카드 작성 시 시험문제지 **형별누락, 마킹착오**로 인한 불이익은 전적으로 **수험자에게 책임**이 있음을 알려드립니다.

3. 답안카드는 국가전문자격 공통 표준형으로 문제번호가 1번부터 125번까지 인쇄되어 있습니다. 답안 마킹 시에는 반드시 **시험문제지의 문제번호와 동일한 번호**에 마킹하여야 합니다.

4. **감독위원의 지시에 불응하거나 시험시간 종료 후 답안카드를 제출하지 않을 경우** 불이익이 발생할 수 있음을 알려 드립니다.

5. 시험문제지는 시험 종료 후 가져가시기 바랍니다.

안내사항

1. 수험자는 QR코드를 통해 가답안을 확인하시기 바랍니다.
   (※ 사전 설문조사 필수)

2. 시험 합격자에게 '**합격축하 SMS(알림톡) 알림 서비스**'를 제공하고 있습니다.

   – 수험자 여러분의 합격을 기원합니다 –

할 수 있다고 믿는 사람은 그렇게 되고,
할 수 없다고 믿는 사람도 역시 그렇게 된다.

- 샤를 드골 -

2024년 제61회 기출문제

✓ Time   분 | 해설편 183p

01 그림과 같이 반지름이 R인 반구 모양의 면을 따라 움직이던 물체가 점 q에서 반구면으로부터 이탈된다. 점 p, q에서 물체의 운동에너지는 각각 E, $3E$ 이고, 반구의 중심 O와 q를 잇는 선분이 수평면과 이루는 각은 θ이다. $\sin\theta$ 는? (단, p, q는 반구면 상의 점이며, 물체의 크기와 모든 마찰은 무시한다.)

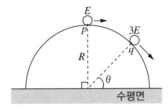

① $\dfrac{3}{5}$

② $\dfrac{13}{20}$

③ $\dfrac{7}{10}$

④ $\dfrac{3}{4}$

⑤ $\dfrac{4}{5}$

02 그림 (가)와 같이 두 실 p, q로 연결된 물체 A, B, C가 도르래를 통하여 일정한 가속력 a로 운동하다가, (나)와 같이 어느 순간 p가 끊겨 B, C가 $2a$의 가속력으로 운동한다. A, C의 질량은 각각 $5m$, $2m$이고, (가), (나)에서 q가 B에 작용하는 장력은 각각 $T_{(가)}$, $T_{(나)}$이다. $\dfrac{T_{(나)}}{T_{(가)}}$는? (단, 실의 질량과 모든 마찰은 무시한다.)

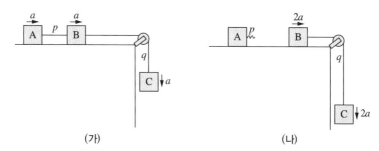

(가)   (나)

① $\dfrac{1}{2}$

② $\dfrac{5}{8}$

③ $\dfrac{3}{4}$

④ $\dfrac{7}{8}$

⑤ 1

03 서로 같은 속력으로 각각 등속운동을 하던 물체 A, B가 시간 $t=0$인 순간부터 서로 다른 가속도로 등가속도 운동하여 각각 $t=t_0$, $t=2t_0$인 순간에 정지하였다. A, B가 $t=0$인 순간부터 정지할 때까지 이동한 거리는 각각 s_A, s_B이다. $\dfrac{s_B}{s_A}$는?

① $\sqrt{2}$

② $\dfrac{3}{2}$

③ $\sqrt{3}$

④ 2

⑤ 4

04 그림은 길이가 L이고 선폭이 d인 직사각형 모양의 두께가 일정한 도체 띠에 직류 전류 I 가 흐르고 있는 것을 나타낸 것이다. 도체 띠 평면에 수직으로 크기가 B인 균일한 자기장을 걸었을 때 선폭 양단 사이의 홀(Hall) 전압은 V_H이다. 다른 조건은 동일하고 선폭이 $2d$인 도체 띠에 직류 전류 I 가 흐르고, 크기가 $4B$ 인 균일한 자기장을 걸었을 때 선폭 양단 사이의 홀(Hall) 전압은?

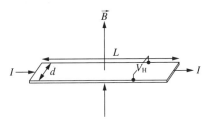

① V_H

② $2V_H$

③ $3V_H$

④ $4V_H$

⑤ $5V_H$

05 시간에 따라 변하는 폐곡선 내부의 전기장 선속은 자기장을 유도하고, 폐곡선 내부에 변위전류를 유도한다. 반지름이 R인 원형 평행판 축전기가 시간에 따라 변하는 전류 i로 충전될 때, 평행판 사이 중심축으로부터 r만큼 떨어진 위치에 유도되는 자기장의 크기를 옳게 나타낸 것은? (단, μ_0는 진공의 투자율이며, 평행판 사이의 전기장은 매 순간 균일하고 가장자리 효과는 무시한다.)

① $\dfrac{\mu_0 i}{2\pi R}$

② $\dfrac{\mu_0 i}{2\pi R^2}r$

③ $\dfrac{\mu_0 i}{\pi R^2}r$

④ $\dfrac{\mu_0 i}{2\pi R^3}r^2$

⑤ $\dfrac{\mu_0 i}{\pi R^3}r^2$

06 그림에서 회로에 흐르는 전류 I_1과 I_2로 옳은 것은?

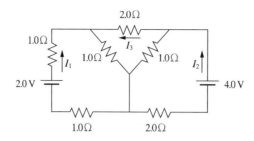

① $I_1 = 0.4\,\mathrm{A}, \ I_2 = 1.2\,\mathrm{A}$

② $I_1 = 0.4\,\mathrm{A}, \ I_2 = 1.4\,\mathrm{A}$

③ $I_1 = 0.4\,\mathrm{A}, \ I_2 = 1.6\,\mathrm{A}$

④ $I_1 = 0.6\,\mathrm{A}, \ I_2 = 1.2\,\mathrm{A}$

⑤ $I_1 = 0.6\,\mathrm{A}, \ I_2 = 1.4\,\mathrm{A}$

07 그림은 1 mol의 단원자 이상 기체의 상태가 A → B → C → A로 변하는 순환과정에서의 압력 P와 부피 V를 그래프로 나타낸 것이다. A → B, B → C, C → A는 각각 등압, 등적, 등온 과정이다. 이 순환과정에서 기체가 외부에 한 총 일은 W이다. $|W|$는?

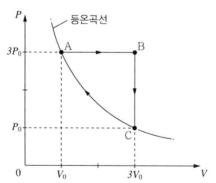

① $(6 - 3\ln 3)P_0 V_0$

② $(8 - 4\ln 3)P_0 V_0$

③ $(6 - 2\ln 3)P_0 V_0$

④ $(8 - 3\ln 3)P_0 V_0$

⑤ $(6 - \ln 3)P_0 V_0$

08 다음은 팽팽한 두 줄에 생긴 가로 파동 P, Q의 높이 변화 y_P, y_Q를 위치 x와 시간 t의 함수로 각각 나타낸 것이다.

$$y_P(x,t) = a\sin(bx - ct), \quad y_Q(x,t) = 2a\sin(3bx - 2ct)$$

이에 관한 설명으로 옳은 것만을 〈보기〉에서 있는 대로 고른 것은? (단, a, b, c는 모두 양의 상수이다.)

> ㄱ. 진폭은 Q가 P의 2배이다.
>
> ㄴ. 파장은 Q가 P의 $\frac{1}{3}$ 배이다.
>
> ㄷ. 속력은 Q가 P의 $\frac{3}{2}$ 배이다.

① ㄱ
② ㄷ
③ ㄱ, ㄴ
④ ㄴ, ㄷ
⑤ ㄱ, ㄴ, ㄷ

09 원자핵에 갇힌 전자를 무한 퍼텐셜에 갇힌 자유 전자로 가정하여 공간에 갇힌 자유 입자의 양자화 현상을 정성적으로 이해할 수 있다. 폭이 $0.31\,\text{nm}$인 1차원 무한 퍼텐셜 장벽에 갇힌 자유 전자가 세 번째 에너지 준위의 들뜬 상태에서 첫 번째 에너지 준위(바닥상태)로 전이할 때 방출하는 광자의 에너지는? (단, m_e는 전자의 질량, h는 플랑크 상수, c는 빛의 속도일 때 $m_e c^2 = 0.50\,\text{MeV}$이며, $hc = 1.24 \times 10^3\,\text{eV} \cdot \text{nm}$이다.)

① $12\,\text{eV}$
② $24\,\text{eV}$
③ $32\,\text{eV}$
④ $48\,\text{eV}$
⑤ $60\,\text{eV}$

10 반도체 소자의 선폭이 $6.2\,\text{nm}$일 때 이 선폭과 동일한 파장을 가진 광자의 에너지는 E_γ 이다. 진공 중에서 앞의 선폭과 동일한 파장의 드브로이(de Broglie) 물질파로 구현된 전자의 운동에너지는 E_e 이다. E_γ 와 E_e의 값으로 옳은 것은? (단, m_e는 전자의 질량, h는 플랑크 상수, c는 빛의 속도일 때 $m_e c^2 = 0.50$ MeV이며, $hc = 1.24 \times 10^3\,\text{eV} \cdot \text{nm}$이다.)

① $E_\gamma = 1.0 \times 10^{-2}\,\text{eV}, \ E_e = 4.0 \times 10^2\,\text{eV}$

② $E_\gamma = 2.0 \times 10^{-2}\,\text{eV}, \ E_e = 2.0 \times 10^2\,\text{eV}$

③ $E_\gamma = 1.0 \times 10^1\,\text{eV}, \ E_e = 4.0 \times 10^{-2}\,\text{eV}$

④ $E_\gamma = 2.0 \times 10^2\,\text{eV}, \ E_e = 2.0 \times 10^{-2}\,\text{eV}$

⑤ $E_\gamma = 2.0 \times 10^2\,\text{eV}, \ E_e = 4.0 \times 10^{-2}\,\text{eV}$

11 그림 (가)는 온도 T_1K, 외부압력 1atm에서 실린더에 1mol He(g)와 1mol H_2O을 넣어 도달한 평형을, (나)는 (가)에서 온도를 T_2K, 외부압력을 0.5atm으로 변화시켜 도달한 새로운 평형을 나타낸 것이다.

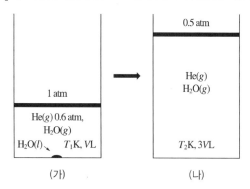

(가)   (나)

이에 관한 설명으로 옳은 것만을 〈보기〉에서 있는 대로 고른 것은? (단, He(g)의 용해, $H_2O(l)$의 부피는 무시한다. 피스톤의 질량과 마찰은 무시하며, 모든 기체는 이상 기체로 거동한다. He과 H_2O의 몰질량 (g/mol)은 각각 4와 18이다. (가)와 (나)에서 외부 압력은 각각 1atm과 0.5atm으로 일정하다.)

ㄱ. (가)에서 $H_2O(g)$ 양(g)은 $H_2O(l)$ 양(g)의 2배이다.
ㄴ. (나)에서 He(g)의 부분 압력은 0.3atm이다.
ㄷ. $4T_1 = 3T_2$ 이다.

---

① ㄱ
② ㄷ
③ ㄱ, ㄴ
④ ㄴ, ㄷ
⑤ ㄱ, ㄴ, ㄷ

12 다음은 A(g)가 B(g)를 생성하는 반응식과 압력으로 정의되는 평형 상수(K_p)이다.

$$A(g) \rightleftharpoons 2B(g) \qquad K_p$$

그림은 T_1K에서 닫힌 콕으로 연결되어 있는 실린더 (가)에 A(g)를, (나)에 A(g)와 B(g)를 각각 넣은 초기 상태를 나타낸 것이다.

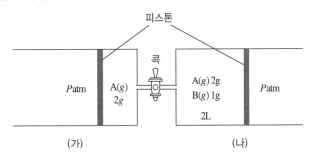

표는 콕을 열어 반응이 일어날 때, 서로 다른 평형 I 과 II에 대한 자료이다.

상태	온도(K)	실린더 (가) 속 기체의 밀도(g/L)	평형 상수(K_p)
평형 I	T_1	$\dfrac{3}{2}$	a
평형 II	T_2	$\dfrac{10}{9}$	$\dfrac{9}{2}$a

$\dfrac{\text{평형 II에서 [B]}}{\text{평형 I 에서 [B]}}$는? (단, 외부 압력은 Patm으로 일정하다. 피스톤의 마찰과 연결관의 부피는 무시하며, 모든 기체는 이상 기체로 거동한다.)

① $\dfrac{5}{4}$

② $\dfrac{4}{3}$

③ $\dfrac{3}{2}$

④ $\dfrac{5}{3}$

⑤ 2

13 다음은 온도 T에서 A(g)와 D(g)가 분해되는 화학 반응식과 반응 속도 법칙이다. k_1과 k_2는 온도 T에서의 반응 속도 상수이다.

$$2A(g) \rightarrow 2B(g) + C(g) \quad v_1 = k_1[A]^2$$

$$D(g) \rightarrow 2E(g) \qquad v_2 = k_2[D]^2$$

표는 온도 T에서 진공 강철 용기 (가)에 A(g)를, (나)에 D(g)를 각각 넣고 반응시켰을 때 반응 시간(min)에 따른 순간 반응 속도(상댓값)를 나타낸 것이다. 반응 전 넣어준 A(g)의 초기 농도($[A]_0$)는 D(g)의 초기 농도($[D]_0$)의 2배이다.

	용기	반응 시간(min)			
		0	1	2	3
순간 반응 속도 (상댓값)	(가)	64	16		x
	(나)	16		4	

이에 관한 설명으로 옳은 것만을 〈보기〉에서 있는 대로 고른 것은? (단, 온도는 T로 일정하다.)

ㄱ. $k_1 = 2k_2$이다.

ㄴ. $x = 4$이다.

ㄷ. $\dfrac{\text{(가)에서 } 0 \sim 3\text{min 동안 평균 반응 속도(M/s)}}{\text{(나)에서 } 0 \sim 2\text{min 동안 평균 반응 속도(M/s)}} = 2$이다.

① ㄱ　　　　　　　　　　　② ㄴ

③ ㄱ, ㄷ　　　　　　　　　④ ㄴ, ㄷ

⑤ ㄱ, ㄴ, ㄷ

14 그림은 미녹시딜($C_9H_{15}N_5O$)의 구조식이다.

이 구조의 미녹시딜 한 분자에는 x개의 고립(비공유) 전자쌍과 y개의 시그마(σ)결합이 있다. $x + y$는?

① 27　　　　　　　　　　　② 28

③ 31　　　　　　　　　　　④ 35

⑤ 38

15 그림은 원자 A ~ D의 제2 이온화 에너지(상댓값)와 제1 이온화 에너지(상댓값)를 나타낸 것이다. A ~ D는 각각 N, F, Na, Mg 중 하나이다.

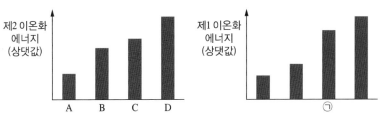

이에 관한 설명으로 옳은 것만을 〈보기〉에서 있는 대로 고른 것은? (단, A ~ D는 임의의 원소 기호이다.)

ㄱ. ㉠은 B이다.
ㄴ. 전기음성도는 C > B 이다.
ㄷ. 원자 반지름은 A > D 이다.

① ㄱ
② ㄷ
③ ㄱ, ㄴ
④ ㄴ, ㄷ
⑤ ㄱ, ㄴ, ㄷ

16 다음은 분자 궤도함수 이론에 근거한 바닥상태의 3가지 화학종 XY, ZY^-, Z_2^{2-} 에 관한 자료이다. X ~ Z는 각각 C, N, O 중 하나이다.

XY의 전자 배치는 $(\sigma_{1s})^2(\sigma_{1s}^*)^2(\sigma_{2s})^2(\sigma_{2s}^*)^2(\pi_{2p})^4(\sigma_{2p})^2$ 이다.
ZY^-의 결합 차수는 2이다.
Z_2^{2-}은 상자기성이다.

분자 궤도함수 이론에 근거하여 다음 화학종에 관한 설명으로 옳은 것만을 〈보기〉에서 있는 대로 고른 것은? (단, X ~ Z는 임의의 원소 기호이고, 모든 화학종은 바닥상태이다.)

ㄱ. $\dfrac{Z_2^+ \text{의 결합 차수}}{Z_2 \text{의 결합 차수}} < \dfrac{Y_2^- \text{의 결합 차수}}{Y_2 \text{의 결합 차수}}$ 이다.
ㄴ. 홀전자 수는 ZY와 X_2^- 이 같다.
ㄷ. XZ^-은 반자기성이다.

① ㄱ
② ㄷ
③ ㄱ, ㄴ
④ ㄴ, ㄷ
⑤ ㄱ, ㄴ, ㄷ

17 그림은 화합물 (가) ~ (다)의 가장 안정한 루이스 구조에서 중심 원자 아이오딘(I)의 $\dfrac{\text{비공유 전자쌍 수}}{\text{공유 전자쌍 수}}$ 를 나타낸 것이다. (가) ~ (다)는 각각 IF_4^-, IBr_3, ICl_2^+ 중 하나이다.

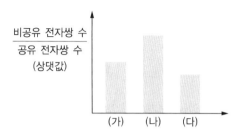

루이스 구조, 원자가 껍질 전자쌍 반발 이론, 원자가 결합 이론에 근거하여 (가) ~ (다)를 설명한 것으로 옳은 것만을 〈보기〉에서 있는 대로 고른 것은?

ㄱ. (나)는 굽은형 구조이다.
ㄴ. I의 형식 전하는 (나) > (가)이다.
ㄷ. I의 혼성 궤도함수에서 s 오비탈의 기여도는 (가) > (다)이다.

① ㄱ ② ㄷ
③ ㄱ, ㄴ ④ ㄴ, ㄷ
⑤ ㄱ, ㄴ, ㄷ

18 표는 결정장 이론에 근거한 바닥상태의 3가지 착이온에 대한 자료이다. X ~ Z는 각각 Fe, Co, Ni 중 하나이다.

화학식	$\left[XCl_4\right]^{2-}$	$\left[YCl_4\right]^{2-}$	$\left[ZCl_6\right]^{3-}$
홀전자 수	2	3	5
입체 구조	정사면체	정사면체	정팔면체

결정장 이론에 근거하여 바닥상태의 다음 착이온에 관한 설명으로 옳은 것만을 〈보기〉에서 있는 대로 고른 것은? (단, Fe, Co, Ni의 원자 번호는 각각 26, 27, 28이고, $\triangle_o$는 정팔면체 착화합물의 결정장 갈라짐 에너지이다. X ~ Z는 임의의 원소 기호이다.)

ㄱ. X는 Ni이다.
ㄴ. $\left[YI_6\right]^{3-}$의 결정장 안정화 에너지의 절댓값은 $0.4\triangle_o$이다.
ㄷ. $\left[Z(CN)_6\right]^{4-}$은 반자기성이다.

① ㄱ ② ㄴ
③ ㄱ, ㄷ ④ ㄴ, ㄷ
⑤ ㄱ, ㄴ, ㄷ

19 다음은 산화-환원 반응에서 불균형 알짜 이온 반응식을 나타낸 것이다.

$$\mathrm{Fe(OH)_2}(s) + \mathrm{MnO_4^-}(aq) \rightarrow \mathrm{MnO_2}(s) + \mathrm{Fe(OH)_3}(s)$$

염기성 수용액에서 이 반응의 균형을 맞추었을 때, $1\,\mathrm{mol}$의 $\mathrm{Fe(OH)_2}(s)$가 모두 반응하여 생성되는 $\mathrm{OH}^-(aq)$의 양(mol)은?

① $\dfrac{1}{3}$

② $\dfrac{2}{3}$

③ 1

④ $\dfrac{4}{3}$

⑤ 2

20 다음은 $T\,°\mathrm{C}$에서 $\mathrm{XF_2}(s)$와 $\mathrm{HF}(aq)$에 대한 수용액에서의 평형 반응식과 용해도 곱 상수(K_{sp}) 및 산 해리 상수(K_{a})이다.

$$\mathrm{XF_2}(s) \rightleftarrows \mathrm{X^{2+}}(aq) + 2\mathrm{F}^-(aq) \qquad K_{\mathrm{sp}} = 8.0 \times 10^{-10}$$

$$\mathrm{HF}(aq) \rightleftarrows \mathrm{H}^+(aq) + \mathrm{F}^-(aq) \qquad K_{\mathrm{a}} = 7.0 \times 10^{-4}$$

표는 $T\,°\mathrm{C}$에서 $\mathrm{XF_2}(s)$를 순수한 물과 산성 완충 용액에서 녹여 도달한 평형 I과 II에 대한 자료이다.

상태	$[\mathrm{H}^+](\mathrm{M})$	$\dfrac{[\mathrm{HF}]}{[\mathrm{F}^-]}$	$[\mathrm{X^{2+}}](\mathrm{M})$
평형 I	1.0×10^{-7}		y
평형 II	4.9×10^{-3}	x	z

$\dfrac{x \times z}{y}$는? (단, 온도는 $T\,°\mathrm{C}$로 일정하고, 평형 I에서의 F^-이 염기로 작용하는 것은 무시한다. 평형 II에서 $\mathrm{XF_2}(s)$의 용해는 주어진 평형 반응들만을 고려한다. X는 임의의 금속이다.)

① 28

② 35

③ 42

④ 49

⑤ 56

21 곤충의 외골격과 갑각류의 껍질 및 곰팡이 세포벽에서 공통적으로 발견되는 다당류 구성 성분으로 옳은 것은?

① 큐틴
② 키틴
③ 펙틴
④ 리그닌
⑤ 셀룰로오스

22 식물의 광합성에 관한 설명으로 옳은 것만을 〈보기〉에서 있는 대로 고른 것은?

> ㄱ. C_4 식물은 C_3 식물에 비해 광호흡에 의한 손실을 최소화한다.
> ㄴ. C_3 식물은 유관속초세포(bundle-sheath cell)에서 CO_2를 고정한다.
> ㄷ. CAM 식물은 밤에 CO_2를 흡수하여 고정한다.

① ㄱ
② ㄴ
③ ㄱ, ㄷ
④ ㄴ, ㄷ
⑤ ㄱ, ㄴ, ㄷ

23 진핵세포에서 포도당이 피루브산으로 분해되는 과정에 관한 설명으로 옳은 것만을 〈보기〉에서 있는 대로 고른 것은?

> ㄱ. 세포질에서 일어난다.
> ㄴ. 산소가 없어도 일어난다.
> ㄷ. 사용되는 ATP 분자보다 더 많은 ATP 분자가 방출된다.

① ㄱ
② ㄴ
③ ㄱ, ㄷ
④ ㄴ, ㄷ
⑤ ㄱ, ㄴ, ㄷ

24 골수에서 자가반응성을 가진 미성숙 B세포가 죽게 되는 과정으로 옳은 것은?

① 동형전환(isotype switching)

② 세포괴사(necrosis)

③ 양성선택(positive selection)

④ 보체활성화(complement activation)

⑤ 세포자멸사(apoptosis)

25 세균의 DNA 복제에 관한 설명으로 옳은 것만을 〈보기〉에서 있는 대로 고른 것은?

> ㄱ. 반보존적 복제 방식을 따른다.
> ㄴ. RNA 프라이머는 프리메이스(primase)에 의해 합성된다.
> ㄷ. 선도가닥(leading strand)에서 오카자키 절편이 발견된다.

① ㄱ

② ㄷ

③ ㄱ, ㄴ

④ ㄴ, ㄷ

⑤ ㄱ, ㄴ, ㄷ

26 특정 단백질을 분석하는 방법으로 옳지 않은 것은?

① 노던 블롯팅(Northern blotting)

② 에드만 분해법(Edman degradation)

③ 등전점 전기영동(isoelectric focusing)

④ 2차원 전기영동(2D-electrophoresis)

⑤ 효소결합면역흡착측정법(ELISA)

27 동물세포의 핵에 있는 유전자가 발현되어 단백질을 합성하는 과정에 관한 설명으로 옳은 것은?

① 유전자의 전사(transcription)와 번역(translation) 과정이 같은 세포소기관에서 일어난다.

② 번역에는 tRNA와 리보솜(ribosome)의 역할이 필요하다.

③ 전사는 세포질에서 일어난다.

④ 엑손(exon) 부위는 전사되지만 인트론(intron) 부위는 전사되지 않는다.

⑤ 코돈(codon)의 변화는 반드시 아미노산 잔기의 변화로 이어진다.

28 동물세포의 체세포분열과 감수분열에 관한 설명으로 옳은 것은?

① 감수분열은 4개의 딸세포를 만든다.

② 체세포분열의 전기에서 염색체가 복제된다.

③ 체세포분열의 중기에서 상동염색체의 접합이 일어난다.

④ 체세포분열과 감수분열의 세포분열 횟수는 동일하다.

⑤ 감수분열은 유전적으로 동일한 딸세포를 만든다.

29 속씨식물에 관한 설명으로 옳지 않은 것은?

① 꽃이라는 생식기관을 가진 종자식물이다.

② 식물계 중에서 현재 가장 다양하고 널리 분포한다.

③ 타가수분을 통해 유전적 다양성을 증가시킨다.

④ 중복수정은 속씨식물에만 존재하는 특징이다.

⑤ 외떡잎식물은 속씨식물에 속하지 않는다.

30 열대우림의 특징에 관한 설명으로 옳은 것만을 〈보기〉에서 있는 대로 고른 것은?

ㄱ. 토양은 산성이다.

ㄴ. 일교차가 크다.

ㄷ. 단위 면적당 식물 종의 다양성이 육상생태계 중 가장 높다.

① ㄱ

② ㄴ

③ ㄱ, ㄷ

④ ㄴ, ㄷ

⑤ ㄱ, ㄴ, ㄷ

31 그림은 지구 내부 모식도이다. 영역 A ~ D에 관한 설명으로 옳은 것은?

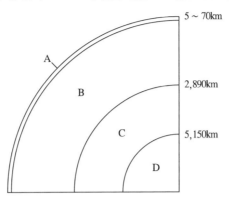

① B는 주로 규장질 성분으로 이루어져 있다.
② B와 C의 경계는 구텐베르크면이며, C에서 지진파 S파는 소멸한다.
③ C와 D는 화학 조성은 다르나, 물리적 성질은 같다.
④ A, B, C는 고체, D는 액체로 구성되어 있다.
⑤ C와 D의 경계면에서 지진파 P파의 속도가 갑자기 줄어든다.

32 보웬의 반응계열(Bowen's reaction series)에 따른 광물의 정출 및 용융에 관한 설명으로 옳지 않은 것은?

① 염기성 화성암은 온도가 높아짐에 따라 각섬석→휘석→감람석 순으로 용융된다.
② 녹는점(melting point)이 낮은 광물일수록 광물 내 칼슘(Ca)의 함량은 높아진다.
③ 불연속 계열에서 온도가 높아질수록 마그마에서 정출되는 광물 내 마그네슘(Mg)의 함량은 높아진다.
④ 낮은 온도에서 정출되는 광물들로 구성된 화성암은 주로 밝은 색을 띤다.
⑤ 연속 계열에서 형성되는 사장석은 고용체를 형성한다.

33 마그마의 식는 속도 차이에 의해 결정되는 화성암의 물리화학적 성질은?

① 암석의 광물조합
② 암석을 구성하는 결정 입자의 크기
③ 암석의 색깔
④ 암석의 밀도
⑤ 암석의 쪼개짐

34 다음 중 SiO_2의 함량(무게 %)이 가장 낮은 화성암은?

① 유문암   ② 안산암

③ 반려암   ④ 감람암

⑤ 섬록암

35 그림은 현생이언 동안 일어난 5대 대량멸종(mass extinction) 사건을 시대 순으로 나타낸 것이다.

```
         A   B   C D   E
       ├───┼───┼──┼──┼───┤
   542Ma                 현재
```

이에 관한 설명으로 옳은 것만을 〈보기〉에서 있는 대로 고른 것은? (단, Ma는 백만 년 전이다.)

> ㄱ. C는 가장 규모가 큰 멸종 사건이다.
> ㄴ. D 시기에 삼엽충이 멸종되었다.
> ㄷ. A는 운석 충돌 때문이다.

① ㄱ   ② ㄷ

③ ㄱ, ㄴ   ④ ㄴ, ㄷ

⑤ ㄱ, ㄴ, ㄷ

36 우리나라(남한) 지층에 관한 설명으로 옳지 않은 것은?

① 석회암이 가장 많이 분포하는 지층은 조선누층군이다.

② 데본기 지층은 강원도 지역에 넓게 분포한다.

③ 경상누층군은 중생대에 형성된 육상퇴적층이다.

④ 석탄의 함량이 가장 높은 지층은 평안누층군이다.

⑤ 조선누층군과 평안누층군은 부정합 관계이다.

37 지구 대기권에 관한 설명으로 옳은 것만을 〈보기〉에서 있는 대로 고른 것은?

> ㄱ. 대기권은 고도에 따른 온도 분포에 의해 4개의 층으로 구분된다.
> ㄴ. 대류권의 두께는 적도지방이 극지방보다 두껍다.
> ㄷ. 성층권에서는 고도가 상승함에 따라 온도는 감소한다.

① ㄱ   ② ㄴ

③ ㄷ   ④ ㄱ, ㄴ

⑤ ㄴ, ㄷ

38 해수의 순환에 관한 설명으로 옳은 것만을 〈보기〉에서 있는 대로 고른 것은?

> ㄱ. 표층수의 흐름은 해양 표면과 해양 표면을 따라 부는 바람의 마찰에 의해 만들어진다.
> ㄴ. 심층수의 순환을 열염순환(thermohaline circulation)이라고 하며, 심해의 해수가 섞이는 원인이 된다.
> ㄷ. 아열대 환류는 북반구에서는 반시계 방향, 남반구에서는 시계 방향으로 회전한다.

① ㄱ
② ㄷ
③ ㄱ, ㄴ
④ ㄴ, ㄷ
⑤ ㄱ, ㄴ, ㄷ

39 태양에 관한 설명으로 옳은 것만을 〈보기〉에서 있는 대로 고른 것은?

> ㄱ. 태양에는 이온화된 기체인 플라스마(plasma)가 존재한다.
> ㄴ. 태양 내부는 깊이에 따라 온도와 밀도가 다르기 때문에 층상 구조가 나타난다.
> ㄷ. 태양의 핵에서는 핵융합 반응이 일어난다.

① ㄱ
② ㄷ
③ ㄱ, ㄴ
④ ㄴ, ㄷ
⑤ ㄱ, ㄴ, ㄷ

40 목성형 행성에 관한 설명으로 옳지 않은 것은?

① 수소, 헬륨, 수소 화합물 등이 주요 구성 성분이다.
② 목성형 행성 중 질량이 가장 큰 것은 목성이다.
③ 목성형 행성 중 밀도가 가장 작은 것은 토성이다.
④ 천왕성과 해왕성이 푸르게 보이는 이유는 메탄 가스 때문이다.
⑤ 자기장의 세기가 가장 큰 것은 해왕성이다.

2023년 제60회 기출문제

✔ Time　　　분　|　해설편 203p

01 그림 (가)와 같이 실에 매달린 물체 A는 수평면에서 반지름 $\frac{l}{2}$ 인 등속 원운동을 하고, 물체 B는 수평면에서 정지해 있다. (가)의 실이 끊어져 그림 (나)와 같이 A가 B와 충돌한 후 한 덩어리가 되어 속력 v로 운동한다. A와 B의 질량은 각각 m과 $3m$이고, (가)에서 실과 수직축 사이의 각도는 30°이다. (가)에서 A에 작용하는 수직항력의 크기는? (단, 중력 가속도는 g이고, 실의 질량과 모든 마찰은 무시한다)

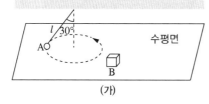
(가)

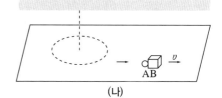
(나)

① $mg - 2\sqrt{3}\,\dfrac{mv^2}{l}$

② $mg - 4\sqrt{3}\,\dfrac{mv^2}{l}$

③ $mg - 8\sqrt{3}\,\dfrac{mv^2}{l}$

④ $mg - 16\sqrt{3}\,\dfrac{mv^2}{l}$

⑤ $mg - 32\sqrt{3}\,\dfrac{mv^2}{l}$

02 그림과 같이 벽에 닿아 있는 길이 $3L$, 무게 mg인 막대를 두 사람이 당겨 수평을 유지한다. 두 사람이 당기는 힘의 크기의 비 $\dfrac{F_1}{F_2}$는? (단, 막대의 밀도는 불균일하고, 막대의 굵기와 벽의 마찰은 무시한다)

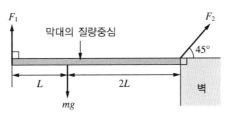

① $\dfrac{1}{2\sqrt{2}}$

② $\dfrac{1}{\sqrt{2}}$

③ 1

④ $\sqrt{2}$

⑤ $2\sqrt{2}$

03 그림 (가)와 같이 질량 72kg의 사람이 짐을 들고 수면과 동일한 높이의 얼음 위에 서 있다. 그림 (나)와 같이 짐을 물에 던졌더니 얼음 부피의 $\dfrac{1}{48}$이 수면 위로 떠올랐다. 짐의 질량(kg)은? (단, 물과 얼음의 밀도는 각각 ρ_w, $\dfrac{11}{12}\rho_w$이고, 얼음은 녹지 않는다)

① 12

② 18

③ 24

④ 36

⑤ 48

04 그림과 같이 고온저장고에서 열 $|Q_h|$를 흡수하여 W_1의 일을 하는 열기관1의 열효율이 0.4이다. 열기관1의 배기열 $|Q_m|$을 활용하기 위하여 $|Q_m|$을 다른 열기관2에 공급하였더니, 열기관2는 W_2의 일을 하고 열효율이 0.3이었다. 전체 열효율 $(W_1 + W_2)/|Q_h|$는?

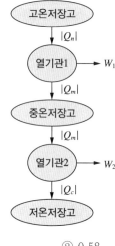

① 0.52

② 0.58

③ 0.63

④ 0.69

⑤ 0.75

05 그림 (가)와 같이 전기용량 C_A, C_B인 축전기에 각각 전하량 Q_{A0}, Q_{B0}이 저장되어 있다. 그림 (나)와 같이 두 축전기의 단자 1과 2가 연결되고, 기전력 ε 인 전지와 연결되어 평형을 이룬 후 전기용량 C_A인 축전기에 저장된 전하량 Q_A는?

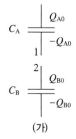

(가)

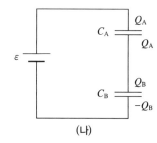

(나)

① $\dfrac{C_A C_B}{C_A + C_B}\varepsilon + \dfrac{(Q_{A0} - Q_{B0})C_A}{C_A + C_B}$

② $\dfrac{C_A C_B}{C_A + C_B}\varepsilon - \dfrac{(Q_{A0} - Q_{B0})C_A}{C_A + C_B}$

③ $\dfrac{C_A C_B}{C_A + C_B}\varepsilon + \dfrac{(Q_{A0} - Q_{B0})C_B}{C_A + C_B}$

④ $\dfrac{C_A C_B}{C_A + C_B}\varepsilon - \dfrac{(Q_{A0} - Q_{B0})C_B}{C_A + C_B}$

⑤ $\dfrac{C_A C_B}{C_A + C_B}\varepsilon$

06 그림과 같이 질량 3kg, 전하량 2C인 물체가 전위차 $\triangle V$인 무한 평행판의 한쪽 판에서 정지해 있다가 직선 가속운동을 하고 다른 쪽 판을 통과한 후, 크기 4T로 균일한 자기장 영역에서 반지름 3m인 등속 원운동을 한다. 이때 $\triangle V$는? (단, 중력은 무시한다)

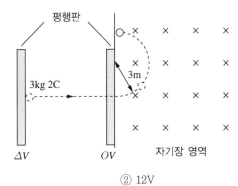

① 6V

② 12V

③ 16V

④ 32V

⑤ 48V

07 그림과 같이 x축에 수직한 면을 경계로 하여 크기가 일정한 값 B로 균일한 자기장이 $\pm z$축 방향으로 나오고 들어가며, 한 변의 길이가 L인 정사각형 금속고리가 $+x$축 방향으로 등속도 운동하고 있다. 금속고리에 전류가 유도되지 않다가 시간 Δt 동안만 일정한 전류 I가 유도될 때, 금속고리의 저항은?

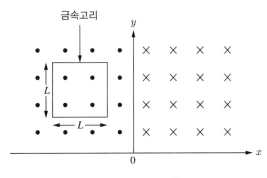

① $\dfrac{BL^2}{4I\Delta t}$

② $\dfrac{BL^2}{2I\Delta t}$

③ $\dfrac{BL^2}{I\Delta t}$

④ $\dfrac{2BL^2}{I\Delta t}$

⑤ $\dfrac{4BL^2}{I\Delta t}$

08 그림과 같이 물체 O로부터 10cm 떨어진 곳에 두께 3cm, 굴절률 1.5인 평면유리가 놓여 있다. 평면유리에 의한 상의 위치로 옳은 것은? (단, 중심축과 이루는 각도 θ가 작을 때 $\sin\theta \simeq \tan\theta \simeq \theta$이다.)

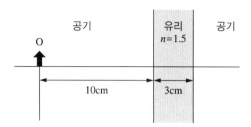

① O에서 평면유리 반대쪽으로 2cm

② O에서 평면유리 반대쪽으로 1cm

③ O에서 평면유리 쪽으로 1cm

④ O에서 평면유리 쪽으로 2cm

⑤ O에서 평면유리 쪽으로 3cm

09 관측자 A에 대한 관측자 B의 상대속도는 $\frac{12}{13}c$다. 이에 관한 설명으로 옳지 않은 것은?

(단, Lorentz 인자 $\gamma = \frac{13}{5}$이고, c는 진공에서의 빛의 속력이다)

① A와 B가 진공에서 각각 측정한 빛의 속력은 같다.

② B가 측정한 시간 τ가 고유시간일 때, A가 측정한 시간은 $\frac{5}{13}\tau$이다.

③ 상대속도 방향의 길이만을 고려하면 A가 측정한 길이가 L_p가 고유길이일 때, B가 측정한 길이는 $\frac{5}{13}L_p$

이다.

④ A와 B가 각각 측정한 물체의 속력은 c보다 클 수 없다.

⑤ A와 B가 관측하는 물리현상에 적용되는 물리법칙은 동일하다.

10 그림은 콤프턴 실험에서 파장 λ인 빛이 입사하면서 정지해 있던 전자와 충돌하고 각도 $\varnothing$ 인 방향으로 파장 λ' 인 빛이 산란하는 모습을 나타낸 것이다. 충돌 후 운동량의 크기가 p인 전자가 튕겨나간다. 알려진 관계식 $\lambda' - \lambda = \lambda_C(1 - \cos\varnothing)$와 운동량 보존법칙으로 구한 p^2은?

(단, $\lambda_c = \dfrac{h}{mc}$, h는 플랑크 상수이고, c는 진공에서의 빛의 속력이며, m은 전자의 질량이다)

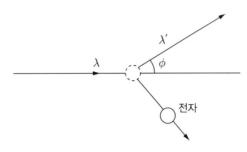

① $\left(\dfrac{h}{\lambda} + \dfrac{h}{\lambda'} + \dfrac{h}{\lambda_C}\right)^2 - \left(\dfrac{h}{\lambda_C}\right)^2$

② $\left(\dfrac{h}{\lambda} + \dfrac{h}{\lambda'} - \dfrac{h}{\lambda_C}\right)^2 + \left(\dfrac{h}{\lambda_C}\right)^2$

③ $\left(\dfrac{h}{\lambda} - \dfrac{h}{\lambda'} + \dfrac{h}{\lambda_C}\right)^2 - \left(\dfrac{h}{\lambda_C}\right)^2$

④ $\left(\dfrac{h}{\lambda} - \dfrac{h}{\lambda'} - \dfrac{h}{\lambda_C}\right)^2 + \left(\dfrac{h}{\lambda_C}\right)^2$

⑤ $\left(\dfrac{h}{\lambda} - \dfrac{h}{\lambda'} - \dfrac{h}{\lambda_C}\right)^2 - \left(\dfrac{h}{\lambda_C}\right)^2$

11 25℃에서 밀도가 d_1 g/mL인 aM의 A 수용액 100mL를 20℃로 냉각하였더니, 밀도가 d_2 g/mL인 A 수용액이 되었다. 20℃에서 A 수용액의 몰농도와 질량 퍼센트농도를 각각 xM과 y%라고 할 때, $\dfrac{x}{y}$는? (단, A의 몰질량은 100g/mol 이고, A는 물에 모두 용해되며, 물의 증발은 무시한다)

① $\dfrac{d_1}{10}$ ② $\dfrac{d_2}{10}$

③ $\dfrac{d_1}{5}$ ④ $\dfrac{d_2}{5}$

⑤ $\dfrac{d_1 d_2}{5}$

12 다음은 기체 A와 B가 반응하여 기체 C가 생성되는 반응의 화학 반응식이다.

$$a\text{A(g)} + \text{B(g)} \rightleftharpoons c\text{C(g)} \quad (a,\ c\text{는 반응 계수})$$

표는 이 반응의 평형 (가)~(다)에 관한 자료이다. 이에 관한 설명으로 옳은 것만을 〈보기〉에서 있는 대로 고른 것은? [단, $RT_1 = 25\text{L} \cdot \text{atm/mol}$, $RT_2 = 50\text{L} \cdot \text{atm/mol}$($R$는 기체 상수)이고, K_c와 K_p는 각각 농도로 정의된 평형 상수와 압력으로 정의된 평형 상수이다. 기체는 이상 기체와 같은 거동을 한다)

평형	온도	농도(M)	평형 상수
(가)	T_1	[A] = 0.1, [B] = 0.4, [C] = 0.2	$K_c = 100$
(나)	T_2	[A] = 1, [B] = 0.01, [C] = ?	$K_p = 0.0016$
(다)	T_2	[A] = 0.5, [B] = ?, [C] = 0.2	$K_c = 4$

ㄱ. [C]는 (다)에서가 (나)에서보다 크다.
ㄴ. 이 반응의 정반응은 발열 반응이다.
ㄷ. K_p는 (가)에서가 (다)에서의 100배이다.

① ㄱ
② ㄷ
③ ㄱ, ㄴ
④ ㄴ, ㄷ
⑤ ㄱ, ㄴ, ㄷ

13 다음은 기체 A가 분해되는 반응의 화학 반응식이다.

$$A(g) \xrightarrow{k} B(g) + C(g) \ (k\text{는 반응 속도 상수})$$

그림은 강철 용기에서 온도를 달리하면서 이 반응을 진행시킬 때 반응 시간에 따른 A 농도의 역수($\frac{1}{[A]}$)를 나타낸 것이며, (가)와 (나)의 온도는 TK와 $1.2T$K를 순서 없이 나타낸 것이다. 이에 관한 설명으로 옳은 것만을 〈보기〉에서 있는 대로 고른 것은? (단, 기체 상수(R)는 bJ/K · mol이다)

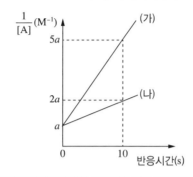

ㄱ. 이 반응의 속도 법칙은 $v = k[A]^2$ 이다.
ㄴ. 이 반응의 활성화 에너지는 $6bT\ln4$J/mol이다.
ㄷ. 동일한 [A]까지 걸린 반응 시간이 (나)가 (가)보다 112.5s 더 길다면 이 [A]에서의 반감기는 (나)가 (가)보다 120s 더 길다.

① ㄱ

② ㄷ

③ ㄱ, ㄴ

④ ㄴ, ㄷ

⑤ ㄱ, ㄴ, ㄷ

14 다음은 아세틸렌 분자의 구조식이다. 이에 관한 설명으로 옳은 것만을 〈보기〉에서 있는 대로 고른 것은?

$$H — C \equiv C — H$$

ㄱ. 분자의 C원자 간에는 2개의 π결합이 존재한다.
ㄴ. π-콘쥬게이션(conjugation)된 trans-폴리아세틸렌은 전도성 고분자이다.
ㄷ. 산촉매에서 물의 첨가 반응으로 생성된 물질의 IR 스펙트럼은 $1,730cm^{-1}$ 부근에서 강한 피크를 나타낸다.

① ㄱ   ② ㄷ
③ ㄱ, ㄴ   ④ ㄴ, ㄷ
⑤ ㄱ, ㄴ, ㄷ

15 분자식이 C_4H_8O인 화합물의 구조 이성질체 중 알코올을 제외한 고리형 구조 이성질체의 수는?

① 4   ② 5
③ 6   ④ 7
⑤ 8

16 다음은 원소 A~D와 관련된 설명이다. A, B, C, D는 Na, Cl, Ne, Ar을 순서 없이 나타낸 것이다. 이에 관한 설명으로 옳은 것만을 〈보기〉에서 있는 대로 고른 것은?

• A는 B, C, D와 다른 주기를 갖는다.
• C^-와 D는 등전자 배치를 갖는다.

ㄱ. 원자 반지름 또는 이온 반지름은 $B^+ < A < D < C^-$이다.
ㄴ. 제1 이온화 에너지는 $B < C < D < A$이다.
ㄷ. 중성 기체 상태의 원자 1mol이 전자 1mol을 받아들일 때 방출하는 에너지는 $C < B$이다.

① ㄱ   ② ㄷ
③ ㄱ, ㄴ   ④ ㄴ, ㄷ
⑤ ㄱ, ㄴ, ㄷ

17 바닥상태 정사면체 착화합물 $[MCl_4]^{2-}$에 관한 설명으로 옳지 않은 것은? (단, M은 원자 번호가 25인 임의의 원소 기호이며, $\triangle_t$는 정사면체 결정장 갈라짐 에너지이다)

① 중심 이온의 산화수는 +2이다.
② 중심 이온의 $3d_{xy}$ 오비탈의 에너지가 $3d_{z^2}$ 오비탈 에너지보다 높다.
③ 가상적인 정육면체에서 중심 이온의 $3d$ 오비탈 중 $3d_{z^2}$과 $3d_{x^2-y^2}$ 오비탈은 면심을 향하고 있다.
④ 중심 이온의 홀전자 수는 5이다.
⑤ 결정장 안정화 에너지는 $-2\triangle_t$이다.

18 다음은 2주기 원소의 동종핵 2원자 분자를 나타낸 것이다. 분자 오비탈(MO) 이론에 근거하여, 이 분자에 관한 설명으로 옳지 않은 것은? (단, 모든 분자는 바닥 상태이다)

$$B_2,\ C_2,\ N_2,\ O_2,\ F_2$$

① 모든 분자들의 결합 차수 총합은 9이다.
② 상자기성 분자는 3개이다.
③ 결합성 π_{2p} MO 에너지 준위에 비해 결합성 σ_{2p} MO 에너지 준위가 낮은 분자는 2개이다.
④ 결합 에너지가 가장 큰 분자는 N_2이다.
⑤ 모든 분자들의 홀전자 수 총합은 4이다.

19 다음은 금속 A를 이용한 갈바니 전지이고, 이 전지의 전위는 25℃에서 0.82V이다.

$$A(s)\ |\ A^{2+}(0.001M)\ ||\ H^+(0.1M)\ |\ H_2(0.1atm)$$

이에 관한 설명으로 옳은 것만을 〈보기〉에서 있는 대로 고른 것은? [단, 25℃에서 $\dfrac{RF}{F}\ln Q = \dfrac{2.303RT}{F}\log Q = 0.06V\log Q$($R$는 기체 상수, F는 패러데이 상수, Q는 반응 지수)이고, A는 임의의 원소 기호이며, 온도는 25℃로 일정하다]

ㄱ. H^+는 산화제이다.
ㄴ. $A^{2+}(aq)+2e^- \rightarrow A(s)$의 표준 환원 전위($E°$)는 $-0.70V$이다.
ㄷ. 용액의 pH가 3이 되면 전지의 전위는 0.76V보다 커진다.

① ㄱ   ② ㄴ
③ ㄱ, ㄷ   ④ ㄴ, ㄷ
⑤ ㄱ, ㄴ, ㄷ

20 어떤 약산 HA의 산 해리 상수(K_a)가 25℃에서 1×10^{-5}일 때, 다음 중 pH가 6에 가장 가까운 용액은? (단, 용액의 온도는 25℃로 일정하다)

① HA가 1% 해리된 용액

② HA가 9% 해리된 용액

③ HA가 50% 해리된 용액

④ HA가 91% 해리된 용액

⑤ HA가 99% 해리된 용액

21 세포소기관에 관한 설명으로 옳은 것은?

① 세포골격을 구성하는 중간섬유, 미세섬유, 미세소관 중 미세소관이 가장 굵다.

② 리소좀 내의 효소들은 중성 환경에서만 작용한다.

③ 골지체의 트랜스(trans)면 쪽은 소포체로부터 떨어져 나온 소낭(vesicle)을 받는 쪽이다.

④ 글리옥시좀(glyoxysome)은 동물세포에서만 발견된다.

⑤ 활면소포체는 칼륨이온(K^+)을 저장한다.

22 세포호흡과 광합성에 관한 설명으로 옳은 것만을 〈보기〉에서 있는 대로 고른 것은?

> ㄱ. 광인산화와 산화적 인산화는 화학삼투를 통하여 ATP를 생성한다.
> ㄴ. C_3 식물과 C_4 식물의 탄소고정 경로는 다르나 캘빈회로는 같다.
> ㄷ. C_3 식물의 캘빈회로로부터 직접 생성되는 탄수화물은 포도당이다.

① ㄱ   ② ㄴ

③ ㄷ   ④ ㄱ, ㄴ

⑤ ㄴ, ㄷ

23 사람의 신호전달과정에 관한 설명으로 옳은 것은?

① 국소분비 신호전달(paracrine signaling)은 분비된 분자가 국소적으로 확산되어 분비한 세포 자신의 반응을 유도한다.

② 신경전달물질(neurotransmitter)은 신경세포의 말단에서 혈류로 확산된다.

③ 수용성 호르몬은 세포 표면의 신호 수용체에 결합하면 세포반응이 유도된다.

④ 에피네프린은 세포질 내의 수용체 단백질과 결합하여 호르몬-수용체 복합체를 형성한다.

⑤ 내분비 신호전달(endocrine signaling)은 짧은 거리의 표적세포에 신호를 전달한다.

24 사람의 적응면역에 관한 설명으로 옳은 것만을 〈보기〉에서 있는 대로 고른 것은?

> ㄱ. 항원제시세포는 Ⅰ형 MHC 분자만을 가진다.
> ㄴ. 세포독성 T세포는 감염된 세포를 죽인다.
> ㄷ. T세포는 골수에서 성숙한다.
> ㄹ. B세포 항원수용체와 항체는 항원표면의 항원결정부(epitope)를 인식한다.

① ㄱ, ㄴ   ② ㄱ, ㄷ
③ ㄴ, ㄷ   ④ ㄴ, ㄹ
⑤ ㄷ, ㄹ

25 동물의 난할(cleavage)에 관한 설명으로 옳은 것만을 〈보기〉에서 있는 대로 고른 것은?

> ㄱ. 난자 내에서 난황이 집중되어 있는 쪽을 동물극이라 한다.
> ㄴ. 난할 중인 세포들의 세포분열주기는 주로 S기와 M기만으로 구성된다.
> ㄷ. 개구리의 난할 패턴은 전할(holoblastic)이다.

① ㄱ   ② ㄴ
③ ㄷ   ④ ㄱ, ㄴ
⑤ ㄴ, ㄷ

26 꽃의 색은 대립유전자 R(빨간색)과 r(분홍색)에 의해, 크기는 대립유전자 L(큰 꽃)과 l(작은 꽃)에 의해 결정되며, 이 두 유전자좌위는 동일한 염색체상에 위치한다. R은 r에 대해, L은 l에 대해 각각 완전 우성이다. 표는 유전자형이 RrLl인 식물(P)을 자가교배하여 얻은 F_1식물의 표현형 비율에 관한 자료이다. 이 결과에 관한 설명으로 옳은 것만을 〈보기〉에서 있는 대로 고른 것은?

표현형	빨간색 큰 꽃	분홍색 큰 꽃	빨간색 작은 꽃	분홍색 작은 꽃
비 율	0.51	0.24	0.24	0.01

> ㄱ. 재조합형 염색체가 감수분열 Ⅰ 전기 동안 만들어졌다.
> ㄴ. 빨간색 큰 꽃 F_1 식물들 모두가 재조합 자손이다.
> ㄷ. 유전자형이 RrLl인 식물(P)은 대립유전자 R과 L이 함께 위치한 염색체를 지녔다.

① ㄱ   ② ㄴ
③ ㄷ   ④ ㄱ, ㄴ
⑤ ㄴ, ㄷ

27 다음은 세균 오페론의 전사 조절 인자들에 관한 자료이다. 이에 관한 설명으로 옳은 것은?

> • 전사인자에는 활성인자와 억제인자가 있다.
> • 작은 크기의 공동조절자에는 유도자(inducer), 공동활성자(coactivator)와 공동억제자(corepressor)가 있다.

① 트립토판(Trp) 오페론의 전사는 양성 조절과 음성 조절을 모두 받는다.

② 젖당(Lac) 오페론의 양성 조절에서 공동조절자가 결합한 전사인자는 전사를 활성화시킨다.

③ 공동조절자에 의한 트립토판 오페론 전사 감쇠(attenuation) 조절 방식은 진핵세포에서도 일어날 수 있다.

④ 젖당 오페론의 음성 조절에서 공동조절자가 결합한 전사인자는 작동자에 결합한다.

⑤ 트립토판 오페론에서 공동조절자 없이 전사인자만으로 전사가 억제된다.

28 진핵생물의 염색질 구조에 관한 설명으로 옳은 것은?

① 염색질 변형은 복원될 수 없다.

② 히스톤 C-말단 꼬리의 아세틸화는 염색질 구조를 느슨하게 한다.

③ DNA의 메틸화는 전사를 촉진한다.

④ 뉴클레오솜(nucleosome)의 직경은 약 30nm 정도이다.

⑤ 양전하를 띤 히스톤 단백질과 음전하를 띤 DNA가 결합하여 뉴클레오솜을 형성한다.

29 CRISPR-Cas9 시스템에 관한 설명으로 옳지 않은 것은?

① Cas9는 DNA 이중가닥을 절단하는 단백질 효소이다.

② Cas9 단독으로 특정 DNA 서열을 자를 수 있다.

③ 세균은 박테리오파지 감염 방어에 CRISPR-Cas9 시스템을 이용한다.

④ 세균 염색체상에 CRISPR 영역이 위치한다.

⑤ CRISPR-Cas9 시스템을 이용한 유전자 편집으로 돌연변이의 복구가 가능하다.

30 좌우대칭동물에 관한 설명으로 옳지 <u>않은</u> 것은?

① 연체동물은 촉수담륜동물문이다.
② 후구동물은 원구(blastopore)에서 입이 발달된다.
③ 좌우대칭동물은 삼배엽성동물이다.
④ 환형동물은 진체강동물이다.
⑤ 탈피동물은 외골격을 가지고 있다.

31 지진파와 관련된 설명으로 옳은 것만을 〈보기〉에서 있는 대로 고른 것은?

> ㄱ. 지진파의 속도는 매질의 상태나 밀도에 따라 달라진다.
> ㄴ. 지각과 외핵은 고체 상태이기 때문에 P파와 S파 모두 전파된다.
> ㄷ. 한 지진에 의한 P파 암영대는 S파 암영대보다 좁다.

① ㄱ   ② ㄴ
③ ㄷ   ④ ㄱ, ㄷ
⑤ ㄱ, ㄴ, ㄷ

32 베게너가 대륙 이동설의 증거로 제시한 것으로 옳은 것만을 〈보기〉에서 있는 대로 고른 것은?

> ㄱ. 대서양을 사이에 두고 있는 남아메리카 대륙과 아프리카 대륙은 해안선 모양이 잘 들어맞는다.
> ㄴ. 남극 대륙의 빙하 흔적은 북극의 빙하와 연결된다.
> ㄷ. 북아메리카 대륙과 유럽에 있는 산맥의 지질구조가 연속적이다.

① ㄱ   ② ㄴ
③ ㄷ   ④ ㄱ, ㄷ
⑤ ㄱ, ㄴ, ㄷ

33 판의 경계 중 발산형 경계에서 생성된 지형으로 옳은 것은?

① 마리아나 해구
② 산안드레아스 단층
③ 알프스 산맥
④ 히말라야 산맥
⑤ 동아프리카 열곡대

34 표준화석의 조건과 특성에 관한 설명으로 옳지 않은 것은?

① 생물의 생존기간이 짧아야 한다.

② 생물이 살았던 환경을 추정하는데 이용된다.

③ 생물의 개체수가 많아야 한다.

④ 생물의 분포면적이 넓어야 한다.

⑤ 지층의 생성시기를 알 수 있다.

35 대양에서 나타나는 시계 방향의 환류에 속하지 않는 해류는?

① 멕시코 만류

② 페루 해류

③ 쿠로시오 해류

④ 캘리포니아 해류

⑤ 카나리아 해류

36 그림은 북반구에서 지균풍이 불 때, 마찰이 없는 상층의 기압경도력, 전향력, 바람의 방향을 모식적으로 나타낸 것이다. 이에 관한 설명으로 옳은 것은? (단, 점선은 등압선이다)

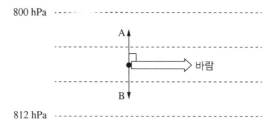

① A는 전향력이다.

② A는 등압선 간격이 넓을수록 커진다.

③ B는 풍속이 강할수록 커진다.

④ B는 중위도보다 적도에서 크다.

⑤ 지표에서 마찰이 발생한다면 B의 크기가 A의 크기보다 커진다.

37 그림은 온도에 따른 포화수증기량곡선 중 일부를 나타낸 것이다. 이에 관한 설명으로 옳지 않은 것은?

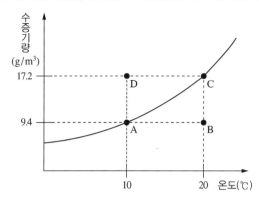

① A는 포화상태이다.
② B는 불포화상태이다.
③ B의 이슬점은 20℃이다.
④ C의 상대습도는 100%이다.
⑤ D상태에서는 응결이 일어난다.

38 그림은 어느 날 지구에서 관측한 금성과 달의 위치를 공전궤도에 모식적으로 나타낸 것이다. 이에 관한 설명으로 옳은 것만을 〈보기〉에서 있는 대로 고른 것은?

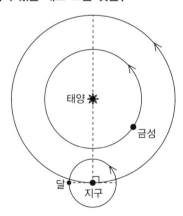

ㄱ. 금성은 초저녁에 동쪽하늘에서 관측된다.
ㄴ. 초저녁에 달은 상현달로 관측된다.
ㄷ. 며칠 후 자정에 금성을 관측할 수 있다.

① ㄴ
② ㄷ
③ ㄱ, ㄴ
④ ㄱ, ㄷ
⑤ ㄴ, ㄷ

39 표는 별 A, B, C의 겉보기 등급과 연주시차를 나타낸 것이다. 이에 관한 설명으로 옳은 것만을 〈보기〉에서 있는 대로 고른 것은?

별	겉보기 등급	연주시차(")
A	0	1
B	5	0.5
C	2	0.1

ㄱ. A~C 중 가장 가까운 별은 A이다.
ㄴ. A의 절대 등급은 −5이다.
ㄷ. C의 절대 등급은 2이다.

① ㄱ
② ㄷ
③ ㄱ, ㄴ
④ ㄱ, ㄷ
⑤ ㄱ, ㄴ, ㄷ

40 우리은하에 관한 설명으로 옳은 것은?

① 타원 은하이다.
② 은하의 중심 방향은 황소자리 부근에 위치한다.
③ 태양은 우리은하의 나선 팔에 위치한다.
④ 헤일로(halo)는 주로 젊은 별들로 구성되어 있다.
⑤ 나선 팔에는 나이 많은 별들로 구성된 구상성단이 주로 분포한다.

2022년 제59회 기출문제

✓ Time   분 | 해설편 216p

01 그림과 같이 곡선과 반지름 R인 원으로 구성되어있는 궤도의 높이 h인 곳에 구슬을 가만히 놓으면 구슬은 궤도를 따라 미끄러지며 운동하여 원궤도의 두 지점 A와 B를 지난다. A, B에서 원궤도가 구슬에 작용하는 수직항력은 각각 n_A, n_B이다.

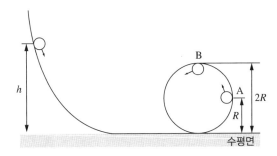

$\dfrac{n_A}{n_B} = 2$일 때, h는? (단, 중력 가속도는 일정하고, 구슬의 크기, 공기 저항과 모든 마찰은 무시한다)

① $\dfrac{5}{2}R$

② $3R$

③ $\dfrac{7}{2}R$

④ $4R$

⑤ $\dfrac{9}{2}R$

02 지면으로부터 높이 H인 곳에서 가만히 놓인 물체가 자유 낙하하여 지면에 도달했다. 물체가 지면에 도달할 때까지 걸린 시간이 t_0일 때, 이 물체의 운동 에너지가 중력 퍼텐셜 에너지의 2배인 지점까지 낙하하는데 걸린 시간은? (단, 중력 가속도는 일정하고, 물체의 크기는 무시하며, 지면에서 중력 퍼텐셜 에너지는 0이다)

① $\dfrac{1}{3}t_0$

② $\dfrac{1}{\sqrt{3}}t_0$

③ $\dfrac{2}{3}t_0$

④ $\sqrt{\dfrac{2}{3}}\,t_0$

⑤ $\dfrac{\sqrt{3}}{2}t_0$

03 그림은 수평면상의 한 지점에 정지해 있던 질량 2kg인 물체에 시간 $t=0$에서 $+x$ 방향으로 작용하는 알짜힘의 크기를 F를 시간 t에 따라 나타낸 것이다.

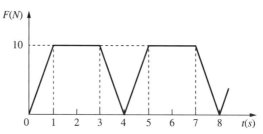

$t=8$s인 순간, 물체의 속력은?

① 20m/s

② 30m/s

③ 40m/s

④ 60m/s

⑤ 80m/s

04 그림과 같이 학생 A가 진동수 f_0으로 진동하는 소리굽쇠를 가지고 v_A의 속력으로 벽을 향해 움직이고 있다. A의 뒤쪽에 정지해 있는 학생 B는 소리굽쇠로부터 나는 소리와 벽에서 반사되어 오는 메아리의 맥놀이를 측정한다.

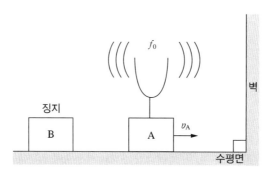

$v_A = \dfrac{1}{5}v_0$일 때, B가 측정한 맥놀이의 진동수는? (단, v_0은 공기 중에서 소리의 속력이다)

① $\dfrac{1}{3}f_0$

② $\dfrac{5}{12}f_0$

③ $\dfrac{1}{2}f_0$

④ $\dfrac{7}{12}f_0$

⑤ $\dfrac{2}{3}f_0$

05 그림과 같이 수평면의 y축 상에 놓여 있는 무한히 긴 직선 도선에 세기 I인 전류가 $+y$ 방향으로 흐르고 있고, 저항 R가 연결된 직사각형 회로가 동일한 수평면의 $x > 0$인 영역에서 $+x$ 방향으로 운동하고 있다.

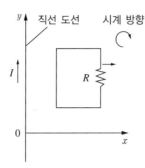

이에 관한 설명으로 옳은 것만을 〈보기〉에서 있는 대로 고른 것은?

> ㄱ. 직선 도선에 흐르는 전류에 의한 자기장의 방향은 직사각형 회로를 뚫고 들어가는 방향이다.
> ㄴ. 저항 R에는 시계 방향으로 유도 전류가 흐른다.
> ㄷ. 직선 도선과 직사각형 회로 사이에는 인력이 작용한다.

① ㄱ
② ㄷ
③ ㄱ, ㄴ
④ ㄴ, ㄷ
⑤ ㄱ, ㄴ, ㄷ

06 그림은 저항값이 R인 4개의 저항으로 구성된 어느 회로의 일부를 나타낸 것이다. 두 지점 A와 B 사이의 등가(합성) 저항값은?

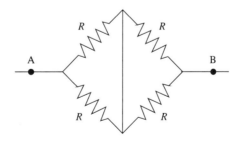

① $\dfrac{1}{4}R$
② $\dfrac{1}{2}R$
③ R
④ $2R$
⑤ $4R$

07 그림과 같이 저항 R, 코일 L, 축전기 C를 전압의 최댓값이 100V이고 진동수가 f_0으로 일정한 교류 전원에 연결하였다. 저항의 저항값은 40Ω이고, 저항 양단과 코일 양단에 걸리는 전압의 최댓값은 각각 80V와 60V이다. 이 회로의 공명 진동수는?

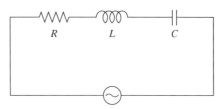

① $\dfrac{1}{2}f_0$

② $\dfrac{1}{\sqrt{2}}f_0$

③ f_0

④ $\sqrt{2}f_0$

⑤ $2f_0$

08 절대 온도 T_0에 있던 1몰의 단원자 분자 이상 기체에 열을 가했더니, 기체가 등압 팽창을 하여 온도 $2T_0$인 상태가 되었다. 이 과정에서 기체에 공급된 열량은? (단, R는 기체 상수이다)

① $\dfrac{1}{2}RT_0$

② RT_0

③ $\dfrac{3}{2}RT_0$

④ $2RT_0$

⑤ $\dfrac{5}{2}RT_0$

09 문턱 진동수가 각각 f_0과 f_X인 금속판 A와 X에 진동수가 $3f_0$인 빛을 비추었더니 A와 X에서 모두 광전자가 방출되었다. A에서 방출된 광전자의 최대 운동 에너지가 X에서 방출된 광전자의 최대 운동 에너지의 1.5배일 때, f_X는?

① $\dfrac{5}{3}f_0$

② $2f_0$

③ $\dfrac{7}{3}f_0$

④ $\dfrac{8}{3}f_0$

⑤ $3f_0$

10 그림은 폭 L인 무한 우물 퍼텐셜에 속박되어있는 입자의 에너지 준위 E_n과 파동 함수 $\psi(x)$를 양자수 n에 따라 나타낸 것이다. 이에 관한 설명으로 옳지 않은 것은?

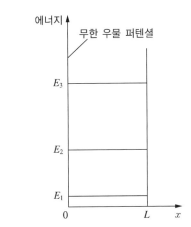
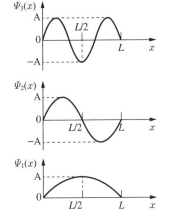

① 파동 함수의 파장은 $n=1$인 상태에서가 $n=3$인 상태에서보다 더 길다.

② 입자가 $n=1$인 상태에 있을 때, 위치에 따라 입자를 발견할 확률 밀도는 $x=\dfrac{L}{2}$에서 최대이다.

③ 입자가 $n=2$인 상태에 있을 때, 입자를 발견한 확률은 $0<x<\dfrac{L}{2}$에서가 $\dfrac{L}{2}<x<L$에서보다 크다.

④ 퍼텐셜에 속박된 입자가 가질 수 있는 에너지는 불연속적이다.

⑤ 퍼텐셜에 속박된 입자는 퍼텐셜 바닥에 정지해 있을 수 없다.

11 표는 X(l)와 Y(l)에 대하여 절대 온도 (K)의 역수($\frac{1}{T}$)에 따른 $P_{증기}$ 값을 자연로그의 음수 값($-\ln P_{증기}$)으로 나타낸 것이다. $P_{증기}$는 평형 증기압(atm)이다.

$\frac{1}{T}$(K-1)	$-\ln P_{증기}$	
	X(l)	Y(l)
4a	−2b	−4b
5a	0	−3b
6a	2b	−2b
7a	4b	−b
8a	6b	0
9a	8b	b
10a	10b	2b

정상 끓는 점(normal boiling point)에서 $\dfrac{\Delta S^{\circ}_{증발}(X)}{\Delta H^{\circ}_{증발}(Y)}$는? (단, 액체의 표준 증발 엔탈피($\Delta H^{\circ}_{증발}$)는 온도에 무관하고, $\Delta S^{\circ}_{증발}$(X)와 $\Delta S^{\circ}_{증발}$(Y)는 각각 X(l)와 Y(l)의 표준 증발 엔트로피(J/K · mol)이다. a와 b는 양수이다)

① $\dfrac{5}{4}$

② $\dfrac{4}{3}$

③ $\dfrac{3}{2}$

④ $\dfrac{5}{3}$

⑤ 2

12 다음은 A와 B가 반응하여 C와 D를 생성하는 화학 반응식과 반응 속도 법칙이다.

$$A + 2B \rightarrow C + 2D$$

$$\frac{-d[A]}{dt} = k[A][B]^m \quad (k\text{는 반응 속도 상수, } m\text{은 반응 차수})$$

표는 두 강철 용기에서 온도와 반응물의 초기 농도를 달리하여 반응시켰을 때, 반응 시간(min)에 따른 B의 농도 변화를 나타낸 자료이다.

온도(K)	$[A]_0$(M)	[B](mM)						
		0min	1min	2min	3min	4min	5min	6min
T_1	20.0	20.0	13.3	10.0	8.00	6.67	5.72	5.00
T_2	10.0	10.0	5.00	3.33	2.50	2.00	1.67	1.43

이에 관한 설명으로 옳은 것만을 〈보기〉에서 있는 대로 고른 것은? (단, 반응이 진행되는 동안 A의 농도는 각 반응의 초기 농도($[A]_0$)로 일정하다고 가정한다. 반응에서 온도는 T_1과 T_2로 각각 일정하다)

ㄱ. $m = 2$이다.

ㄴ. $\dfrac{T_2\text{에서 반응속도상수}(k_2)}{T_1\text{에서 반응속도상수}(k_1)} = 4$이다.

ㄷ. $\dfrac{T_1\text{에서 2min일 때 C의 생성 속도(M/s)}}{T_2\text{에서 4min일 때 D의 생성 속도(M/s)}} = \dfrac{25}{4}$이다.

① ㄱ

② ㄴ

③ ㄱ, ㄷ

④ ㄴ, ㄷ

⑤ ㄱ, ㄴ, ㄷ

13 다음은 A(g)와 B(g)가 반응하여 C(g)가 생성되는 반응의 평형 반응식과 압력으로 정의되는 평형 상수 (K_P)이다.

$$A(g) \ + \ 2B(g) \rightleftharpoons 2C(g) \qquad K_P$$

표는 반응 전 C(g) 1mol만이 들어 있는 피스톤이 달린 실린더에서 반응이 일어날 때, 서로 다른 온도에서 도달한 평형에 대한 자료이다.

평형 상태	온도(K)	실린더 속 혼합 기체의 부피(L)	K_P
I	T	$8V$	1
II	$\dfrac{4}{5}T$	$6V$	a

a는? (단, 대기압은 1atm으로 일정하고 피스톤의 질량과 마찰은 무시한다. 모든 기체는 이상 기체와 같은 거동을 한다)

① 4
② 5
③ 6
④ 8
⑤ 10

14 분자식이 C_5H_{10}인 탄화수소의 구조 이성질체 중 고리형 탄화수소의 개수는?

① 2
② 3
③ 4
④ 5
⑤ 6

15 다음은 4가지 분자 (가)~(라)를 나타낸 것이다.

(가)	(나)	(다)	(라)
NH_3	CS_2	CH_2O	SiH_4

루이스 구조와 원자가 껍질 전자쌍 반발 이론에 근거하여 이에 관한 설명으로 옳지 않은 것은?

① $\dfrac{\text{공유 전자쌍수}}{\text{비공유 전자쌍수}}$ 는 (가)가 (나)의 3배이다.

② 분자의 쌍극자 모멘트는 (가)가 (나)보다 크다.

③ 모든 원자가 같은 평면에 존재하는 분자는 (가)와 (다)이다.

④ 다중 결합을 갖는 분자는 (나)와 (다)이다.

⑤ 결합각은 (나)가 (라)보다 크다.

16 그림은 원자 W~Z의 제1 이온화 에너지(상댓값)를 나타낸 것이다. W~Z는 C, N, F, Na 중 하나이다.

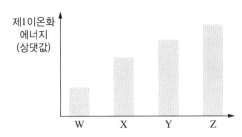

이에 관한 설명으로 옳은 것만을 〈보기〉에서 있는 대로 고른 것은? (단, W~Z는 임의의 원소 기호이다)

ㄱ. 원자 반지름은 W > X이다.
ㄴ. 2p 전자의 유효 핵전하는 Y > Z이다.
ㄷ. 제2 이온화 에너지는 W > Z이다.

① ㄱ   ② ㄴ
③ ㄱ, ㄷ   ④ ㄴ, ㄷ
⑤ ㄱ, ㄴ, ㄷ

17 표는 분자 궤도함수 이론에 근거한 바닥상태의 두 가지 화학종에 관한 자료이다. X와 Y는 N과 O 중 하나이다.

구 분	XY^+	Y_2
결합 차수	3	(가)
자기적 성질	(나)	상자기성

분자 궤도함수 이론에 근거한 다음 화학종에 관한 설명으로 옳지 않은 것은? (단, X와 Y는 임의의 원소 기호이고, 모든 화학종은 바닥상태이다)

① Y_2^+의 결합 차수는 (가)보다 크다.

② (나)는 반자기성이다.

③ X_2와 XY^+은 등전자이다.

④ Y_2^-에서 $\dfrac{\pi_{2p}^*\text{에 채워진 홀전자 수}}{\pi_{2p}\text{에 채워진 전자 수}} = \dfrac{1}{4}$이다.

⑤ XY^-의 홀전자 수는 1이다.

18 표는 결정장 이론에 근거한 바닥상태의 3가지 착이온 (가)~(다)에 관한 자료이다. 각 착이온의 배위 구조는 정사면체, 사각 평면, 정팔면체 중 하나이다.

구 분	(가)	(나)	(다)
화학식	$[Fe(CN)_6]^{4-}$	$[CoCl_4]^{2-}$	$[Ni(CN)_4]^{2-}$
홀전자 수	0	3	0

이에 관한 설명으로 옳은 것만을 〈보기〉에서 있는 대로 고른 것은? (단, Fe, Co, Ni의 원자 번호는 25, 26, 27이다)

ㄱ. (나)에서 Co 이온의 $3d_{z^2}$ 오비탈에 전자가 2개 있다.
ㄴ. (다)에서 Ni 이온의 에너지 준위는 $3d_{xy} > 3d_{x^2}$이다.
ㄷ. 중심 금속이온의 $3d_{xy}$ 오비탈에 있는 전자 수는 (가) > (나)이다.

① ㄱ
② ㄴ
③ ㄱ, ㄷ
④ ㄴ, ㄷ
⑤ ㄱ, ㄴ, ㄷ

19 다음은 $T℃$의 염기 완충 수용액에서 $M(OH)_3(s)$의 용해 평형과 관련된 평형 반응식이고, $T℃$에서 K_{sp}와 K는 각각 용해도곱 상수와 평형 상수이다.

$M(OH)_3(s) \rightleftharpoons M^{3+}(aq) + 3OH^-(aq)$ $\qquad K_{sp} = 2.0 \times 10^{-32}$

$M(OH)_3(s) + OH^-(aq) \rightleftharpoons M(OH)_4^-(aq)$ $\qquad K = x$

$T℃$, pH = 10.0인 염기 완충 수용액에서 $M(OH)_3(s)$의 용해도(S)가 4.0×10^{-3}mol/L일 때, x는? (단, 온도는 $T℃$로 일정하고, $T℃$에서 물의 이온곱 상수(K_W)는 1.0×10^{-14}이다. $M(OH)_3(s)$의 용해는 주어진 평형 반응들만 고려하며, M은 임의의 금속이다)

① 10
② 20
③ 30
④ 40
⑤ 50

20 다음은 산성 수용액에서 산화 환원 반응의 균형 화학 반응식이다, $a \sim d$는 반응 계수이다.

$$a\text{Fe}^{2+}(aq) + b\text{H}_2\text{O}_2(aq) + 2\text{H}^+(aq) \rightarrow c\text{Fe}^{3+}(aq) + d\text{H}_2\text{O}(l)$$

이에 관한 설명으로 옳은 것만을 〈보기〉에서 있는 대로 고른 것은?

> ㄱ. $a + b < c + d$이다.
> ㄴ. O의 산화수는 증가한다.
> ㄷ. Fe^{2+} 1mol이 반응할 때 전자 2mol을 잃는다.

① ㄱ
② ㄴ
③ ㄷ
④ ㄱ, ㄴ
⑤ ㄱ, ㄷ

21 포화지방에 관한 설명으로 옳은 것은?

① 주로 식물의 종자에 존재한다.
② 트랜스지방(trans fat)은 포화지방이다.
③ 포화지방은 불포화지방보다 녹는점이 높다.
④ 포화지방산은 탄소와 탄소 사이에 이중결합이 있다.
⑤ 포화지방산은 펩티드결합으로 글리세롤에 연결되어 있다.

22 C_4 식물에 관한 설명으로 옳은 것만을 〈보기〉에서 있는 대로 고른 것은?

> ㄱ. 옥수수는 C_4 식물에 속한다.
> ㄴ. 캘빈 회로는 유관속초세포에서 일어난다.
> ㄷ. 대기 중에 있는 CO_2는 엽육세포에서 고정된다.

① ㄱ
② ㄷ
③ ㄱ, ㄴ
④ ㄴ, ㄷ
⑤ ㄱ, ㄴ, ㄷ

23 (가)는 미토콘드리아의 산화적 인산화 과정에서 작용하는 전자전달 사슬의 최종 전자 수용체이고, (나)는 광합성의 명반응에서 작용하는 전자전달 사슬의 최종 전자 수용체이다. (가)와 (나)로 옳은 것은?

① (가) O_2 – (나) NADPH

② (가) O_2 – (나) $NADP^+$

③ (가) H_2O – (나) NADPH

④ (가) H_2O – (나) $NADP^+$

⑤ (가) H_2O – (나) NADH

24 IgM에 관한 설명으로 옳은 것만을 〈보기〉에서 있는 대로 고른 것은?

ㄱ. 1차 면역반응에서 B세포로부터 처음 배출되는 항체이다.
ㄴ. 눈물과 호흡기 점막 같은 외분비액에 존재하며 국소방어에 기여한다.
ㄷ. 알레르기 반응에 관여한다.

① ㄱ

② ㄴ

③ ㄷ

④ ㄱ, ㄴ

⑤ ㄱ, ㄷ

25 대장균의 유전자 발현에 관한 설명으로 옳지 않은 것은?

① RNA 중합효소 Ⅰ, Ⅱ, Ⅲ이 세포질에 존재한다.

② 70S 리보솜이 세포질에서 단백질을 합성한다.

③ DNA 복제과정에서 에너지가 사용된다.

④ 오페론 구조를 통해 전사가 조절된다.

⑤ 단백질 합성의 개시 아미노산은 포밀메티오닌이다.

26 세균의 세포벽에 관한 설명으로 옳지 않은 것은?

① 그람음성균의 지질다당체의 지질 성분은 동물에 독성을 나타낸다.
② 페니실린은 펩티도글리칸의 교차연결 형성을 저해한다.
③ 곰팡이의 세포벽과 조성이 다르다.
④ 분자 이동의 주된 선택적 장벽이다.
⑤ 세균의 형태를 유지한다.

27 다음 염기서열로 이루어진 DNA 단편을 PCR로 증폭하고자 한다. 한 쌍의 프라이머 서열로 옳은 것은?
(단, 주형 DNA는 한 가닥만 표시한다)

5'-<u>ATGTTCGAGAGGCTGGCTAAC</u>----- ⟨ ⟩ ------<u>CCTTTATCGGAATTGGATTAA</u>-3'

① 5'-ATGTTCGAGAGGCTGGCT-3'
　 5'-TTAATCCAATTCCGATAA-3'
② 5'-ATGTTCGAGAGGCTGGCT-3'
　 5'-GGAAATAGCCTTAACCTA-3'
③ 5'-ATGTTCGAGAGGCTGGCT-3'
　 5'-CCTTTATCGGAATTGGAT-3'
④ 5'-TACAAGCTCTCCGACCGA-3'
　 5'-GGAAATAGCCTTAACCTA-3'
⑤ 5'-TACAAGCTCTCCGACCGA-3'
　 5'-CCTTTATCGGAATTGGAT-3'

28 전기영동을 이용한 노던블롯(Northern blot) 실험에 관한 설명으로 옳은 것만을 〈보기〉에서 있는 대로 고른 것은?

ㄱ. RNA 길이에 관한 상대적 정보를 나타낸다.
ㄴ. 발현된 RNA양의 증감에 대해 알 수 있다.
ㄷ. 단백질의 구조를 확인할 수 있다.

① ㄱ
② ㄷ
③ ㄱ, ㄴ
④ ㄴ, ㄷ
⑤ ㄱ, ㄴ, ㄷ

29 그림은 파생 형질을 포함하는 식물 계통수의 일부를 나타낸 것이다. (가)는 '꽃'과 '종자' 중 하나이다.

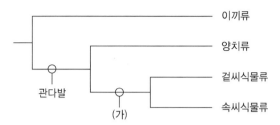

이에 관한 설명으로 옳은 것만을 〈보기〉에서 있는 대로 고른 것은?

> ㄱ. (가)는 '꽃'이다.
> ㄴ. 겉씨식물류의 생활사에서 세대 교번이 일어난다.
> ㄷ. 중복 수정은 속씨식물류의 특징이다.

① ㄱ   ② ㄴ
③ ㄱ, ㄷ   ④ ㄴ, ㄷ
⑤ ㄱ, ㄴ, ㄷ

30 유전자 부동에 관한 설명으로 옳은 것만을 〈보기〉에서 있는 대로 고른 것은?

> ㄱ. 병목 효과는 유전적 부동의 한 유형이다.
> ㄴ. 유전적 부동은 대립유전자 빈도를 임의로 변화시킬 수 있다.
> ㄷ. 유전적 부동은 크기가 큰 집단보다 작은 집단에서 대립유전자 빈도를 크게 변경시킬 수 있다.

① ㄱ   ② ㄷ
③ ㄱ, ㄷ   ④ ㄴ, ㄷ
⑤ ㄱ, ㄴ, ㄷ

31 판 경계부에 위치한 여러 지역에서 일어나는 지진활동에 관한 설명으로 옳은 것만을 〈보기〉에서 있는 대로 고른 것은?

> ㄱ. 동아프리카 열곡대는 수렴경계이다.
> ㄴ. 산안드레아스 단층은 보존경계로 천발지진이 일어난다.
> ㄷ. 히말라야 산맥은 대륙판과 해양판의 수렴경계로 화산활동이 활발하다.

① ㄱ   ② ㄴ
③ ㄱ, ㄷ   ④ ㄴ, ㄷ
⑤ ㄱ, ㄴ, ㄷ

32 지진과 지진파에 관한 설명으로 옳지 않은 것은?

① P파와 S파는 모두 실체파(body wave)이다.

② 탄성에너지가 최초로 방출된 지점은 진원이다.

③ P파의 속도가 S파의 속도보다 빠르다.

④ S파는 고체, 기체, 액체인 매질을 모두 통과한다.

⑤ P파는 파의 진행 방향이 매질 입자의 진동 방향과 평행한 종파이다.

33 그림 (가)는 어느 지역의 지질 단면도를, (나)는 방사성 원소 X의 붕괴 곡선을 나타낸 것이다. A와 B에 들어 있는 방사성 원소 X의 양은 붕괴 후 각각 처음 함량의 50%, 25%이다.

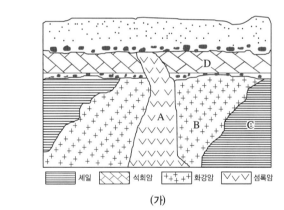

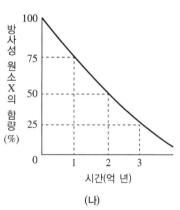

(가)

(나)

지층 A~D에 관한 설명으로 옳은 것만을 〈보기〉에서 있는 대로 고른 것은?

ㄱ. A의 절대연령은 2억 년이다.

ㄴ. D는 신생대 제4기의 지층으로 화폐석 화석이 산출된다.

ㄷ. 지층의 생성순서는 C → B → D → A이다.

① ㄱ

② ㄷ

③ ㄱ, ㄴ

④ ㄴ, ㄷ

⑤ ㄱ, ㄴ, ㄷ

34 한반도의 중생대 지층에 관한 설명으로 옳은 것만을 〈보기〉에서 있는 대로 고른 것은?

> ㄱ. 대보 조산 운동 이후에 경상누층군이 퇴적되었다.
> ㄴ. 경상누층군에서는 공룡 발자국 화석이 발견된다.
> ㄷ. 평안누층군 이후에 화강암류의 관입이 일어나지 않았다.

① ㄱ   ② ㄷ
③ ㄱ, ㄴ   ④ ㄴ, ㄷ
⑤ ㄱ, ㄴ, ㄷ

35 어떤 별 A의 겉보기 등급이 3등급이고, 지구에서 A까지의 거리가 100pc일 때, A의 절대 등급은?

① −2   ② −1
③ 2   ④ 3
⑤ 5

36 그림은 온도 변화에 따른 대기권의 연직 구조를 나타낸 것이다.

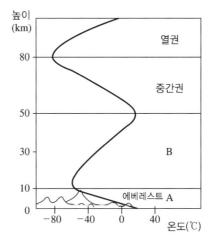

이에 관한 설명으로 옳은 것만을 〈보기〉에서 있는 대로 고른 것은?

> ㄱ. 대류권계면의 높이는 적도에서 낮고, 극에서 높다.
> ㄴ. 기상현상은 A에서 일어난다.
> ㄷ. B에서는 오존층이 자외선을 흡수하여 온도가 상승한다.

① ㄱ   ② ㄴ
③ ㄱ, ㄷ   ④ ㄴ, ㄷ
⑤ ㄱ, ㄴ, ㄷ

37 그림은 굴뚝의 연기가 원추형(coning)으로 퍼져나가는 모습을 나타낸 것이다.

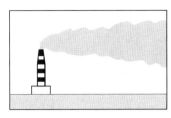

이 지역의 대기 상태를 옳게 나타낸 것은? (단, 실선은 기온선, 점선은 건조단열선이다)

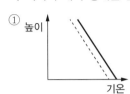

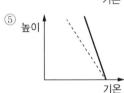

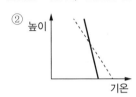

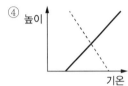

38 지구 내부의 구조 및 구성 물질의 상태에 관한 설명으로 옳지 않은 것은?

① 모호면은 지각과 맨틀의 경계이다.

② 맨틀은 지구 내부에서 가장 큰 부피를 차지한다.

③ 내핵은 높은 온도로 인해 액체 상태로 존재한다.

④ 외핵은 액체 상태로 존재한다.

⑤ 상부맨틀에는 지진파의 속도가 느려지는 저속도층이 존재한다.

39 그림은 위도 37.5°N인 어느 지역의 사계절 태양의 일주운동을 나타낸 것이다.

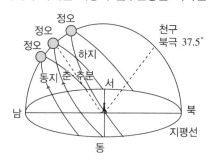

이에 관한 설명으로 옳지 않은 것은?

① 이 지역의 북극성 고도는 37.5°이다.

② 태양이 동지점에 있을 때, 태양의 적위는 −23.5°이다.

③ 태양이 춘·추분점에 있을 때, 태양은 정동쪽에서 떠서 정서쪽으로 진다.

④ 겨울에 이 지역의 낮의 길이는 밤의 길이에 비해 더 짧다.

⑤ 여름에 이 지역의 태양의 남중고도는 52°이다.

40 그림은 달의 공전을 나타낸 모식도이다. 어느 날 서울에서 새벽 5시경에 지구 관측자가 그믐달을 관측하였다. 이 달이 떠 있는 하늘의 방향과 그림의 달의 위치로 옳은 것은?

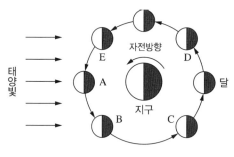

① 남서쪽, A

② 남동쪽, B

③ 북서쪽, C

④ 남서쪽, D

⑤ 남동쪽, E

2021년 제58회 기출문제

✔ Time   분 | 해설편 228p

01 경사진 면을 질량 m인 물체가 마찰 없이 미끄러져 내려오고 있다. 물체는 높이 h에서 정지 상태로부터 출발하였다. 물체가 $\frac{h}{2}$인 지점을 통과하는 순간의 속력은?

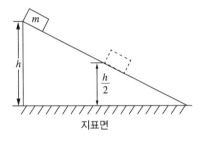

지표면

① $\frac{1}{4}\sqrt{gh}$

② $\frac{1}{2}\sqrt{gh}$

③ $\sqrt{\dfrac{gh}{2}}$

④ $\sqrt{gh}$

⑤ $\sqrt{2gh}$

02 균일한 자기장 B에 수직한 방향으로 속력 v로 입사한 질량 m인 전하 $+q$는 반지름 r인 원운동을 한다. 전하의 운동을 설명한 것으로 옳지 않은 것은?

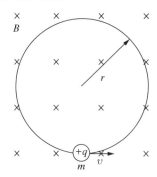

① 전하의 가속도 크기는 $\dfrac{qvB}{r}$이다.

② 원운동의 주기는 $\dfrac{2\pi m}{qB}$이다.

③ 원운동의 반지름은 $\dfrac{mv}{qB}$이다.

④ 전하의 운동에너지는 $\dfrac{1}{2}mv^2$이다.

⑤ 전하가 받는 힘의 크기는 qvB이다.

03 그림은 전지와 부하 저항이 연결된 회로이다. 부하 저항은 5Ω인 저항과 R'인 가변 저항이 병렬로 연결되어있다. 전지의 기전력(ε)은 3V이고, 내부 저항(r)은 4Ω이다. 부하 저항에 최대 전력(electric power)을 전달하기 위한 R'은?

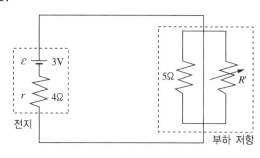

① 1Ω ② 4Ω

③ 5Ω ④ 9Ω

⑤ 20Ω

04 그림 (가)는 질량이 M이고 반지름이 R인 속이 꽉 찬 균일한 강체 구를, (나)는 질량이 m이고 반지름이 R인 가늘고 균일한 고리를 (가)의 구에 수평으로 끼워 고정한 강체를 나타낸 것이다. 정지해 있던 (가)와 (나)의 강체에 동일한 토크를 동일한 각도까지 각각 가했더니, (가)와 (나)의 강체는 제자리에서 각각 각속도 2ω와 ω로 회전한다.

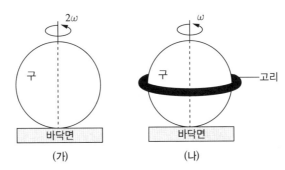

질량비 $\dfrac{M}{m}$은? (단, 구의 관성모멘트는 $\dfrac{2}{5}MR^2$이고, 고리는 수평을 유지하며 회전하고, 고리의 두께, 강체와 바닥면 사이의 마찰, 공기 마찰은 무시한다)

① $\dfrac{3}{5}$ ② $\dfrac{5}{6}$

③ $\dfrac{6}{5}$ ④ $\dfrac{5}{4}$

⑤ $\dfrac{5}{3}$

05 그림은 줄에 매달린 물체가 수평면에서 등속 원운동을 하는 모습을 나타낸 것이다. 물체의 질량은 m이고, 줄과 수직축 사이의 각도는 $30°$이다.

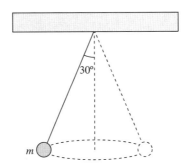

물체의 구심 가속도의 크기는? (단, 중력 가속도는 g이고, 모든 마찰은 무시한다)

① $\dfrac{1}{2}g$ ② $\dfrac{1}{\sqrt{3}}g$

③ $\dfrac{\sqrt{3}}{2}g$ ④ $\sqrt{3}\,g$

⑤ $2g$

06 그림과 같이 xy평면의 일사분면에 놓인 한 변의 길이가 d인 정사각형의 한 꼭짓점은 원점에 있고, 점전하 $+q$는 원점에서 d만큼 떨어져 z축 상에 고정되어 있다.

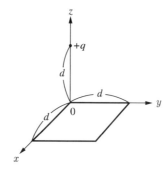

정사각형을 통과하는 전기 선속(electric flux)은? (단, ϵ_0은 진공의 유전율이다)

① $\dfrac{q}{2\epsilon_0}$

② $\dfrac{q}{3\epsilon_0}$

③ $\dfrac{q}{6\epsilon_0}$

④ $\dfrac{q}{12\epsilon_0}$

⑤ $\dfrac{q}{24\epsilon_0}$

07 그림 (가)는 길이가 L인 한쪽이 막힌 관이고, (나)는 양쪽이 열린 관이다. (가)의 관에서 가장 낮은 음의 정상 음파가 (나)의 관에서 정상 음파가 되기 위한 관의 최소 길이는? (단, 관의 가장자리 효과는 무시한다)

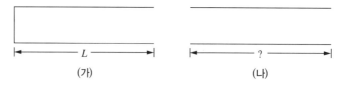

① $\dfrac{1}{2}L$

② L

③ $\dfrac{3}{2}L$

④ $2L$

⑤ $3L$

08 그림은 어떤 각도 θ로 산란된 X선의 세기를 파장에 따라 측정한 콤프턴 실험 결과이다. 세기 분포는 파장 λ_0, λ_1에서 두 개의 봉우리를 갖는다.

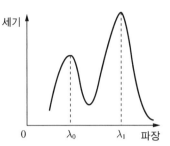

이에 관한 설명으로 옳은 것만을 〈보기〉에서 있는 대로 고른 것은?

> ㄱ. 산란각 θ가 커지면 두 봉우리에 해당하는 파장의 차는 커진다.
> ㄴ. 산란된 X선의 광자 한 개 당 에너지는 λ_1일 때가 λ_0일 때보다 크다.
> ㄷ. 광자와 전자의 총운동량은 충돌 전과 후가 동일하다.

① ㄱ
② ㄴ
③ ㄷ
④ ㄱ, ㄷ
⑤ ㄱ, ㄴ, ㄷ

09 그림은 힘의 평형을 이루며 정지해 있는 연결된 피스톤과 단원자 이상기체 A와 B가 각각 실린더에 들어 있는 모습을 나타낸 것이다. A와 B의 압력, 부피, 절대 온도는 각각 P, V, T로 같다. A가 들어 있는 실린더는 단열되어 있고, B가 들어있는 실린더는 외부와 열적 평형을 이룬다. 이때 A에 열량 Q_{in}(>0)을 서서히 공급하면, A의 나중 온도는 $4T$가 되고 B에서 열량 Q_{out}(>0)이 외부로 방출된다.

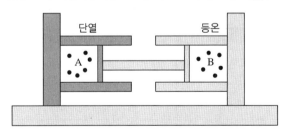

열량의 차($Q_{in} - Q_{out}$)는? (단, 외부의 온도는 T로 일정하고, 대기압은 일정하며 마찰은 무시한다)

① $\dfrac{1}{2}PV$
② $\dfrac{3}{2}PV$
③ $\dfrac{5}{2}PV$
④ $\dfrac{7}{2}PV$
⑤ $\dfrac{9}{2}PV$

10 다음의 핵융합 반응식에 해당하는 것은? (단, n은 중성자이다)

$$^2\text{H} + {}^x\text{H} \longrightarrow {}^4\text{He} + \text{n} + 17.6\text{MeV}$$

① 1 ② 2
③ 3 ④ 4
⑤ 5

11 다음은 온도 T에서 A(s) 분해 반응의 화학 반응식과 압력으로 정의되는 평형 상수(K_P)이다.

$$\text{A}(s) \rightleftarrows \text{B}(g) + \text{C}(g) \quad K_P$$

T에서, 1기압의 B(g)가 들어 있는 용기에 A(s)를 넣은 후 A(s)의 분해 반응이 일어나 도달한 평형 상태의 전체 기체 압력이 2기압이었다. K_p는? (단, 기체는 이상 기체로 거동하고, A(s)의 증기 압력은 무시한다)

① $\dfrac{1}{4}$ ② $\dfrac{1}{2}$

③ $\dfrac{3}{4}$ ④ 1

⑤ $\dfrac{5}{4}$

12 표는 기체의 분해 반응 (가)~(다)의 반응 속도 실험 자료이다.

반 응	화학 반응식	온 도	초기($t = 0$) 농도	속도 법칙
(가)	$2\text{A} \rightarrow 4\text{B} + \text{C}$	T_1	$[\text{A}]_0 = 1\text{M}$	$-\dfrac{d[\text{A}]}{dt} = 1\text{h}^{-1}[\text{A}]$
(나)	$2\text{D} \rightarrow 2\text{E} + \text{F}$	T_2	$[\text{D}]_0 = 1\text{M}$	$-\dfrac{d[\text{D}]}{dt} = 1\text{M}^{-1}\text{h}^{-1}[\text{D}]^2$
(다)	$2\text{G} \rightarrow 3\text{H} + \text{I}$	T_3	$[\text{G}]_0 = 1\text{M}$	$-\dfrac{d[\text{G}]}{dt} = 0.8\text{Mh}^{-1}$

$t = $ 1h일 때, C, E, I의 농도를 비교한 것으로 옳은 것은? (단, ln2 = 0.69이고, 반응 용기의 부피는 일정하다)

① $[\text{C}] < [\text{E}] < [\text{I}]$ ② $[\text{C}] < [\text{I}] < [\text{E}]$
③ $[\text{E}] < [\text{C}] < [\text{I}]$ ④ $[\text{E}] < [\text{I}] < [\text{C}]$
⑤ $[\text{I}] < [\text{C}] < [\text{E}]$

13 그림은 1기압에서 1몰 H_2O의 가열 곡선이다.

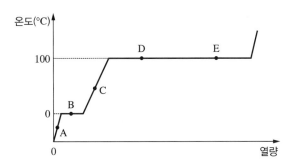

상태가 A~E인 1몰 H_2O에 관한 설명으로 옳은 것은?

① 열용량은 A > C이다.
② 내부 에너지는 B > C이다.
③ 엔트로피는 C > D이다.
④ 깁스 자유 에너지는 D = E이다.
⑤ 엔탈피는 A가 가장 크다.

14 다음은 3가지 탄화수소의 구조식이다.

| 에틸렌 | 아세틸렌 | 알렌 |

이에 관한 설명으로 옳은 것만을 〈보기〉에서 있는 대로 고른 것은?

> ㄱ. sp 혼성 궤도함수를 갖는 탄소가 포함된 탄화수소는 2가지이다.
> ㄴ. H의 질량 백분율이 가장 큰 것은 에틸렌이다.
> ㄷ. 알렌에서 모든 원자는 같은 평면에 있다.

① ㄱ   ② ㄷ
③ ㄱ, ㄴ   ④ ㄴ, ㄷ
⑤ ㄱ, ㄴ, ㄷ

15 표는 화학식이 C₄H₁₀O인 두 이성질체 A와 B의 적외선(IR)과 ¹³C 핵자기 공명(NMR) 분광학 자료이다.

구 분	IR 주요 특성 봉우리($\bar{v}$, cm⁻¹)	¹³C NMR 봉우리(δ, ppm)
A	2950, 1130	80, 57, 22
B	3368, 2973, 1202	69, 31

A와 B의 구조식을 순서대로 옳게 나타낸 것은?

①

②

③

④

⑤

16 다음은 H₂O, Br⁻, 두 자리 리간드 phen이 배위 결합한 정팔면체 Co(III) 착이온 (가)와 (나)의 화학식이다. phen은 이다.

(가) [Co(H₂O)₃(phen)Br]²⁺   (나) [Co(H₂O)₂(phen)Br₂]⁺

이에 관한 설명으로 옳은 것만을 〈보기〉에서 있는 대로 고른 것은?

ㄱ. (가)의 모든 기하이성질체는 광학 비활성이다.
ㄴ. 기하이성질체의 수는 (나)가 (가)보다 크다.
ㄷ. (나)의 기하이성질체 중 광학 비활성인 것이 있다.

① ㄱ

② ㄷ

③ ㄱ, ㄴ

④ ㄴ, ㄷ

⑤ ㄱ, ㄴ, ㄷ

17 표는 원자 X의 오비탈 A와 B에 관한 자료이다.

오비탈	주양자수	방사 방향 마디 수	각마디 수
A	n	0	x
B	$n+1$	0	2

이에 관한 설명으로 옳은 것만을 〈보기〉에서 있는 대로 고른 것은?

ㄱ. $x = 1$이다.
ㄴ. $n = 3$이다.
ㄷ. A의 각운동량 양자수(l)는 0이다.

① ㄱ
② ㄷ
③ ㄱ, ㄴ
④ ㄴ, ㄷ
⑤ ㄱ, ㄴ, ㄷ

18 분자 궤도함수 이론에 근거하여 바닥 상태 이원자 분자에 관한 설명으로 옳지 않은 것은?

① Li_2의 결합 차수는 1이다.
② C_2는 반자기성이다.
③ O_2에는 2개의 홀전자가 있다.
④ N_2의 최고 점유 분자 궤도함수(HOMO)는 σ궤도함수이다.
⑤ B_2의 최저 비점유 분자 궤도함수(LUMO)는 이중 축퇴된 한 쌍의 반결합성 궤도함수이다.

19 다음의 산화 환원 반응을 염기성 용액에서 균형을 맞추었을 때 $OH^-(aq)$의 반응 계수는 a, $H_2O(l)$의 반응 계수는 b이다. $\dfrac{b}{a}$ 는?

$$Cl_2O_7(aq) + H_2O_2(aq) \rightarrow ClO_2^-(aq) + O_2(g)$$

① $\dfrac{3}{2}$
② 2
③ $\dfrac{5}{2}$
④ 3
⑤ $\dfrac{7}{2}$

20 25℃에서 1.0 × 10⁻⁸M 염산(HCl(aq))에 들어 있는 H⁺, OH⁻, Cl⁻의 농도를 비교한 것으로 옳은 것은? (단, 25℃에서 H_2O의 이온곱 상수(K_w)는 1.0 × 10⁻¹⁴이다)

① $[H^+] < [OH^-] < [Cl^-]$

② $[H^+] = [Cl^-] < [OH^-]$

③ $[OH^-] = [Cl^-] < [H^+]$

④ $[OH^-] < [Cl^-] < [H^+]$

⑤ $[Cl^-] < [OH^-] < [H^+]$

21 식물에서 일어나는 광합성에 관한 설명으로 옳은 것만을 〈보기〉에서 있는 대로 고른 것은?

> ㄱ. NAD⁺가 전자운반체 역할을 한다.
> ㄴ. 암반응에서 탄소고정이 일어난다.
> ㄷ. 배출되는 O_2는 CO_2에서 유래된 것이다.
> ㄹ. 광계 II에서 얻은 에너지는 ATP 생성에 이용된다.

① ㄱ, ㄴ   ② ㄱ, ㄷ

③ ㄴ, ㄷ   ④ ㄴ, ㄹ

⑤ ㄷ, ㄹ

22 그림은 분열 중인 동물세포를 나타낸 것이다. (가)는 중심체로부터 뻗어 나온 섬유이다.

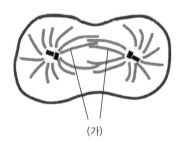

(가)

(가)의 단량체는?

① 액 틴   ② 튜불린

③ 라미닌   ④ 미오신

⑤ 케라틴

23 포유동물의 동맥, 정맥, 모세혈관에 관한 설명으로 옳은 것만을 〈보기〉에서 있는 대로 고른 것은?

> ㄱ. 혈압은 동맥에서 가장 높다.
> ㄴ. 혈류의 속도는 정맥에서 가장 느리다.
> ㄷ. 총 단면적은 모세혈관에서 가장 크다.

① ㄱ

② ㄴ

③ ㄱ, ㄷ

④ ㄴ, ㄷ

⑤ ㄱ, ㄴ, ㄷ

24 다음은 그레이브스병(Graves' disease)과 그레이브스병을 가진 여성 A에 대한 자료이다.

> • 그림은 갑상샘호르몬의 분비가 유도되는 과정을 나타낸 것이다.
>
>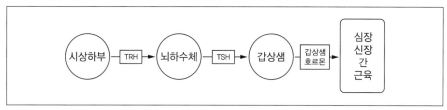
>
> TRH : 갑상샘자극호르몬 방출호르몬
> TSH : 갑상샘자극호르몬
> • 그레이브스병은 수용체 작동제(receptor agonist)로 작용하는 항-TSH 수용체 항체를 생성하는 자가면역질환이며, A는 갑상샘 항진증을 갖고 있다.
> • A가 출산한 B는 태어난 직후 항-TSH 수용체 항체를 가지고 있었고, 시간이 지난 후 B에서 더 이상 이 항체가 발견되지 않았다.

이에 관한 설명으로 옳은 것만을 〈보기〉에서 있는 대로 고른 것은?

> ㄱ. A에서 갑상샘호르몬의 양이 증가해도 갑상샘으로부터 지속적으로 호르몬이 분비된다.
> ㄴ. A에서 갑상샘호르몬은 뇌하수체 전엽에 작용하여 TSH의 분비를 촉진한다.
> ㄷ. B가 가지고 있던 항-TSH 수용체 항체의 유형은 IgG이다.

① ㄱ

② ㄴ

③ ㄷ

④ ㄱ, ㄴ

⑤ ㄱ, ㄷ

25 감수분열에 관한 설명으로 옳은 것만을 〈보기〉에서 있는 대로 고른 것은?

> ㄱ. 감수분열 I 에서 교차가 일어난다.
> ㄴ. 감수분열 II 에서 자매염색분체가 서로 분리된다.
> ㄷ. 감수분열 전체 과정을 통해 DNA 복제가 두 번 일어난다.

① ㄱ   ② ㄴ

③ ㄷ   ④ ㄱ, ㄴ

⑤ ㄱ, ㄷ

26 유전자형이 AaBbDd인 어떤 식물에서 대립유전자 A와 d는 같은 염색체에, B는 다른 염색체에 있다. 이 식물을 자가교배하여 자손을 얻을 때, 자손의 유전자형이 AaBbDd일 확률은? (단, 생식세포 형성 시 교차는 고려하지 않는다)

① $\dfrac{1}{2}$ ② $\dfrac{1}{4}$

③ $\dfrac{1}{8}$ ④ $\dfrac{1}{9}$

⑤ $\dfrac{1}{16}$

27 진핵세포의 유전자발현에 관한 설명으로 옳은 것은?

① 오페론을 통해 전사가 조절된다.

② mRNA 가공은 세포질에서 일어난다.

③ 인핸서(enhancer)는 전사를 촉진하는 단백질이다.

④ 히스톤 꼬리의 아세틸화는 염색질 구조변화를 유도한다.

⑤ 마이크로 RNA(miRNA)는 짧은 폴리펩티드에 대한 정보를 담고 있다.

28 그림 (가)~(라)는 생물분류군 A~E의 유연관계를 나타낸 계통수이다.

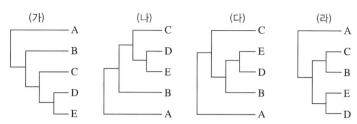

A~E의 진화적 관계가 동일한 계통수를 옳게 짝지은 것은?

① (가) – (나)

② (가) – (다)

③ (나) – (다)

④ (나) – (라)

⑤ (다) – (라)

29 코로나 바이러스(SARS-CoV-2)의 감염 여부를 역전사 중합효소연쇄반응(RT-PCR)을 이용하여 진단하고자 한다. 이 진단 방법에서 필요한 시료가 아닌 것은?

① 역전사효소

② 열안정성 DNA 중합효소

③ 디옥시뉴클레오티드(dNTP)

④ SARS-CoV-2 바이러스 특이적 IgM

⑤ SARS-CoV-2 유전자 특이적 프라이머

30 다음 중 어떤 생물이 세균(Bacteria) 영역에 속하는 생물이라고 판단한 근거로 가장 적절한 것은?

① RNA 중합효소는 한 종류만 있다.

② 히스톤과 결합한 DNA가 있다.

③ 세포 표면에 섬모가 있다.

④ 셀룰로오스로 구성된 세포벽이 있다.

⑤ 막으로 둘러싸인 세포 소기관이 세포질에 있다.

31 탄산염 광물에 해당하는 것은?

① 암 염   ② 황동석

③ 각섬석   ④ 금강석

⑤ 돌로마이트

32 고생대의 화석과 지질에 관한 설명으로 옳지 않은 것은?

① 석탄층이 발견된다.

② 석회암층이 발견된다.

③ 삼엽충 화석이 산출된다.

④ 화폐석 화석이 산출된다.

⑤ 초대륙인 판게아(Pangaea)가 형성되었다.

33 온대 저기압에 관한 설명으로 옳은 것만을 〈보기〉에서 있는 대로 고른 것은?

ㄱ. 성질이 다른 두 기단이 만나서 형성된다.
ㄴ. 온난 전선의 전선면에서는 적란운이 발달한다.
ㄷ. 온난 전선면의 기울기가 한랭 전선면의 기울기보다 작다.

① ㄱ   ② ㄴ

③ ㄱ, ㄷ   ④ ㄴ, ㄷ

⑤ ㄱ, ㄴ, ㄷ

34 지진과 지진파에 관한 설명으로 옳은 것만을 〈보기〉에서 있는 대로 고른 것은?

ㄱ. 진앙은 탄성 에너지가 최초로 방출된 지점이다.
ㄴ. P파와 S파는 모두 실체파이다.
ㄷ. S파는 파의 진행 방향이 매질 입자의 진동 방향과 평행한 종파이다.

① ㄱ   ② ㄴ

③ ㄷ   ④ ㄱ, ㄴ

⑤ ㄴ, ㄷ

35 지구 내부의 구성 물질에 관한 설명으로 옳은 것만을 〈보기〉에서 있는 대로 고른 것은?

> ㄱ. 내핵의 물질은 고체 상태로 존재한다.
> ㄴ. 상부 맨틀의 암석은 유문암으로 구성되어 있다.
> ㄷ. 해양 지각의 SiO_2 구성 성분비는 대륙 지각의 SiO_2 구성 성분비보다 크다.

① ㄱ
② ㄴ
③ ㄷ
④ ㄱ, ㄴ
⑤ ㄴ, ㄷ

36 그림은 A 지점에서 기온이 18℃, 이슬점이 10℃인 공기 덩어리가 산을 타고 올라가다가 B 지점부터 정상인 C 지점까지 구름을 만든 후 산을 넘어 D 지점까지 가는 과정을 나타낸 것이다.

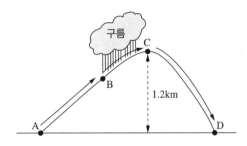

이에 관한 설명으로 옳은 것만을 〈보기〉에서 있는 대로 고른 것은? (단, 건조단열 감률은 10℃/km, 이슬점 감률은 2℃/km이며, A와 D의 해발고도는 0km이다)

> ㄱ. B 지점의 고도는 1km이다.
> ㄴ. C 지점에서 기온은 이슬점보다 낮다.
> ㄷ. D 지점에서는 A 지점보다 기온이 높다.

① ㄱ
② ㄴ
③ ㄱ, ㄷ
④ ㄴ, ㄷ
⑤ ㄱ, ㄴ, ㄷ

37 지진해일(Tsunami)에 관한 설명으로 옳지 않은 것은?

① 심해파의 특성을 갖는다.
② 속도는 수심과 관련된다.
③ 해안으로 다가오면서 파고가 높아진다.
④ 우리나라 동해안에서 피해가 보고되었다.
⑤ 해저에서 발생하는 지진에 의해 일어난다.

38 다음 그래프는 외부 은하들의 거리와 시선속도의 관계를 나타낸 것이다.

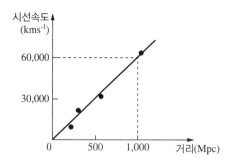

이에 관한 설명으로 옳은 것만을 〈보기〉에서 있는 대로 고른 것은?

> ㄱ. 우주는 팽창하고 있다.
> ㄴ. 허블 상수는 $60kms^{-1}$ Mpc^{-1}이다.
> ㄷ. 멀리 있는 은하일수록 청색 편이가 크게 나타난다.

① ㄱ
② ㄴ
③ ㄱ, ㄴ
④ ㄴ, ㄷ
⑤ ㄱ, ㄴ, ㄷ

39 지구 대기권에 관한 설명으로 옳지 않은 것은?

① 대류권에서는 기상 현상이 나타난다.
② 대류권의 높이는 위도에 따라 다르다.
③ 성층권에서는 오존층에서 기온이 가장 높다.
④ 중간권에서는 대류작용이 일어난다.
⑤ 열권에서는 전리층이 존재한다.

40 표는 별 A, B의 절대 등급과 겉보기 등급을 나타낸 것이다.

구 분	A	B
절대 등급(M)	0	0
겉보기 등급(m)	5	7

별 A, B에 관한 설명으로 옳은 것은?

① A의 연주 시차는 0.1″이다.
② A가 B보다 지구에서 가까운 거리에 있다.
③ 100pc에 위치한 A의 겉보기 등급은 0이다.
④ 육안으로 관측할 때 B가 A보다 10배 밝다.
⑤ A, B의 거리 지수(m−M)로 별의 화학조성을 알 수 있다.

2020년 제57회 기출문제

✅ Time ___ 분 | 해설편 240p

01 그림은 도르래에 한 줄로 연결된 질량에 각각 1kg, 2kg인 물체 A, B가 힘 F에 의해 정지해 있는 모습을 나타낸 것이다. F를 없앴더니 두 물체가 4m/s^2의 가속도를 가지고 A는 오른쪽으로, B는 연직 아래로 각각 0.1m 이동하였다. 0.1m 이동하는 동안 A에 작용되는 마찰력이 한 일(J)의 절댓값은? (단, 중력가속도 g는 10m/s^2이고, 공기저항, 도르래의 회전 마찰력과 질량, 줄의 질량은 무시한다)

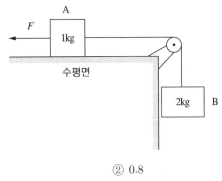

① 0.6
③ 1.0
⑤ 1.4

② 0.8
④ 1.2

02 질량이 각각 60kg, 90kg인 갑과 을이 마찰이 없는 평면 위에 정지해 있다. 갑은 x축의 원점에 있고, 을은 $x = +10\text{m}$ 지점에 있다. 갑과 을은 줄의 양끝을 잡고 있다가 어느 순간 줄을 마주잡고 끌어당겨서 갑과 을이 가까워지고 있다. 다음 물음에 답하시오. (단, 공기 저항과 줄의 질량은 무시하고, 줄의 길이는 늘어나지 않는다)

> ㄱ. 갑의 속도가 $+0.30\,\hat{x}\,\text{m/s}$일 때, 을의 속도 $\overrightarrow{v_\text{을}}$는? (단, $\hat{x}$는 $+x$방향의 단위 벡터이다)
>
> ㄴ. 갑과 을이 처음 만나는 지점의 x좌표는?

① ㄱ : $\overrightarrow{v_\text{을}} = -0.15\,\hat{x}\,[\text{m/s}]$ ㄴ : $+6.0\,[\text{m/s}]$

② ㄱ : $\overrightarrow{v_\text{을}} = -0.15\,\hat{x}\,[\text{m/s}]$ ㄴ : $+8.0\,[\text{m/s}]$

③ ㄱ : $\overrightarrow{v_\text{을}} = -0.20\,\hat{x}\,[\text{m/s}]$ ㄴ : $+6.0\,[\text{m/s}]$

④ ㄱ : $\overrightarrow{v_\text{을}} = -0.20\,\hat{x}\,[\text{m/s}]$ ㄴ : $+8.0\,[\text{m/s}]$

⑤ ㄱ : $\overrightarrow{v_\text{을}} = -0.25\,\hat{x}\,[\text{m/s}]$ ㄴ : $+8.0\,[\text{m/s}]$

03 길이가 l이고 질량이 m인 균일한 사다리가 바닥면과 θ의 각도를 이루며 마찰이 없는 벽면에 기대어 있다. 질량 M인 남자는 사다리의 질량 중심에 서 있다. 사다리와 바닥면 사이의 최대 정지마찰계수는 μ_s이다. 사다리가 미끄러지지 않기 위한 최소 각도를 θ_{min} 라고 할 때, $\tan\theta_{min}$은?

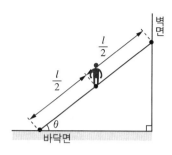

① $\dfrac{1}{2\mu_s}$

② $\dfrac{\mu_s}{2}$

③ $\dfrac{2}{3\mu_s}$

④ $\dfrac{\mu_s m}{2(M+m)}$

⑤ $\dfrac{M}{2\mu_2(M+m)}$

04 그림의 회로에서 스위치 S_1과 스위치 S_2를 동시에 닫은 순간에 충전되지 않은 축전기 C를 지나는 전류는 I_i이다. 또한 S_1과 S_2를 닫은 후 충분히 오랜 시간이 흘렀을 때 코일 L을 지나는 전류는 I_f에 가까워진다. 이때 $\dfrac{I_f}{I_i}$로 옳은 것은?

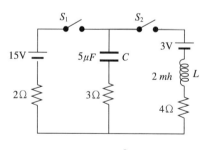

① 0

② $\dfrac{2}{3}$

③ 1

④ $\dfrac{3}{2}$

⑤ ∞

05 그림과 같이 반지름이 각각 $2r$, r인 원형 도선 A, B가 원점 O를 중심으로 같은 평면에 고정되어 있다. A, B에 흐르는 일정한 전류의 세기는 각각 I_A, I_B이고, O에서 A와 B에 의한 자기장의 세기는 0이다. 이에 관한 설명으로 옳은 것만을 〈보기〉에서 있는 대로 고른 것은? (단, 도선의 두께는 무시한다)

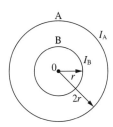

ㄱ. 전류의 방향은 A와 B가 다르다.
ㄴ. $I_A : I_B = 2 : 1$이다.
ㄷ. 자기모멘트의 크기는 A가 B의 4배이다.

① ㄱ

② ㄷ

③ ㄱ, ㄴ

④ ㄴ, ㄷ

⑤ ㄱ, ㄴ, ㄷ

06 잔잔한 수면 위에서 퍼져나가는 어떤 물결파의 경우, 높이 변화 y는 위치 x와 시간 t의 함수로 다음과 같이 표시된다.

$$y(x, t) = 0.10 \sin(3x - 4t)[\text{m}]$$

이 식에서 x의 단위는 미터[m]이고, t의 단위는 초[s]이다. 이 물결파의 파장(λ)과 속도(v)는?

① $\dfrac{2\pi}{3}[\text{m}]$, $\dfrac{4}{3}[\text{m/s}]$

② $\dfrac{1}{3}[\text{m}]$, $\dfrac{4}{3}[\text{m/s}]$

③ $3[\text{m}]$, $12[\text{m/s}]$

④ $\dfrac{3}{2\pi}[\text{m}]$, $\dfrac{3}{4}[\text{m/s}]$

⑤ $3[\text{m}]$, $\dfrac{3\pi}{2}[\text{m/s}]$

07 그림과 같이 지면으로부터 나오는 방향의 균일한 자기장 영역 Ⅰ, Ⅱ에 가로, 세로의 길이가 각각 $3l$, l인 직사각형 모양의 도선이 고정되어 있다. 자기장 영역 Ⅰ과 Ⅱ에서 시간 t에 따라 변하는 자기장의 세기는 각각 $2at$, $at+b$이다. 도선에 유도되는 기전력의 크기는? (단, a, b는 상수이고, 도선의 두께는 무시한다)

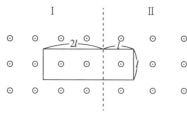

① al^2 ② $2al^2$

③ $3al^2$ ④ $4al^2$

⑤ $5al^2$

08 그림은 1몰의 단원자 이상기체의 상태가 A → B → C → A로 변하는 순환과정에서의 압력 P와 부피 V를 나타낸 것이다. A → B 과정에서 기체가 흡수한 열량 Q_{AB}와 이 순환과정에서 기체가 외부에 한 총일 W의 비 $\left|\dfrac{W}{Q_{AB}}\right|$는?

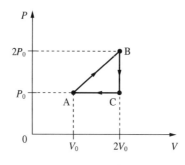

① $\dfrac{1}{24}$ ② $\dfrac{1}{16}$

③ $\dfrac{1}{12}$ ④ $\dfrac{1}{8}$

⑤ $\dfrac{1}{6}$

09 어떤 레이저가 4.0×10^5W의 출력으로 1.0×10^{-7}s 동안 빛 에너지를 방출한다. 레이저 파장이 500nm일 때, 방출되는 총 광자 수(개)는? (단, 플랑크 상수는 6.6×10^{-34}J/s 이고, 광속은 $3.0 \times 10^8 \text{m/s}$ 이다)

① 1.0×10^{16} ② 5.0×10^{16}

③ 1.0×10^{17} ④ 5.0×10^{17}

⑤ 1.0×10^{18}

10 폭이 각각 L, $2L$인 일차원 무한 퍼텐셜 우물에 전자 A, B가 각각 어떤 양자상태로 갇혀 있다. A는 바닥상태에 있고, A와 B의 에너지는 같다. 이때 B의 드브로이 파장(λ)은?

① $\dfrac{L}{4}$ ② $\dfrac{L}{2}$

③ L ④ $2L$

⑤ $4L$

11 다음은 원자 및 이온의 바닥 상태 전자배치를 나타낸 것이다. 옳은 것만을 〈보기〉에서 있는 대로 고른 것은?

> ㄱ. $_{24}\text{Cr}$: $1s^2 2s^2 2p^6 3s^2 3p^6 4s^1 3d^5$
>
> ㄴ. $_{25}\text{Mn}$: $1s^2 2s^2 2p^6 3s^2 3p^6 4s^2 3d^5$
>
> ㄷ. $_{26}\text{Fe}^{2+}$: $1s^2 2s^2 2p^6 3s^2 3p^6 3d^5$
>
> ㄹ. $_{29}\text{Cu}$: $1s^2 2s^2 2p^6 3s^2 3p^6 4s^1 3d^{10}$

① ㄱ, ㄴ   ② ㄱ, ㄷ

③ ㄴ, ㄷ   ④ ㄱ, ㄴ, ㄷ

⑤ ㄱ, ㄴ, ㄷ, ㄹ

12 배위화합물 A는 [Co(en)$_2$Cl$_2$]Cl이고, 배위화합물 B는 [Co(en)$_3$]Cl$_3$(en = ethylenediamine, H$_2$NCH$_2$CH$_2$NH$_2$)이다. 이에 관한 설명으로 옳은 것만을 〈보기〉에서 있는 대로 고른 것은?

ㄱ. A는 기하이성질체와 광학이성질체를 가진다.
ㄴ. B는 광학이성질체만 가진다.
ㄷ. 결정장 갈라짐 에너지($\triangle_0$)는 A가 B보다 크다.

① ㄱ   ② ㄷ
③ ㄱ, ㄴ   ④ ㄴ, ㄷ
⑤ ㄱ, ㄴ, ㄷ

13 다음은 분자식이 C$_2$H$_6$O인 유기 화합물의 ^{1}H-NMR 스펙트럼을 나타낸 것이다. 스펙트럼 봉우리의 면적비는 A : B : C = 2 : 1 : 3이다.

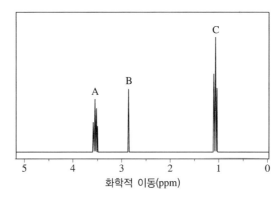

화학적 이동(ppm)

이 화합물과 스펙트럼의 설명으로 옳은 것만을 〈보기〉에서 있는 대로 고른 것은?

ㄱ. 물에 잘 혼합된다.
ㄴ. 아세트산과 반응하여 에스터를 형성한다.
ㄷ. 봉우리 A와 C의 수소는 커플링(coupling)되어 있다.

① ㄱ   ② ㄱ, ㄴ
③ ㄱ, ㄷ   ④ ㄴ, ㄷ
⑤ ㄱ, ㄴ, ㄷ

14 분자식이 C_4H_8인 탄화수소의 구조 이성질체에 관한 설명이다. 다음 설명으로 옳은 것만을 〈보기〉에서 있는 대로 고른 것은?

> ㄱ. 고리형 탄화수소는 2가지이다.
> ㄴ. 불포화 탄화수소는 2가지이다.
> ㄷ. sp 혼성 궤도함수를 가지는 탄소가 있다.

① ㄱ
② ㄴ
③ ㄱ, ㄷ
④ ㄴ, ㄷ
⑤ ㄱ, ㄴ, ㄷ

15 그림은 이핵 이원자 분자 XY의 바닥 상태 분자 궤도함수를 나타낸 것이다. 바닥 상태의 XY 화합물에 관한 설명으로 옳지 않은 것은?

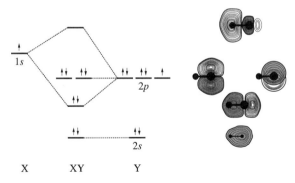

① XY 결합차수는 1이다.
② 반자성이다.
③ 쌍극자 모멘트가 있다.
④ 전기음성도는 X가 Y보다 작다.
⑤ 최고 점유 분자 궤도함수(HOMO)는 반결합(antibonding) 분자 궤도함수이다.

16 숟가락의 은(Ag) 전기도금에서 숟가락은 환원 전극으로, 순수 은(Ag) 조각은 산화 전극으로 작용한다. 이 둘을 시안화은(AgCN) 용액 속에 담그고 9.65A의 전류를 흐르게 하여 표면적이 54cm²인 숟가락의 표면을 40μm의 평균 두께로 도금하였다. 전기도금 하는 데 소요된 시간(초)는? (단, 은의 밀도는 10g/cm³으로 가정하고 원자량은 108g/mol이다. 페러데이 상수는 F = 96,500C/mol, 1μm = 10⁻⁴cm 이다)

① 100
② 200
③ 300
④ 400
⑤ 500

17 다음은 탄소(C)와 $CO_2(g)$가 반응하여 $CO(g)$를 생성하는 평형 반응식과 압력으로 정의되는 평형 상수이다.

$$C(s) + CO_2(g) \rightleftarrows 2CO(g),\ K_p$$

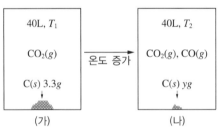

그림 (가)는 온도 T_1에서 부피가 40L로 일정한 진공용기에 탄소 가루(C(s)와 $CO_2(g)$를 넣은 반응 초기 상태를, (나)는 온도를 T_2로 올려 반응이 진행된 후 평형에 도달한 상태를 나타낸다. 표는 (가)와 (나)에서 의 자료이다.

상 태	온도(K)	용기 안의 C(s) 질량(g)	용기 안의 기체 밀도(g/L)	평형 상수(K_p)
(가)	T_1	3.3	0.550	
(나)	T_2	y	0.625	x

$\dfrac{x}{y}$ 는? (단, 모든 기체는 이상 기체와 같은 거동을 하고 RT_2 = 84atm · L/mol로 주어진다. CO_2의 분자량은 44g/mol이고 CO의 분자량은 28g/mol이다. C(s)의 부피와 증기압은 무시한다)

① 7
② 8
③ 9
④ 10
⑤ 12

18 다음은 A와 B가 반응하여 C와 D를 생성하는 화학 반응식이다.

$$2A + B \rightarrow C + D$$

표는 반응 차수가 1차인 반응물 B의 서로 다른 초기 농도($[B]_0$)에서 반응 시간(초)에 따른 반응물 A의 농도 변화를 나타낸 실험 Ⅰ과 Ⅱ의 자료이다. 실험 Ⅰ에서 $[B]_0$ = 10.0M이고, 실험 Ⅱ에서는 $[B]_0$ = 20.0M이다. 반응이 진행되는 동안 B의 농도는 일정하다고 가정한다.

시간(초)	실험 Ⅰ	실험 Ⅱ
	[A] (mM)	[A] (mM)
0	10.0	10.0
10	6.67	5.00
20	5.00	3.33
30	4.00	2.50
40	3.33	2.00
50	2.86	1.67
60	2.50	1.43

실험 Ⅰ에서, 반응 시간 30초일 때 C의 생성속도($mmolL^{-1}s^{-1}$)는? (단, 온도는 일정하다. $1mM = 10^{-3}M$ 이고, $1mmol = 10^{-3}mol$이다)

① 1.0×10^{-2}
② 2.0×10^{-2}
③ 4.0×10^{-2}
④ 8.0×10^{-2}
⑤ 1.0×10^{-1}

19 다음에서 옳은 것만을 〈보기〉에서 있는 대로 고른 것은?

ㄱ. SF_4는 비극성이다.
ㄴ. PCl_5는 사각 피라미드 구조를 가진다.
ㄷ. I_3^-의 중심 원자는 dsp^3 혼성 궤도 함수를 가진다.

① ㄱ
② ㄷ
③ ㄱ, ㄴ
④ ㄴ, ㄷ
⑤ ㄱ, ㄴ, ㄷ

20 T℃에서 부피가 일정한 용기에 두 휘발성 액체 A와 B로만 구성된 혼합 용액이 기체-액체 평형을 이루고 있다. T℃의 평형 상태에서, 기체상에서 A의 몰분율은 액체상에서 A의 몰분율의 2배이다. T℃의 평형 상태에서 순수한 A의 증기압은 400torr이고 순수한 B의 증기압은 150torr이다. T℃ 평형 상태에서, 액체상에서 B의 몰분율은? (단, 온도는 T℃로 일정하고, 혼합 용액은 라울의 법칙을 따른다)

① 0.5　　　　　　　　　　　　　　② 0.6
③ 0.7　　　　　　　　　　　　　　④ 0.8
⑤ 0.9

21 동물세포의 생체막에 관한 설명으로 옳지 않은 것은?

① 유동모자이크 모형으로 설명된다.
② 선택적 투과성을 갖는다.
③ 인지질은 친수성 머리와 소수성 꼬리로 구성된다.
④ 인지질 이중층은 비대칭적 구조이다.
⑤ 포화지방산의 '꺾임(kink)'은 느슨하고 유동적인 막을 만든다.

22 리보솜에 관한 설명으로 옳은 것만을 〈보기〉에서 있는 대로 고른 것은?

> ㄱ. RNA와 단백질로 이루어져 있다.
> ㄴ. 단백질 합성이 일어나는 장소이다.
> ㄷ. 거대 분자를 단량체로 가수분해시킨다.

① ㄱ　　　　　　　　　　　　　　② ㄴ
③ ㄱ, ㄴ　　　　　　　　　　　　　④ ㄱ, ㄷ
⑤ ㄴ, ㄷ

23 질소순환에 관한 설명으로 옳은 것은?

① 식물은 질소(N_2)를 직접 흡수한다.
② 질산화(nitrification)는 질산 이온(NO_3^-)을 질소(N_2)로 환원시키는 과정이다.
③ 질소고정(nitrogen fixation)은 토양의 암모늄 이온(NH_4^+)을 아질산 이온(NO_2^-)으로 전환시키는 과정이다.
④ 식물의 뿌리는 질산 이온(NO_3^-)과 암모늄 이온(NH_4^+) 형태로 흡수한다.
⑤ 암모니아화(ammonification)는 공기 중의 질소(N_2)를 암모니아(NH_3)와 암모늄이온(NH_4^+)으로 전환하는 과정이다.

24 교감 신경계의 작용에 관한 설명으로 옳지 않은 것은?

① 기관지가 수축된다.
② '싸움-도피 반응(fight or flight response)'이다.
③ 심장박동이 촉진된다.
④ 신경절후에서 노르에피네프린이 분비된다.
⑤ 동공이 확대된다.

25 세균의 플라스미드(plasmid)에 관한 설명으로 옳은 것만을 〈보기〉에서 있는 대로 고른 것은?

> ㄱ. 염색체와 별도로 존재하는 DNA이다.
> ㄴ. 플라스미드 DNA의 복제는 염색체 DNA의 복제와 독립적으로 조절된다.
> ㄷ. 세균의 증식에 필수적인 유전정보를 보유한다.

① ㄱ　　　　　　　　　　　　　② ㄴ
③ ㄱ, ㄴ　　　　　　　　　　　④ ㄴ, ㄷ
⑤ ㄱ, ㄴ, ㄷ

26 광합성에 관한 설명으로 옳은 것은?

① 광계 Ⅰ의 반응중심 색소는 스트로마에 있다.
② 광계 Ⅱ의 반응중심에 있는 엽록소는 700nm 파장의 빛을 최대로 흡수한다.
③ 틸라코이드에서 $NADP^+$의 환원이 일어난다.
④ 캘빈 회로는 엽록체의 틸라코이드에서 일어난다.
⑤ 스트로마에서 명반응 산물을 이용하여 포도당이 합성된다.

27 세균의 유전자 발현에 관한 설명으로 옳은 것은?

① DNA 복제는 보존적 방식으로 진행된다.
② mRNA의 반감기는 진핵세포의 반감기보다 길다.
③ 세포질에 RNA 중합효소 Ⅰ, Ⅱ, Ⅲ이 존재한다.
④ 전사와 번역과정이 세포질에서 일어난다.
⑤ mRNA의 3′-말단에 poly A 꼬리가 첨가된다.

28 겔 전기영동(gel electrophoresis)에 의한 DNA 절편의 분리에 관한 설명으로 옳은 것만을 〈보기〉에서 있는 대로 고른 것은?

> ㄱ. DNA 절편은 겔에서 음극으로 이동한다.
> ㄴ. 긴 DNA 절편은 짧은 DNA 절편보다 겔에서 빨리 이동한다.
> ㄷ. DNA 양에 대한 정보를 준다.

① ㄱ   ② ㄴ
③ ㄷ   ④ ㄱ, ㄴ
⑤ ㄱ, ㄷ

29 동물의 적응면역(aquired immunity)에 관한 설명으로 옳은 것은?

① 항체 IgG는 5량체를 형성한다.
② T 세포는 체액성 면역 반응이다.
③ B 세포는 감염된 세포를 죽인다.
④ 항원 제시 세포는 Ⅰ형 및 Ⅱ형 MHC 분자를 모두 가지고 있다.
⑤ T세포는 항체를 분비한다.

30 세균의 세포벽에 관한 설명으로 옳은 것만을 〈보기〉에서 있는 대로 고른 것은?

> ㄱ. 펩티도글리칸(peptidoglycan)으로 이루어진 그물망구조를 가지고 있다.
> ㄴ. 섬유소(cellulose)로 이루어진 다당류로 구성되어 있다.
> ㄷ. 분자 이동의 주된 선택적 장벽이다.

① ㄱ   ② ㄴ
③ ㄷ   ④ ㄱ, ㄴ
⑤ ㄴ, ㄷ

31 판의 경계 중에서 발산 경계에 관한 설명으로 옳지 않은 것은?

① 해령에서는 맨틀물질이 상승하여 새로운 해양판을 만든다.
② 해령에서는 V자형 열곡이 발달한다.
③ 육지에도 발산 경계가 분포한다.
④ 해령에서는 지각 열류량이 주변 해저에 비해 높다.
⑤ 산안드레아스 단층은 발산 경계 중 하나이다.

32 지구의 내부 구조와 구성 물질에 관한 설명으로 옳은 것만을 〈보기〉에서 있는 대로 고른 것은?

> ㄱ. 모호면을 기준으로 상부는 지각, 하부는 맨틀이다.
> ㄴ. 외핵은 고체 상태로 존재한다.
> ㄷ. 맨틀은 주로 감람암질 암석으로 구성되어 있다.
> ㄹ. 지각을 이루는 암석은 퇴적암이 50%, 화성암이 40%, 변성암이 10%를 차지한다.

① ㄱ
② ㄴ
③ ㄱ, ㄷ
④ ㄱ, ㄴ, ㄷ
⑤ ㄴ, ㄷ, ㄹ

33 규산염 광물만을 〈보기〉에서 있는 대로 고른 것은?

> ㄱ. 황철석 ㄴ. 감람석
> ㄷ. 방해석 ㄹ. 흑운모
> ㅁ. 강 옥

① ㄱ, ㄴ
② ㄱ, ㄷ
③ ㄴ, ㄷ
④ ㄴ, ㄹ
⑤ ㄷ, ㄹ, ㅁ

34 우리나라의 지질과 화석에 관한 설명으로 옳지 않은 것은?

① 석탄은 고생대 지층에서 주로 산출된다.
② 공룡 발자국은 중생대 지층에서 산출된다.
③ 고생대 지층은 주로 강원도에 분포한다.
④ 고생대에는 석회암층이 산출되지 않는다.
⑤ 삼엽충은 고생대 지층에서 산출된다.

35 성층권과 중간권에 관한 설명으로 옳지 않은 것은?

① 중간권에서는 고도가 상승할수록 온도가 감소한다.
② 중간권에서는 대류권에서와 같은 기상 현상이 일어난다.
③ 성층권의 대기는 안정하여 대류 현상이 일어나지 않는다.
④ 성층권에 존재하는 오존층은 태양으로부터 오는 자외선을 흡수한다.
⑤ 대류권계면부터 일정 고도까지 온도가 거의 일정하다가 성층권계면까지 점차적으로 상승한다.

36 다음은 A 지점에서 기온이 20℃, 이슬점이 12℃인 공기 덩어리가 산을 타고 올라가다가 B 지점부터 정상인 C 지점까지 구름을 만든 후 산을 넘어 D 지점까지 가는 모습을 나타낸 것이다.

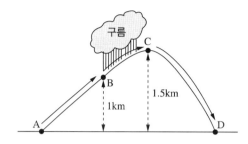

이에 관한 설명으로 옳은 것은?

① B 지점에서는 기온이 이슬점보다 낮다.

② C 지점에서는 기온이 이슬점보다 높다.

③ C 지점에서는 기온이 0℃ 아래로 떨어진다.

④ D 지점에서는 A 지점보다 기온이 높다.

⑤ D 지점에서는 이슬점이 12℃이다.

37 해저 지형에 관한 설명으로 옳은 것은?

① 저탁류는 대륙사면에서 주로 나타난다.

② 해저 지형에서 가장 깊은 지역은 해령이다.

③ 대륙붕은 심해저평원보다 깊은 곳에 위치한다.

④ 우리나라의 황해에는 심해저평원이 발달되어 있다.

⑤ 해저에서 가장 넓은 영역을 차지하는 지역은 해구이다.

38 태양계의 행성에 관한 설명으로 옳지 않은 것은?

① 수성은 내행성이다.

② 금성에는 위성이 있다.

③ 화성의 공전 주기는 지구보다 길다.

④ 목성은 태양계에서 질량이 가장 큰 행성이다.

⑤ 토성은 지구보다 밀도가 작다.

39 그림은 지구 주변을 도는 달의 공전을 나타낸 모식도이다.

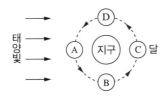

이에 관한 설명으로 옳은 것은?

① 달이 B의 위치에 있을 때는 자정에 떠오른다.

② B에 위치한 달은 상현달이다.

③ 달이 C의 위치에 있을 때는 일식이 일어난다.

④ 달이 D의 위치에 있을 때는 초저녁에 관측된다.

⑤ 달이 A에 위치하면 다른 위치보다 가장 오랜 시간 동안 관측된다.

40 표는 별의 절대 등급과 지구에서 별까지의 거리를 나타낸 것이다.

별	절대 등급	지구에서 별까지의 거리(단위 : pc)
A	3	10
B	3	5
C	0	20

이에 관한 설명으로 옳은 것만을 〈보기〉에서 있는 대로 고른 것은?

> ㄱ. A의 겉보기 등급은 3등급이다.
> ㄴ. 맨눈으로 볼 때 A가 B보다 밝다.
> ㄷ. C의 겉보기 등급은 절대 등급보다 작아 실제보다 밝게 보인다.

① ㄱ
② ㄱ, ㄴ
③ ㄱ, ㄷ
④ ㄴ, ㄷ
⑤ ㄱ, ㄴ, ㄷ

2019년 제56회 기출문제

✓ Time   분 | 해설편 252p

01 그림과 같이 질량이 같은 물체 A, B, C를 수평면과 이루는 각이 각각 $30°$, $45°$, $60°$가 되도록 동시에 던졌더니 3개의 물체는 각각의 포물선 운동을 하였다. A, B, C의 초기 속력은 모두 같다. 동시에 던져진 A, B, C가 최고점에 도달할 때까지 걸린 시간을 T_A, T_B, T_C 라 할 때 이 크기를 비교한 것으로 옳은 것은?

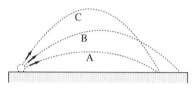

① $T_A < T_B < T_C$

② $T_A < T_C < T_B$

③ $T_B < T_C < T_A$

④ $T_C < T_A < T_B$

⑤ $T_C < T_B < T_A$

02 그림 (가)는 마찰이 없는 xy 평면에서 질량이 각각 m, $2m$인 물체 A, B가 x축을 따라 서로 반대 방향으로 등속 운동하는 것을 나타낸 것이다. A, B의 속력은 각각 v, $v/2$이다. $t = 0$일 때 A와 B는 원점에서 탄성 충돌한 후, 그림 (나)와 같이 y축을 따라 등속 직선 운동한다.

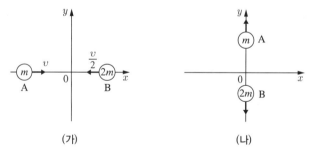

(가)   (나)

$t = t_1$일 때, A와 B 사이의 거리는? (단, 물체의 크기는 무시한다)

① vt_1

② $\sqrt{2}\,vt_1$

③ $\dfrac{3}{2}vt_1$

④ $\dfrac{\sqrt{10}}{2}vt_1$

⑤ $3vt_1$

03 그림 (가)와 (나)는 수평면에서 한쪽 끝이 고정된 두 개의 용수철에 각각 질량이 m, $2m$인 물체 A, B를 평형 위치에서 같은 길이 d만큼 늘어난 곳에서 잡고 있는 모습을 나타낸 것이다. 두 용수철의 용수철 상수는 같고, 물체를 가만히 놓았을 때 A와 B는 단진동을 한다.

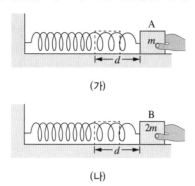

(가)

(나)

(가)와 (나)의 단진동에서 값이 같은 물리량만을 〈보기〉에서 있는 대로 고른 것은?

> ㄱ. 주 기
> ㄴ. 진 폭
> ㄷ. 운동에너지의 최댓값

① ㄱ   ② ㄴ
③ ㄱ, ㄷ   ④ ㄴ, ㄷ
⑤ ㄱ, ㄴ, ㄷ

04 그림과 같이 전하량이 q_1, q_2, q_3인 점전하가 xy평면상의 세 점 P_1, P_2, P_3에 고정되어 있다. 원점에서 세 점전하에 의한 전기장의 방향은 $+y$방향이다. P_1, P_2, P_3의 좌표는 $(0, d)$, $(-d, 0)$, $(d, 0)$이고 q_3은 양(+)전하이다.

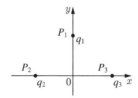

이에 관한 설명으로 옳은 것만을 〈보기〉에서 있는 대로 고른 것은?

> ㄱ. q_1은 양(+)전하이다.
> ㄴ. q_2은 양(+)전하이다.
> ㄷ. 전하량은 q_2와 q_3이 같다.

① ㄱ   ② ㄴ
③ ㄱ, ㄴ   ④ ㄱ, ㄷ
⑤ ㄴ, ㄷ

05 그림 (가), (나)와 같이 정사각형 도선 P, Q가 각각 무한 직선도선과 동일 평면에 고정되어 있고, P와 Q의 한 변은 각각 무한 직선도선과 평행하다. (가)와 (나)에서 무한 직선도선에 흐르는 전류는 일정한 세기로 같고, P, Q에 흐르는 전류의 세기는 각각 I_P, I_Q이다.

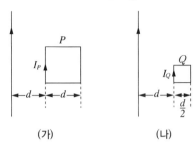

P와 Q에 작용하는 직선도선에 의한 자기력의 크기가 같을 때, $\dfrac{I_P}{I_Q}$는? (단, 도선의 굵기는 무시한다)

① $\dfrac{1}{3}$ 　　　　　　　　　　　　　② $\dfrac{2}{3}$

③ 1 　　　　　　　　　　　　　　　④ $\dfrac{3}{2}$

⑤ 3

06 그림과 같이 진동수가 f이고 전압의 최댓값이 일정한 교류 전원, 저항값이 R인 저항, 자체유도계수가 L인 코일, 전기 용량이 C인 축전기, 스위치로 회로를 구성하였다. 스위치를 a에 연결하였을 때와 b에 연결하였을 때 저항에서 소모되는 평균 전력은 같다. f는?

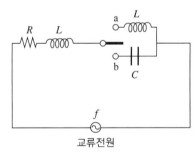

① $\dfrac{1}{2\pi}\dfrac{1}{\sqrt{3LC}}$ 　　　　　　　　② $\dfrac{1}{2\pi}\dfrac{1}{\sqrt{2LC}}$

③ $\dfrac{1}{2\pi}\dfrac{1}{\sqrt{LC}}$ 　　　　　　　　④ $\dfrac{1}{2\pi}\dfrac{2}{\sqrt{3LC}}$

⑤ $\dfrac{1}{2\pi}\dfrac{2}{\sqrt{LC}}$

07 그림과 같이 단열된 피스톤으로 나누어진 단열된 실린더의 두 부분 A, B에 각각 2몰, 1몰의 단원자 분자 이상 기체가 들어있다. 마찰이 없는 피스톤은 평형상태로 정지해 있다. A와 B의 부피는 V로 같고, A와 B에 들어있는 이상 기체분자 한 개의 질량은 각각 m, $2m$이다.

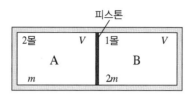

A와 B에서 값이 같은 물리량만을 〈보기〉에서 있는 대로 고른 것은?

ㄱ. 기체의 압력
ㄴ. 기체의 온도
ㄷ. 기체 분자 한 개의 제곱평균제곱근 속력(root-mean-square speed)

① ㄱ
② ㄴ
③ ㄱ, ㄴ
④ ㄱ, ㄷ
⑤ ㄴ, ㄷ

08 그림 (가)는 $+x$방향으로 일정한 속력으로 진행하는 사인파 A의 $t=0$일 때의 모습을 나타낸 것이고, (나)는 $t=1/8$초일 때 (가)에서 A가 $+x$방향으로 진행한 모습을 나타낸 것이다.

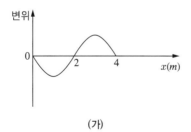

(가)

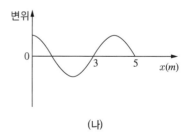

(나)

파동 A의 진동수(Hz)는?

① 1
② 2
③ 3
④ 4
⑤ 5

09 그림과 같이 물체 A, B가 각각 다른 시간에 양극판에서 수직으로 출발해 음극판을 향해 등가속도 직선 운동을 하여 동시에 음극판에 도달하였다. 두 극판은 평행하고 두 극판 사이의 전기장은 일정하다. A, B의 질량은 각각 m, $2m$이고 전하량은 각각 $2q$, q이다.

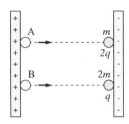

A와 B가 음극판에 도달한 순간, 이에 관한 설명으로 옳은 것만을 〈보기〉에서 있는 대로 고른 것은? (단, 물체의 크기와 상대론적 효과는 무시한다)

> ㄱ. 양극판에서 음극판까지 이동하는 데 걸린 시간은 B가 A보다 길다.
> ㄴ. A의 운동에너지는 B의 운동에너지보다 크다.
> ㄷ. 드브로이 파의 파장은 A와 B가 같다.

① ㄱ
② ㄷ
③ ㄱ, ㄴ
④ ㄴ, ㄷ
⑤ ㄱ, ㄴ, ㄷ

10 그림 (가)와 (나)는 보어(Bohr)의 수소 원자 모형에서 전자의 원운동 궤도와 물질파 파형을 각각 실선과 점선을 이용하여 모식적으로 나타낸 것이다. 전자의 주양자수 $n(=1,\ 2,\ 3,\ \cdots)$에 따른 에너지 준위는 $E_n = -\dfrac{|E_1|}{n^2}$ 이다.

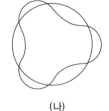

(가)   (나)

전자가 (나)의 상태에서 (가)의 상태로 전이할 때 방출되는 광자의 에너지는?

① $\dfrac{5}{36}|E_1|$
② $\dfrac{3}{16}|E_1|$

③ $\dfrac{3}{4}|E_1|$
④ $\dfrac{8}{9}|E_1|$

⑤ $\dfrac{15}{16}|E_1|$

11 포타슘의 동위원소 $_{19}^{39}K$에 관한 설명으로 옳지 않은 것은?

① 원자 번호는 19이다.

② 질량수는 39이다.

③ 원자당 양성자의 개수는 19이다.

④ 원자당 중성자의 개수는 20이다.

⑤ 중성 원자에서 원자당 전자의 개수는 20이다.

12 분자식이 $C_5H_{12}O$인 에테르(ether)의 구조 이성질체 개수는?

① 3

② 4

③ 5

④ 6

⑤ 7

13 다음은 25℃에서 산소에 대한 자료이다.

- $O_2(g)$의 결합 엔탈피 : 498kJ/mol
- $O_2(g) + O(g) \rightarrow O_3(g)$ $\triangle H° = -106kJ$

이 자료로부터 구한 25℃에서의 $O_3(g)$의 표준 생성 엔탈피($\triangle H_f^0$, kJ/mol)는?

① 90

② 102

③ 143

④ 286

⑤ 392

14 그림은 아데닌($C_5H_5N_5$)의 구조식이다.

아데닌 한 분자에 관한 설명으로 옳은 것만을 〈보기〉에서 있는 대로 고른 것은?

> ㄱ. 고립(비공유) 전자쌍은 5개이다.
> ㄴ. 시그마(σ) 결합은 12개이다.
> ㄷ. sp^2 혼성 궤도함수를 결합에 사용하는 탄소 원자는 5개이다.

① ㄱ
② ㄴ
③ ㄱ, ㄷ
④ ㄴ, ㄷ
⑤ ㄱ, ㄴ, ㄷ

15 다음은 A와 B가 반응하여 C를 생성하는 반응의 화학 반응식과 온도 T에서 압력으로 정의되는 평형 상수(K_P)이다.

$$A(s) + B(g) \rightleftarrows C(g) \qquad\qquad K_P = 4$$

진공 용기에 A(s) 1몰과 B(g) 1몰을 넣어 반응시켜 도달한 평형 상태에서 용기 속 기체의 온도는 T이고 압력은 5기압이다. 평형 상태에서 용기 속 A(s)의 몰수는? (단, 기체는 이상 기체로 거동하고, A(s)의 증기 압력은 무시한다)

① 0.2
② 0.3
③ 0.4
④ 0.5
⑤ 0.6

16 그림은 M과 X의 이온으로 이루어진 이온 화합물의 결정 구조이다. 그림에서 ○는 M의 양이온을, ●는 X의 음이온을 나타낸다.

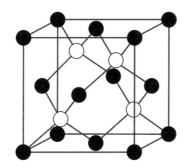

이에 대한 설명으로 옳은 것만을 〈보기〉에서 있는 대로 고른 것은? (단, M, X는 임의의 원소 기호이다)

> ㄱ. 화학식은 M_2X_7이다.
> ㄴ. 양이온의 배위수는 4이다.
> ㄷ. 음이온은 면심입방체의 격자점을 차지하고 있다.

① ㄱ
② ㄴ
③ ㄱ, ㄷ
④ ㄴ, ㄷ
⑤ ㄱ, ㄴ, ㄷ

17 다음은 약산 HA의 해리 반응식과 25℃에서의 산 해리 상수이다.

$$HA + H_2O \rightleftarrows A^- + H_3O^+ \qquad\qquad K_a = 1.0 \times 10^{-4}$$

25℃에서 0.1M HA와 0.05M NaA를 포함하는 수용액 pH는? (단, log2 = 0.30이다)

① 2.3
② 3.7
③ 4.0
④ 4.3
⑤ 5.0

18 다음은 25℃에서 구리와 관련된 반응의 표준 환원 전위($E°$)이다. x는?

• $Cu^{2+}(aq) + e^- \rightarrow Cu^+(aq)$	$E° = 0.16V$
• $Cu^+(aq) + e^- \rightarrow Cu(s)$	$E° = 0.52V$
• $Cu^{2+}(aq) + 2e^- \rightarrow Cu(s)$	$E° = x\,V$

① 0.34

② 0.42

③ 0.60

④ 0.68

⑤ 1.34

19 다음 화합물의 적외선 흡수 스펙트럼에서 (가), (나), (다)에 해당하는 봉우리의 파수(wavenumber)를 비교한 것으로 옳은 것은?

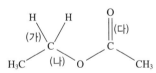

(가) : CH_2의 C–H 신축운동
(나) : C–O 신축운동
(다) : C = O 신축운동

① (가) > (나) > (다)

② (가) > (다) > (나)

③ (나) > (다) > (가)

④ (다) > (가) > (나)

⑤ (다) > (나) > (가)

20 그림은 반응 (가) A → X와 반응 (나) B → 2Y의 반응 시간 t에 따른 ln[A] 또는 ln[B]를 나타낸 것이다.

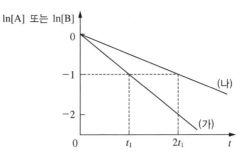

이에 관한 설명으로 옳은 것만을 〈보기〉에서 있는 대로 고른 것은? (단, 온도는 일정하다)

ㄱ. (가)는 1차 반응이다.
ㄴ. (가)의 반응 속도 상수는 (나)의 2배이다.
ㄷ. t_1일 때 X의 생성 속도는 $2t_1$일 때 Y의 생성 속도의 2배이다.

① ㄱ
② ㄷ
③ ㄱ, ㄴ
④ ㄴ, ㄷ
⑤ ㄱ, ㄴ, ㄷ

21 표는 발생이 정상적으로 이루어지는 어느 생물 집단의 1세대와 10세대에서 유전자형에 따른 개체 수를 나타낸 것이다.

유전자형	1세대의 개체 수	10세대의 개체 수
RR	100	400
Rr	600	100
rr	300	500

이에 관한 설명으로 옳은 것만을 〈보기〉에서 있는 대로 고른 것은?

ㄱ. 1세대에서 대립유전자 R의 빈도는 0.35이다.
ㄴ. 10세대에서 대립유전자 r의 빈도는 0.55이다.
ㄷ. 이 집단은 하디-바인베르크 평형이 유지되었다.

① ㄱ
② ㄴ
③ ㄱ, ㄷ
④ ㄴ, ㄷ
⑤ ㄱ, ㄴ, ㄷ

22 표는 세포 A~C의 특징을 나타낸 것이다. A~C는 각각 진정세균, 고세균, 식물 세포 중 하나이다.

세 포	클로람페니콜(chloramphenicol) 감수성	미토콘드리아
A	없 음	있 음
B	있 음	없 음
C	없 음	없 음

이에 관한 설명으로 옳은 것만을 〈보기〉에서 있는 대로 고른 것은?

ㄱ. A의 염색체 DNA에는 히스톤이 결합되어 있다.
ㄴ. B의 세포질에는 70S 리보솜이 존재한다.
ㄷ. C의 단백질 합성에서 개시 아미노산은 포밀메티오닌(formylmethionine)이다.

① ㄱ
② ㄷ
③ ㄱ, ㄴ
④ ㄴ, ㄷ
⑤ ㄱ, ㄴ, ㄷ

23 친부모의 혈액형이 둘 다 A형, 첫째 아이는 O형, 둘째 아이는 A형인 가정이 있다. 이 부모가 셋째 아이를 낳을 경우 그 아이가 O형 여자일 확률은? (단, 유전적 상호작용은 없는 것으로 가정한다)

① $\dfrac{1}{8}$
② $\dfrac{1}{4}$
③ $\dfrac{3}{8}$
④ $\dfrac{1}{2}$
⑤ $\dfrac{3}{4}$

24 세포호흡과 광합성에 관한 설명으로 옳은 것만을 〈보기〉에서 있는 대로 고른 것은?

ㄱ. 광합성은 ATP를 생성하지 않는다.
ㄴ. 광합성의 명반응은 포도당을 합성하지 않는다.
ㄷ. 세포호흡에서 산소는 전자전달계의 최종 전자수용체(electron acceptor)로 작용한다.
ㄹ. 광합성의 부산물인 산소(O_2)는 탄소고정 과정에서 이산화탄소(CO_2)로부터 방출된 것이다.

① ㄱ, ㄴ
② ㄱ, ㄷ
③ ㄴ, ㄷ
④ ㄴ, ㄹ
⑤ ㄷ, ㄹ

25 신경 세포에서 활동 전위(action potential)에 관한 설명으로 옳은 것만을 〈보기〉에서 있는 대로 고른 것은?

> ㄱ. K^+ 이온의 투과도는 휴지상태에 비해 활동 전위의 하강기에 더 작다.
> ㄴ. 활동 전위의 상승기에는 Na^+ 이온의 투과도가 K^+ 이온의 투과도보다 크다.
> ㄷ. 전압개폐성 이온통로(voltage-gated ion channel)의 작용을 막을 경우 활동 전위는 생성되지 않는다.

① ㄱ   ② ㄴ
③ ㄱ, ㄷ   ④ ㄴ, ㄷ
⑤ ㄱ, ㄴ, ㄷ

26 포유동물의 순환계 및 호흡계와 관련된 설명으로 옳은 것만을 〈보기〉에서 있는 대로 고른 것은?

> ㄱ. 헤모글로빈은 효율적 산소 운반을 돕는다.
> ㄴ. 폐순환 고리(pulmonary circuit)의 경우 동맥보다 정맥의 혈액이 산소포화도가 더 높다.
> ㄷ. 동맥, 정맥, 모세혈관 중 모세혈관에서 혈압이 가장 낮다.

① ㄱ   ② ㄴ
③ ㄷ   ④ ㄱ, ㄴ
⑤ ㄱ, ㄴ, ㄷ

27 어떤 유전자의 엑손(exon)부위에서 한 개의 염기쌍이 다른 염기쌍으로 바뀌는 돌연변이가 일어났다. 이런 종류의 돌연변이가 유전자가 번역될 경우 예상할 수 있는 결과가 아닌 것은?

① 정상보다 길이가 짧은 폴리펩티드 생성
② 단일 아미노산이 치환된 비정상 폴리펩티드 생성
③ 아미노산 서열이 정상과 동일한 폴리펩티드 생성
④ 정상에 비해 아미노산 서열은 다르지만 기능 차이는 없는 폴리펩티드 생성
⑤ 해독틀이동(frameshift)이 일어나서 여러 아미노산 서열이 바뀐 폴리펩티드 생성

28 생물군계(biome)의 우점 식물에 관한 설명으로 옳은 것만을 〈보기〉에서 있는 대로 고른 것은?

> ㄱ. 사바나에서는 지의류, 이끼류가 지표종이면서 우점한다.
> ㄴ. 열대우림에서는 활엽상록수가 우점한다.
> ㄷ. 온대활엽수림에서는 겨울 전에 잎을 떨어뜨리는 낙엽성 목본들이 우점한다.

① ㄱ
② ㄴ
③ ㄷ
④ ㄱ, ㄴ
⑤ ㄴ, ㄷ

29 병원체가 바이러스인 질병이 아닌 것은?

① 황열병
② 광견병
③ 홍 역
④ 광우병
⑤ 구제역

30 생태계의 질소 순환에 관한 설명으로 옳은 것만을 〈보기〉에서 있는 대로 고른 것은?

> ㄱ. 질소고정(nitrogen fixation) 박테리아는 대기 중의 질소(N_2)를 암모니아(NH_3) 형태로 고정한다.
> ㄴ. 탈질산화(denitrification) 박테리아는 암모니아(NH_3)를 질산이온(NO_3^-)으로 산화시킨다.
> ㄷ. 질산화(nitrification) 박테리아는 질산이온(NO_3^-)을 질소(N_2)로 환원시킨다.

① ㄱ
② ㄷ
③ ㄱ, ㄴ
④ ㄴ, ㄷ
⑤ ㄱ, ㄴ, ㄷ

31 다음은 화석 A, B, C의 특징을 조사한 것이다.

화 석	지리적 분포	화석의 수	화석종의 생존시간
A	넓은 지역	많 다	짧 다
B	넓은 지역	적 다	길 다
C	좁은 지역	많 다	길 다

이들 화석에 대한 추론으로 옳은 것만을 〈보기〉에서 있는 대로 고른 것은?

> ㄱ. 표준화석으로 가장 적합한 화석은 A이다.
> ㄴ. 시상화석으로 가장 적합한 화석은 C이다.
> ㄷ. A는 B보다 더 긴 지질 시대의 지층에 걸쳐 산출된다.

① ㄱ   ② ㄷ
③ ㄱ, ㄴ   ④ ㄴ, ㄷ
⑤ ㄱ, ㄴ, ㄷ

32 민수가 A 지역(34.2°N, 135°E)에서 B 지역(34.2°N, 120°W)으로 여행을 떠나고자 한다. 민수가 A 지역에 위치한 공항에서 비행기를 1월 26일, 00:20 AM에 탑승하여, 손목시계에 B 지역의 날짜와 시간을 입력하였다. 민수가 손목시계에 입력한 B 지역의 날짜와 시간으로 옳은 것은?

① 1월 25일, 00:20 AM   ② 1월 25일, 07:20 AM
③ 1월 25일, 07:20 PM   ④ 1월 26일, 07:20 AM
⑤ 1월 26일, 07:20 PM

33 판의 경계부에서 일어나는 지질활동에 관한 설명으로 옳지 않은 것은?

① 해양판과 대륙판이 수렴하는 경계에서는 화산호가 발달한다.
② 해양의 발산경계에서는 해양지각이 생성된다.
③ 해양판과 해양판이 수렴하는 경계에서는 호상열도가 발달한다.
④ 대륙판과 대륙판이 수렴하는 경계에서는 화산 활동이 활발하다.
⑤ 보존경계에서는 천발지진이 빈번히 일어난다.

34 한반도의 중생대와 관련된 설명으로 옳은 것만을 〈보기〉에서 있는 대로 고른 것은?

> ㄱ. 화강암류의 관입이 일어나지 않았다.
> ㄴ. 경상 누층군에서는 공룡화석들이 발견된다.
> ㄷ. 화산 활동은 전 기간에 걸쳐서 거의 일정하게 일어났다.

① ㄱ   ② ㄴ

③ ㄱ, ㄷ   ④ ㄴ, ㄷ

⑤ ㄱ, ㄴ, ㄷ

35 어느 퇴적층에서 발견된 식물화석의 ^{14}C의 양을 조사한 결과, 처음 양의 25%가 남아 있었다. 이 지층의 퇴적 시기는 지금으로부터 약 몇 년 전인가? (단, $^{14}C \rightarrow {}^{14}N$ 반감기는 5,730년이다)

① 2,865년   ② 5,730년

③ 11,460년   ④ 17,190년

⑤ 22,920년

36 그림 (가)와 (나)는 굴뚝에서 연기가 퍼져나가는 모습을 나타낸 것이다.

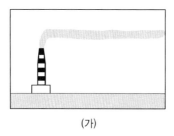 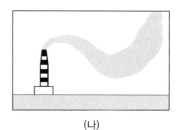

(가)   (나)

이에 관한 설명으로 옳은 것만을 〈보기〉에서 있는 대로 고른 것은?

> ㄱ. 기층이 불안정한 날의 모습은 (가)이다.
> ㄴ. (나)는 기온 감률이 건조 단열 감률보다 크다.
> ㄷ. (나)에서 공기 연직 운동의 열 수송으로 지표면의 기온은 높아진다.

① ㄱ   ② ㄴ

③ ㄷ   ④ ㄱ, ㄴ

⑤ ㄴ, ㄷ

37 다음 내용에 모두 부합하는 태양계의 행성은?

> • 가장 밝게 보인다.
> • 자전 주기는 243일이다.
> • 대기는 주로 이산화탄소로 구성되어 있다.

① 수 성   ② 금 성

③ 화 성   ④ 목 성

⑤ 토 성

38 지구 대기권에 관한 설명으로 옳은 것만을 〈보기〉에서 있는 대로 고른 것은?

> ㄱ. 대류권계면은 적도에서 높고, 극에서 낮다.
> ㄴ. 기상 현상은 대류권에서 주로 일어난다.
> ㄷ. 성층권에서 오존층은 자외선을 흡수하여 가열된다.

① ㄱ   ② ㄴ

③ ㄱ, ㄷ   ④ ㄴ, ㄷ

⑤ ㄱ, ㄴ, ㄷ

39 그림은 바람이 부는 해역에서 풍파가 발생하여 해안으로 진행하는 과정을 나타낸 모식도이다.

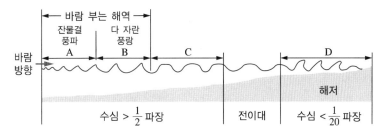

이에 관한 설명으로 옳은 것만을 〈보기〉에서 있는 대로 고른 것은?

> ㄱ. A, B의 해파는 심해파에 속한다.
> ㄴ. B, C에서 해파의 속도는 파장이 길수록 빠르다.
> ㄷ. D에서 물 입자는 원형의 궤도를 이룬다.

① ㄱ   ② ㄷ

③ ㄱ, ㄴ   ④ ㄱ, ㄷ

⑤ ㄴ, ㄷ

40 그림 (가)는 별들의 절대 등급과 분광형을 나타낸 것이고, (나)는 겉보기 등급을 나타낸 것이다.

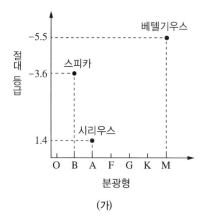

별	겉보기 등급
스피카	0.4
베텔기우스	0.9
시리우스	−1.4

(가)   (나)

이에 관한 설명으로 옳은 것만을 〈보기〉에서 있는 대로 고른 것은?

ㄱ. 지구로부터 거리가 가장 가까운 별은 시리우스이다.
ㄴ. 표면 온도가 가장 낮은 별은 베텔기우스이다.
ㄷ. 반지름이 가장 큰 별은 스피카이다.

---

① ㄱ
② ㄷ
③ ㄱ, ㄴ
④ ㄴ, ㄷ
⑤ ㄱ, ㄴ, ㄷ

2018년 제55회 기출문제

✓ Time   분 | 해설편 264p

01 그림과 같이 밀도가 균일하며 한 변의 길이가 8cm인 정사각형 철판이 xy 평면에 놓여 있다. 이 철판 면적의 $1/4$인 A 부분을 잘라냈을 때, 남아 있는 B 부분의 질량 중심의 좌표는? (단, 철판의 두께는 무시한다)

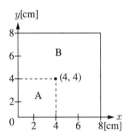

① $(4, 4)$

② $(\dfrac{13}{3}, \dfrac{13}{3})$

③ $(\dfrac{9}{2}, \dfrac{9}{2})$

④ $(\dfrac{14}{3}, \dfrac{14}{3})$

⑤ $(5, 5)$

02 그림과 같이 진공인 3차원 공간상의 네 지점에 각각 $+5Q$, $-Q$, $-Q$, $-3Q$의 전하가 놓여 있다.

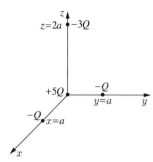

중심이 원점에 있고 한 변의 길이가 $3a$인 정육면체 가우스(Gauss) 면을 통과하는 알짜 전기 선속 (electric flux)은? (단, 진공의 유전율은 ϵ_0이다)

① $-\dfrac{5Q}{\epsilon_0}$ ② $-\dfrac{3Q}{\epsilon_0}$

③ 0   ④ $+\dfrac{3Q}{\epsilon_0}$

⑤ $+\dfrac{5Q}{\epsilon_0}$

03 그림과 같이 입자 A와 B가 균일한 자기장 안에서 반지름이 각각 R, $2R$인 원운동을 하고 있다. A와 B의 전하량, 질량, 회전 주기는 모두 같다.

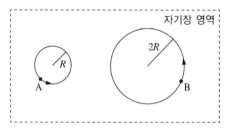

A와 B의 드브로이 물질파 파장을 각각 λ_A와 λ_B라고 할 때, $\dfrac{\lambda_A}{\lambda_B}$는?

① 1/4   ② 1/2

③ 1   ④ 2

⑤ 4

04 반감기가 1.41×10^{10}년인 $^{232}_{90}Th$이 x번의 알파 붕괴와 y번의 베타-마이너스(β^-) 붕괴를 거치는 자연 방사성 붕괴를 통해 안정한 최종 생성물인 $^{208}_{82}Pb$이 되었다. 이때, $x+y$의 값은?

① 6   ② 8

③ 10   ④ 12

⑤ 14

05 그림은 물의 상(phase) 도표를 나타낸 것이다. 점 P는 물의 삼중점이다.

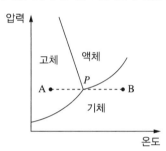

등압 가열 과정을 통해 상태 A에 있던 얼음이 P를 지나 상태 B가 될 때, 공급되는 열량 Q에 따른 물의 온도 T 그래프로 가장 적절한 것은?

①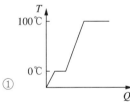

②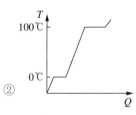

③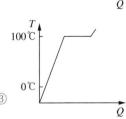

④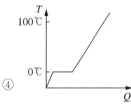

⑤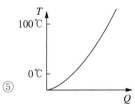

06 그림은 밀도가 ρ로 균일한 유체 속에서 질량 m, 부피 V인 물체 1과 질량 $4m$, 부피 $3V$인 물체 2가 실로 연결된 채 정지해 있는 모습을 나타낸 것이다.

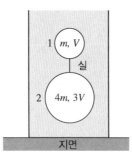

실에 걸리는 장력은? (단, 중력 가속도는 g이고, 실의 질량은 무시한다)

① $\dfrac{1}{4}mg$　　　　　　　　　　② $\dfrac{1}{2}mg$

③ $\dfrac{3}{4}mg$　　　　　　　　　　④ $\dfrac{5}{4}mg$

⑤ $\dfrac{3}{2}mg$

07 그림은 공기 중에 있는 한 쪽이 닫힌 관에 형성되는 정상파의 한 예를 나타낸 것이다. 관의 길이는 L이다.

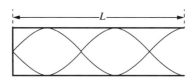

이 관에 형성되는 정상파의 진동수를 갖는 두 음파가 중첩되어 맥놀이 현상이 나타날 때, 맥놀이 진동수의 **최솟값**은? (단, 공기 중에서 음파의 속력은 v이다)

① $\dfrac{v}{4L}$　　　　　　　　　　② $\dfrac{v}{2L}$

③ $\dfrac{3v}{4L}$　　　　　　　　　　④ $\dfrac{5v}{4L}$

⑤ $\dfrac{7v}{4L}$

08 그림과 같이 xy 평면상에서, v_0의 속력으로 $+x$방향으로 운동하던 질량 m, 전하량 q인 입자가 길이 l, 판 사이 간격 d인 평행판 축전기를 지난다. 입자는$(0, 0)$인 지점으로 들어와 (l, d)인 지점을 통과하여 나간다.

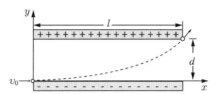

축전기 내부의 전기장 세기는? (단, 축전기 내부는 진공이고, 축전기 내에서 전기장은 균일하며, 입자의 크기와 전자기파 발생은 무시한다)

① $\dfrac{mdv_0^2}{2ql^2}$

② $\dfrac{mdv_0^2}{\sqrt{2}\,ql^2}$

③ $\dfrac{mdv_0^2}{ql^2}$

④ $\dfrac{\sqrt{2}\,mdv_0^2}{ql^2}$

⑤ $\dfrac{2mdv_0^2}{ql^2}$

09 $+x$방향으로 $10.0\,\mathrm{m/s}$로 등속도 운동을 하던 자동차가 원점을 지나는 순간$(t=0)$부터 3초 동안 그림과 같은 가속도로 운동한다. 가속도 방향은 $+x$방향이다.

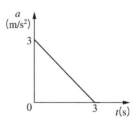

$t=3$초일 때 원점으로부터 자동차의 위치는?

① $14.5\mathrm{m}$

② $25.5\mathrm{m}$

③ $31.7\mathrm{m}$

④ $39.0\mathrm{m}$

⑤ $53.5\mathrm{m}$

10 공진(공명) 진동수가 f_0인 RLC 직렬 회로에서, 진동수가 $2f_0$일 때의 임피던스는 진동수가 f_0일 때의 임피던스의 2배이다. 진동수가 $2f_0$일 때, 저항에 대한 유도 리액턴스의 비 $\dfrac{X_L}{R}$은?

① $\dfrac{3}{4}$

② $\dfrac{4}{3}$

③ $\dfrac{3}{2}$

④ $\dfrac{3}{\sqrt{2}}$

⑤ $\dfrac{4}{\sqrt{3}}$

11 그림은 이원자 분자 A_2의 전자 이온화 질량 스펙트럼 중 어미 피크(parent peak) 부분을 나타낸 것이다. 이때, M은 질량수가 작은 동위원소 A의 원자량이다.

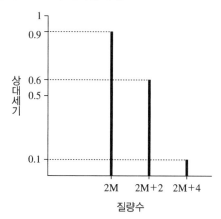

이 질량 스펙트럼에 관한 설명으로 옳지 않은 것은?

① A의 동위원소는 2가지이다.

② A의 동위원소 중 자연계 존재량이 많은 것은 질량수가 작은 동위원소이다.

③ A의 평균 원자량은 $\left\{ M \times \dfrac{3}{4} + (M+2) \times \dfrac{1}{4} \right\}$이다.

④ A의 동위원소 간 질량수 차는 2이다.

⑤ $(2M+2)$에 해당하는 피크는 질량수가 같은 A의 동위원소에서 발생한 것이다.

12 다음은 질소(N)와 산소(O)로 이루어진 세 가지 화학종이다.

| NO_2^+ | NO_2 | NO_2^- |

이에 관한 설명으로 옳은 것만을 〈보기〉에서 있는 대로 고른 것은? (단, N과 O의 원자 번호는 각각 7과 8이다)

ㄱ. NO_2^+의 질소 원자는 sp 혼성화되어 있다.
ㄴ. 결합각($\angle O{-}N{-}O$)이 큰 순서는 $NO_2^+ > NO_2 > NO_2^-$이다.
ㄷ. 세 가지 화학종은 모두 반자기성이다.

① ㄱ
② ㄷ
③ ㄱ, ㄴ
④ ㄴ, ㄷ
⑤ ㄱ, ㄴ, ㄷ

13 그림은 AB 분자의 분자 오비탈 에너지 준위의 일부를 나타낸 것이며, A와 B의 원자가 전자(valence electron)수의 합은 11이다.

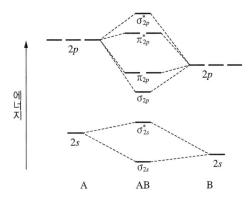

이에 관한 설명으로 옳은 것만을 〈보기〉에서 있는 대로 고른 것은?

ㄱ. 전기음성도는 A가 B보다 작다.
ㄴ. AB분자는 상자기성이다.
ㄷ. 결합 길이는 AB가 AB^+보다 길다.

① ㄱ
② ㄷ
③ ㄱ, ㄴ
④ ㄴ, ㄷ
⑤ ㄱ, ㄴ, ㄷ

14 다음은 에탄올(C_2H_5OH)이 분해되는 반응의 반쪽 반응식이다.

반응 1 : $C_2H_5OH(aq) + 3H_2O(l) \rightarrow 2CO_2(g) + 12H^+(aq) + 12e^-$

반응 2 : $Cr_2O_7^{2-} + H^+(aq) + e^- \rightarrow Cr^{3+}(aq) + H_2O(l)$

혈장 시료 50.0g에 함유된 C_2H_5OH을 적정하는데, 0.050M $K_2Cr_2O_7$ 40.0mL가 소모되었다. 혈장 시료 속의 C_2H_5OH 무게 %는? (단, 이 적정에서 반응 1과 2만 고려하며, 반응 2는 균형이 이루어지지 않았다. 반응 온도는 일정하고 에탄올의 분자량은 46.0g/mol이다)

① 0.023

② 0.046

③ 0.069

④ 0.092

⑤ 0.13

15 결정장 이론에 근거한 착이온들에 관한 설명으로 옳은 것만을 〈보기〉에서 있는 대로 고른 것은? (단, Cr, Co, Ni의 원자 번호는 각각 24, 27, 28이다)

ㄱ. z축상에 중심 금속이온과 리간드들이 놓여 있는 선형 $Ag(NH_3)_2^+$에서 d_{z^2} 궤도 함수가 d_{xz} 궤도 함수보다 낮은 에너지 준위에 있다.

ㄴ. 평면 사각형 구조를 가지는 $[Ni(CN)_4]^{2-}$는 반자기성이다.

ㄷ. 정팔면체 $Cr(CN)_6^{4-}$와 사면체 $CoCl_4^{2-}$에 대하여 바닥 상태 전자 배치에서 각각의 홀전자 수는 같다.

① ㄱ

② ㄴ

③ ㄱ, ㄷ

④ ㄴ, ㄷ

⑤ ㄱ, ㄴ, ㄷ

16 수용액 (가)는 0.10몰 CaF$_2$(s)를 순수한 물에 녹인 용액 1.0L로, Ca^{2+}(aq)의 평형 농도는 xM이다. 수용액 (나)는 0.10몰 CaF$_2$(s)를 [H$^+$] = 5.0 × 10^{-3}M인 산성 완충 용액에 녹인 용액 1.0L로, Ca^{2+}(aq)의 평형 농도는 yM이다.

$$\begin{aligned}
\text{CaF}_2(s) &\rightleftharpoons \text{Ca}^{2+}(aq) + 2\text{F}^-(aq) & \text{K}_{sp} &= 4.0 \times 10^{-11} \\
\text{HF}(aq) &\rightleftharpoons \text{H}^+(aq) + \text{F}^-(aq) & \text{K}_a &= 7.2 \times 10^{-4}
\end{aligned}$$

이에 관한 설명으로 옳은 것만을 〈보기〉에서 있는 대로 고른 것은? (단, 온도는 T로 일정하고 수용액 (가)에서 F$^-$가 염기로 작용하는 것은 무시하며, 주어진 평형 반응만 고려한다)

ㄱ. $y > x$이다.
ㄴ. $x < 1.0 \times 10^{-4}$이다.
ㄷ. 수용액 (가)에 0.010몰 NaF를 녹이면 CaF$_2$의 몰 용해도는 증가한다.

① ㄱ
② ㄴ
③ ㄱ, ㄷ
④ ㄴ, ㄷ
⑤ ㄱ, ㄴ, ㄷ

17 온도 T에서 산 HA의 농도가 1 × 10^{-4}M인 수용액 1,000mL가 있다. 온도 T일 때, 평형 상태의 수용액에서 $\dfrac{[\text{A}^-]}{[\text{HA}]} = \dfrac{1}{4}$ 이 되기 위해 제거(증발)시켜야 할 물의 부피(mL)는? (단, HA는 비휘발성이며, 온도 T에서 HA의 해리 상수는 K$_a = \dfrac{5}{4} \times 10^{-5}$이다)

① 200
② 300
③ 400
④ 500
⑤ 600

18 그림은 1몰의 He(g)이 열이 잘 전달되는 금속판으로 분리된 실린더 A와 B에 각각 들어 있는 것을 나타낸 것이고, A와 B에서 기체의 압력(P_0)과 절대 온도(T_0)는 같다. 실린더 B에 열량 q를 서서히 가하여 평형에 도달하였을 때, 실린더 B의 기체 압력은 $\frac{5}{3}P_0$가 되었다.

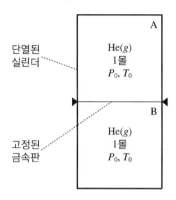

단열된 실린더

고정된 금속판

A

He(g)
1몰
P_0, T_0

B

He(g)
1몰
P_0, T_0

$\dfrac{q}{RT_0}$ 는? (단, 고정된 금속판의 두께, 열용량은 무시하고 휘어짐은 없다. 기체는 이상 기체로 거동하고 기체의 몰 정적열용량(C_V)은 $\frac{3}{2}R$이며, R은 기체 상수이다)

① 1

② $\dfrac{4}{3}$

③ $\dfrac{3}{2}$

④ 2

⑤ $\dfrac{5}{2}$

19 그림은 A(g)가 B(g)를 생성하는 반응에서 반응 시간에 따른 $\frac{1}{[\text{A}]}$의 변화를 절대 온도 T와 $\frac{4}{3}T$에서 나타낸 것이다. 이 반응의 활성화 에너지(kJ/mol)는? (단, R은 기체 상수이고, $RT = 2.5$kJ/mol, ln2 = 0.70이다)

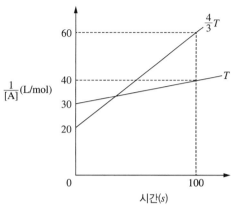

① 7

② 10

③ 12

④ 14

⑤ 21

20 다음은 A(g)가 B(g)를 생성하는 반응식과 농도로 정의되는 평형 상수(K)이다.

A(g) $\rightleftarrows$ 2B(g)	K

표는 피스톤이 있는 실린더에 기체 A와 B가 들어 있는 초기 상태와 평형 상태 1과 2에 대한 자료이다.

상 태	온도(K)	$\dfrac{\text{A의 질량}}{\text{B의 질량}}$	평형 상수(K)
초 기	T_1	14	
평형 1	T_1	4	K_1
평형 2	T_2	$\dfrac{2}{3}$	$12K_1$

$\dfrac{T_2}{T_1}$는? (단, 대기압은 일정하고 피스톤의 질량과 마찰은 무시하며, 모든 기체는 이상 기체로 거동한다)

① $\dfrac{9}{8}$

② $\dfrac{6}{5}$

③ $\dfrac{5}{4}$

④ $\dfrac{4}{3}$

⑤ $\dfrac{3}{2}$

21 완두콩에서 종자의 모양은 대립유전자 R(둥근 모양)와 r(주름진 모양)에 의해, 종자의 색은 대립유전자 Y(노란색)와 y(녹색)에 의해 결정된다. R는 r에 대해, Y는 y에 대해 각각 완전 우성이다. 유전자형이 RrYy와 rryy인 종자를 교배 하였을 때, F_1에서 표현형이 둥글고 노란색인 종자와 주름지고 녹색인 종자가 나타나는 비율은?

① 1 : 1 　　　　　　　　　　　　　② 1 : 2

③ 1 : 3 　　　　　　　　　　　　　④ 2 : 1

⑤ 3 : 1

22 정상인과 비교하여 치료받지 않은 제1형 당뇨병(인슐린 의존성 당뇨병)을 가진 환자에서 나타나는 현상으로 옳지 않은 것은?

① 간에서 케톤체(ketone body) 생성이 증가한다.

② 혈액의 pH가 증가한다.

③ 물의 배설이 증가한다.

④ 지방 분해가 증가한다.

⑤ Na^+의 배설이 증가한다.

23 식물의 광합성 특징에 관한 설명으로 옳은 것만을 〈보기〉에서 있는 대로 고른 것은?

> ㄱ. 명반응이 진행될 때 캘빈 회로 반응은 일어난다.
> ㄴ. RuBP의 재생 반응은 스트로마에서 일어난다.
> ㄷ. 틸라코이드막을 따라 전자전달이 일어날 때, 틸라코이드 공간(lumen)의 pH는 증가한다.

① ㄱ 　　　　　　　　　　　　　② ㄴ

③ ㄷ 　　　　　　　　　　　　　④ ㄱ, ㄴ

⑤ ㄴ, ㄷ

24 유전적 부동의 원인이 되는 현상으로 옳은 것만을 〈보기〉에서 있는 대로 고른 것은?

ㄱ. 창시자 효과
ㄴ. 병목 현상
ㄷ. 수렴진화

① ㄱ
② ㄷ
③ ㄱ, ㄴ
④ ㄴ, ㄷ
⑤ ㄱ, ㄴ, ㄷ

25 그림은 지방이 소화되는 과정의 일부(A~D)를 나타낸 것이다.

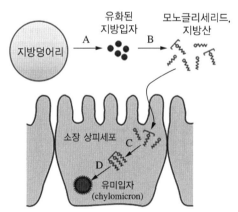

이에 관한 설명으로 옳지 않은 것은?

① A에서 담즙이 작용한다.
② A와 B는 위(stomach)에서 일어난다.
③ C에서 모노글리세리드와 지방산은 다시 트리글리세리드로 합성된다.
④ D 이후 형성된 유미입자(chylomicron)는 단백질을 포함한다.
⑤ 유미입자는 소장 상피 세포를 빠져나와 유미관(암죽관)으로 들어간다.

26 진핵세포의 세포골격에 관한 설명으로 옳은 것만을 〈보기〉에서 있는 대로 고른 것은?

> ㄱ. 동물세포가 분열할 때 세포질 분열과정에서 형성되는 수축환(contractilering)의 주요 구성 성분은 미세섬유이다.
> ㄴ. 유사분열 M기에서 염색체를 이동시키는 방추사는 미세소관으로 구성된다.
> ㄷ. 핵막을 지지하는 핵막층(nuclear lamina)의 구성 성분은 중간섬유이다.

① ㄴ

② ㄷ

③ ㄱ, ㄴ

④ ㄱ, ㄷ

⑤ ㄱ, ㄴ, ㄷ

27 그림 (가)는 사람의 체세포에 있는 14번과 21번 염색체를, (나)는 (가)에서 돌연변이가 일어난 염색체를 나타낸 것이다.

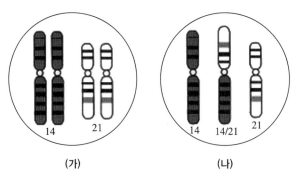

(가)   (나)

(나)의 돌연변이가 일어난 염색체에 관한 설명으로 옳은 것은?

① 14번 염색체에서 중복이 일어났다.

② 21번 염색체에서 중복이 일어났다.

③ 14번과 21번의 비상동염색체 사이에 전좌가 일어났다.

④ 14번 염색체 안에서 일부분이 서로 위치가 교환되었다.

⑤ 21번 각 상동염색체에 있는 대립유전자가 서로 분리되지 않았다.

28 그림은 진핵세포 DNA의 복제 원점(replication origin) ⊙으로부터 복제되고 있는 DNA의 일부를 나타 낸 것이다. A와 B는 주형가닥이며 (가)는 복제 원점의 왼쪽 DNA, (나)는 오른쪽 DNA이다.

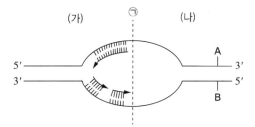

이에 관한 설명으로 옳은 것만을 〈보기〉에서 있는 대로 고른 것은?

> ㄱ. DNA 헬리카제는 (가)와 (나)에서 모두 작용한다.
> ㄴ. DNA 복제가 개시된 후 DNA 회전효소(DNA topoisomerase)는 ⊙에서 작용한다.
> ㄷ. (나)에서 A가 복제될 때 오카자키 절편이 생성된다.

① ㄱ
② ㄴ
③ ㄱ, ㄷ
④ ㄴ, ㄷ
⑤ ㄱ, ㄴ, ㄷ

29 사람의 인슐린 유전자를 플라스미드에 클로닝하여 재조합 DNA를 얻은 후, 이 재조합 DNA를 이용하여 박테리아에서 인슐린을 생산하려고 한다. 이 재조합 DNA에 포함된 DNA 서열로 옳은 것만을 〈보기〉에서 있는 대로 고른 것은?

> ㄱ. 제한효소 자리 서열
> ㄴ. 인슐린 유전자의 인트론 서열
> ㄷ. 선별표지자로 사용되는 항생제 저항성 유전자 서열

① ㄱ
② ㄴ
③ ㄷ
④ ㄱ, ㄷ
⑤ ㄴ, ㄷ

30 표는 세 종류의 생물 A~C를 특성의 유무에 따라 구분한 것이다. A~C는 효모, 대장균, 메탄생성균을 순서없이 나타낸 것이다.

특 성 ＼ 생 물	A	B	C
미토콘드리아	없 다	없 다	있 다
스트렙토마이신에 대한 감수성	있 다	없 다	없 다
리보솜	있 다	있 다	있 다

A, B, C로 옳은 것은?

	A	B	C
①	대장균	메탄생성균	효 모
②	대장균	효 모	메탄생성균
③	효 모	대장균	메탄생성균
④	메탄생성균	대장균	효 모
⑤	메탄생성균	효 모	대장균

31 그림은 서로 다른 세 관측소 A, B, C에서 동일한 지진에 의해 기록된 지진파의 모습을 각각 나타낸 것이다.

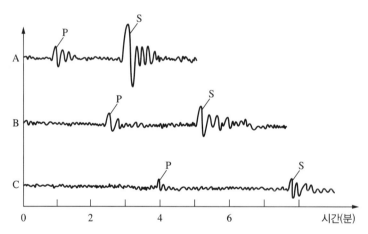

이에 관한 설명으로 옳은 것만을 〈보기〉에서 있는 대로 고른 것은?

ㄱ. 지진의 규모(magnitude)는 A에서 가장 크다.
ㄴ. B에 도달한 지진파는 외핵을 통과하였다.
ㄷ. C는 진원에서 가장 먼 관측소이다.

① ㄱ   ② ㄴ
③ ㄷ   ④ ㄱ, ㄴ
⑤ ㄴ, ㄷ

32 그림 A, B, C는 현무암질, 유문암질, 안산암질 마그마의 화학조성을 순서 없이 나타낸 것이다.

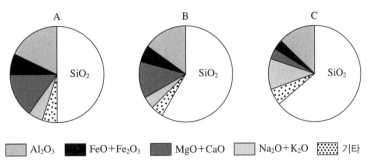

이에 관한 설명으로 옳은 것만을 〈보기〉에서 있는 대로 고른 것은?

ㄱ. A 마그마의 온도가 가장 낮다.
ㄴ. B 마그마는 안산암질 마그마이다.
ㄷ. C 마그마의 점성이 가장 높다.

① ㄱ   ② ㄴ
③ ㄷ   ④ ㄱ, ㄴ
⑤ ㄴ, ㄷ

33 그림은 주요 판과 판의 경계부를 나타낸 것이다.

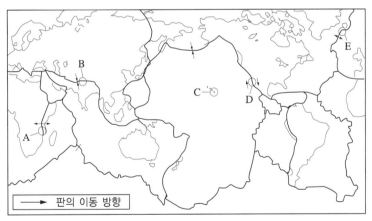

이에 관한 설명으로 옳지 않은 것은?

① A는 발산경계로서 열곡이 발달한다.
② B는 수렴경계로서 습곡산맥이 발달한다.
③ C는 판 내부 환경으로 열점에 의한 화산 활동이 활발하다.
④ D는 보존경계로 심발지진이 많이 발생한다.
⑤ E는 발산경계로 화산 활동이 활발하다.

34 그림은 우리나라 어느 지역의 동일 지층에서 발견된 화석이다.

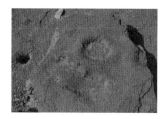
〈공룡 발자국〉

〈공룡 알〉

이에 관한 설명으로 옳은 것만을 〈보기〉에서 있는 대로 고른 것은?

ㄱ. 이 지층은 육성기원의 퇴적층이다.
ㄴ. 이 지층의 생성 시기에 제주도와 울릉도가 형성되었다.
ㄷ. 이 지층에서는 필석과 고사리 화석이 산출된다.

① ㄱ
② ㄴ
③ ㄷ
④ ㄱ, ㄴ
⑤ ㄴ, ㄷ

35 바람에 영향을 미치는 힘에 관한 설명으로 옳은 것만을 〈보기〉에서 있는 대로 고른 것은?

ㄱ. 기압 경도력은 등압선의 간격이 좁아질수록 커진다.
ㄴ. 전향력은 풍속이 증가할수록 커진다.
ㄷ. 기압 경도력은 고기압에서 저기압 쪽으로 작용한다.

① ㄱ
② ㄷ
③ ㄱ, ㄴ
④ ㄴ, ㄷ
⑤ ㄱ, ㄴ, ㄷ

36 태양에 관한 설명으로 옳지 않은 것은?

① 태양의 핵에서 핵융합 반응이 일어난다.

② 흑점수의 극대 또는 극소 주기는 평균 23년이다.

③ 흑점의 이동을 통해 태양의 자전 주기를 알 수 있다.

④ 태양의 자전 방향은 지구의 자전 방향과 같다.

⑤ 태양의 자전 속도는 고위도보다 적도에서 빠르다.

37 태풍에 관한 설명으로 옳은 것만을 〈보기〉에서 있는 대로 고른 것은?

> ㄱ. 전선을 동반한다.
> ㄴ. 풍속은 태풍의 눈 중심에서 최대이다.
> ㄷ. 북반구에서 위험반원은 태풍의 진행방향을 기준으로 오른쪽에 위치한다.

① ㄱ

② ㄷ

③ ㄱ, ㄴ

④ ㄴ, ㄷ

⑤ ㄱ, ㄴ, ㄷ

38 지구형 행성이 목성형 행성보다 큰 값을 갖는 물리량은?

① 질 량

② 밀 도

③ 반지름

④ 위성의 수

⑤ 공전 주기

39 다음은 별 A와 별 B의 겉보기 등급과 절대 등급을 나타낸 것이다.

> • 별 A의 겉보기 등급은 6등급이고, 별 B의 겉보기 등급은 1등급이다.
> • 별 A와 별 B의 절대 등급은 같다.

지구로부터 A, B까지의 거리를 각각 r_A, r_B라 할 때, 이에 관한 설명으로 옳은 것만을 〈보기〉에서 있는 대로 고른 것은?

> ㄱ. r_A가 r_B보다 크다.
>
> ㄴ. A의 절대 등급이 8등급이면 $r_A = 10^{\frac{7}{5}} pc$이다.
>
> ㄷ. $r_A = 100 pc$이면 B의 절대 등급은 1등급이다.

① ㄱ

② ㄴ

③ ㄱ, ㄷ

④ ㄴ, ㄷ

⑤ ㄱ, ㄴ, ㄷ

40 그림은 외부 은하들의 거리와 시선속도를 나타낸 것이다.

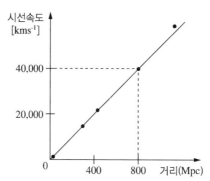

이에 관한 설명으로 옳지 않은 것은?

① 우주는 팽창하고 있다.

② 허블 법칙에 해당한다.

③ 은하들의 시선속도가 거리에 비례하여 증가한다.

④ 허블 상수는 $40 kms^{-1} Mpc^{-1}$이다.

⑤ 멀리 있는 은하일수록 적색 편이가 크게 나타난다.

2017년 제54회 기출문제

● Time   분 | 해설편 276p

01 그림 (가)는 수평 방향으로 놓인 균일한 줄이 진동자와 도르래 사이에서 진동하는 모습을 나타낸 것이다. 줄의 한 쪽 끝에는 도르래를 통해 질량 m인 추가 매달려 있고, 줄은 n_1개의 배를 가지는 정상파를 만든다. 그림 (나)와 같이 (가)의 장치를 이용하여 추가 물에 완전히 잠기도록 하면, 줄은 n_2개의 배를 가지는 정상파를 만든다.

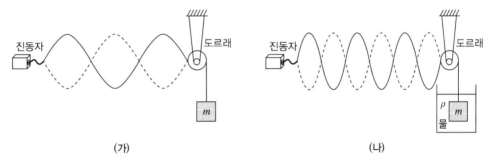

(가)   (나)

줄에 연결되어 있는 추의 부피는? (단, 줄의 부력과 무게는 무시하고, 물의 밀도는 ρ이며, 중력가속도는 일정하다)

① $\dfrac{m}{\rho}\left[1+\dfrac{n_2}{n_1}\right]$

② $\dfrac{m}{\rho}\left[1-\left(\dfrac{n_1}{n_2}\right)^2\right]$

③ $\dfrac{m}{\rho}\left[1+\left(\dfrac{n_1}{n_2}\right)^2\right]$

④ $\dfrac{2m}{\rho}\left[1+\left(\dfrac{n_2}{n_1}\right)^2\right]$

⑤ $\dfrac{2m}{\rho}\left[1+\left(\dfrac{n_1}{n_2}\right)^2\right]$

02 그림과 같이 단열용기에 가득 채워진 $10.0℃$ 의 물 $1.0kg$을 히터를 이용하여 10분간 가열한 결과, 용기의 부피변화 없이 물이 $60.0℃$ 의 평형상태에 도달하였다. 히터 양단에 걸리는 전압이 $100V$ 일 때 히터의 저항값은 얼마인가? (단, 온도 증가에 따른 히터의 저항값 변화는 무시하고, 히터의 열은 모두 물로 전달되며, 물의 등적 비열은 $4,000J/kg \cdot ℃$ 로 가정한다)

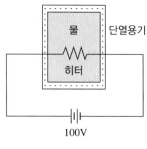

① $20Ω$

② $25Ω$

③ $30Ω$

④ $35Ω$

⑤ $40Ω$

03 그림과 같이 시간 $t(\sec)$에 따라 증가하는 자기장 $B(t) = 2t(\text{Tesla})$를 반지름 $R = 1m$ 인 원형도체의 단면에 수직하게 가할 경우, 원형 도체에 유도전류 I가 흐른다.

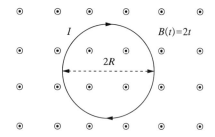

원형 도체의 총 저항값이 $8Ω$일 경우, 유도전류 $I(\text{Ampere})$의 세기는? (단, 자기장은 공간적으로 균일하며, 원형 도체의 두께와 전자기파 발생은 무시한다)

① $\dfrac{\pi}{4}$

② $\dfrac{\pi}{2}$

③ π

④ 2π

⑤ 4π

04 그림과 같이 마찰이 있는 경사면에 놓인 물체 A가 도르래를 통해 실로 연결된 물체 B에 의해 등속운동하고 있다. A와 B의 질량은 각각 $4m$, m이고 경사면이 수평면과 이루는 각은 $30°$이다. 등속운동하는 동안 경사면과 물체 A 사이의 운동 마찰 계수는? (단, 물체 A는 정지하지 않고 있으며, A와 도르래 사이의 실은 경사면과 나란하고 공기저항, 실의 질량, 도르래 마찰은 무시한다)

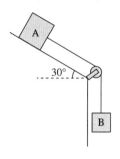

① $\dfrac{1}{3}$

② $\dfrac{1}{2}$

③ $\dfrac{1}{\sqrt{3}}$

④ $\dfrac{1}{\sqrt{2}}$

⑤ $\dfrac{\sqrt{3}}{2}$

05 그림 (가)는 질량이 m인 인공위성 A가 질량이 M_A인 행성을 중심으로 반지름 r의 등속 원운동을 하는 것을 나타낸 것이고, 그림 (나)는 질량이 m인 인공위성 B가 질량이 M_B인 행성을 중심으로 반지름 $2r$의 등속 원운동을 하는 것을 나타낸 것이다.

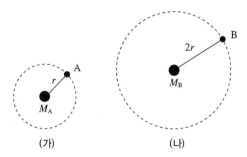

(가)   (나)

인공위성 A, B의 등속 원운동에 대한 각속도의 크기가 같을 때, $\dfrac{M_B}{M_A}$는? (단, $M_A \gg m$, $M_B \gg m$이고, 인공위성과 행성의 크기는 무시한다)

① $\dfrac{1}{4}$

② $\dfrac{1}{2}$

③ 2

④ 4

⑤ 8

06 그림과 같이 실온에서 밀도가 ρ_0인 물에 완전히 잠긴 물체 A는 물체 B와 실로 연결되어 있다. A의 밀도는 $\frac{3}{2}\rho_0$이고, B의 부피는 A의 2배이다. B가 물에 완전히 잠기기 위한 B의 최소밀도는? (단, A와 B의 밀도는 균일하며, 실의 부피와 질량은 무시한다)

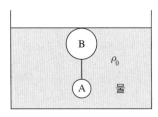

① $\frac{1}{8}\rho_0$

② $\frac{1}{4}\rho_0$

③ $\frac{1}{2}\rho_0$

④ $\frac{3}{4}\rho_0$

⑤ $\frac{4}{5}\rho_0$

07 그림과 같이 4개의 저항과 2개의 전지로 회로를 구성하였다. 회로상의 점 p에 흐르는 전류의 세기는?

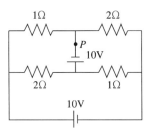

① $\frac{10}{3}$A

② 5A

③ $\frac{20}{3}$A

④ 10A

⑤ 15A

08 그림 (가)는 폭 a, 간격 b인 이중슬릿을 나타낸 것이고, 그림 (나)는 단색광이 (가)의 이중슬릿으로 수직 입사할 때 스크린에 생긴 회절무늬의 세기분포를 나타낸 것이다. 다른 조건들은 그대로 유지한 채 슬릿의 간격만 $b/2$로 줄일 경우, 스크린에 보이는 회절무늬의 세기분포를 나타낸 것으로 가장 적절한 것은? (단, 스크린은 슬릿으로부터 수 미터 떨어져 있다)

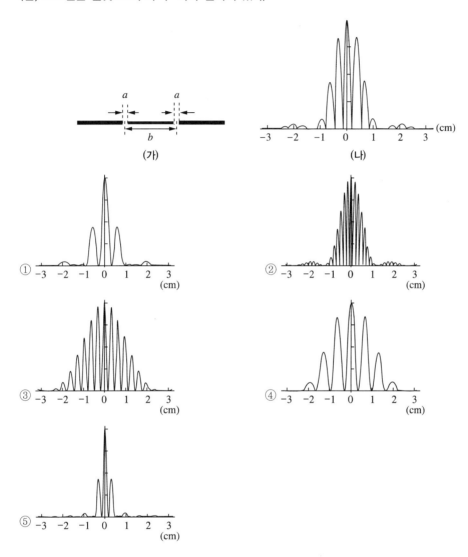

09 그림 (가)는 금속판 X에 단색광을 비추어 방출된 광전자에 의한 전류를 가변전원의 전압에 따라 측정하는 장치이다. 그림 (나)는 (가)의 장치를 이용하여 색깔이 다른 두 빛 a, b의 광전효과로 발생되는 전류를 가변전원의 전압에 따라 각각 나타낸 것이다. 빛 a 진동수가 금속판 X의 문턱진동수의 2배일 때, 빛 b 진동수는 빛 a 진동수의 몇 배인가? (단, X에 비추어진 빛은 모두 광전자를 발생시킨다)

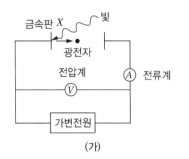
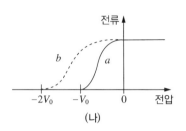

(가) (나)

① $\dfrac{1}{2}$

③ $\dfrac{3}{2}$

⑤ $\dfrac{5}{2}$

② 1

④ 2

10 그림 (가)는 우물 깊이가 U_0이고 폭이 $2L$인 일차원 유한 우물 퍼텐셜 $U(x)$를 위치 x에 따라 나타낸 것이다. 그림 (나)는 (가)의 퍼텐셜에 속박된 입자 Y의 파동함수 ψ_A와 ψ_B를 각각 나타낸 것이다. ψ_A, ψ_B는 에너지가 각각 E_A, E_B인 Y의 고유상태함수이다.

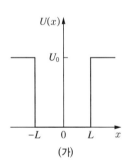
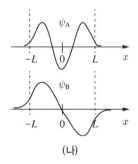

(가) (나)

이에 관한 설명으로 옳은 것만을 〈보기〉에서 있는 대로 고른 것은?

ㄱ. Y가 ψ_B인 상태에 있을 때 $x = 0$에서 Y를 발견할 확률은 0이다.
ㄴ. E_A는 E_B보다 크다.
ㄷ. Y가 (가)에서 가질 수 있는 바닥상태의 에너지는 E_B이다.

① ㄱ

③ ㄱ, ㄴ

⑤ ㄱ, ㄴ, ㄷ

② ㄷ

④ ㄴ, ㄷ

11 다음은 AB₃(g)가 분해되는 반응의 화학 반응식이다.

$$AB_3(g) \rightleftharpoons AB(g) + B_2(g)$$

2.0L 밀폐 용기에 AB₃(g) 0.10mol을 넣어 분해 반응시켰더니, AB₃(g)가 20% 분해되어 평형에 도달하였다. 이 평형 상태에 관한 설명으로 옳지 않은 것은? (단, A와 B는 임의의 원소 기호이고 기체는 이상 기체로 거동하며, 온도는 T로 일정하고 RT = 80 L·atm/mol이다)

① B₂(g)의 몰분율은 $\dfrac{1}{6}$이다.

② AB(g)의 부분 압력은 0.8atm이다.

③ [AB₃]는 0.04M이다.

④ 평형 상수 K_P는 0.2이다.

⑤ 평형 상수 K_C는 $\dfrac{1}{200}$이다.

12 다음은 298K에서 반응 2A(g) → B(g)에 관한 자료이다.

표준 반응 엔탈피($\triangle H_r^0$)	−110kJ/mol
B(g)의 표준 생성 엔탈피($\triangle H_f^0$)	−10kJ/mol
A(g)의 표준 연소 엔탈피($\triangle H_c^0$)	−750kJ/mol

298K에서 이에 관한 설명으로 옳은 것만을 〈보기〉에서 있는 대로 고른 것은? (단, q_P와 q_V는 각각 일정 압력과 일정 부피에서 진행되는 반응의 열이고, 기체는 이상 기체로 거동한다)

ㄱ. A(g)의 표준 생성 엔탈피는 50kJ/mol이다.
ㄴ. B(g)의 표준 연소 엔탈피는 −1390kJ/mol이다.
ㄷ. A(g) 2mol이 등온 반응하여 B(g) 1mol이 생성되었을 때, q_P > q_V이다.

① ㄱ

② ㄷ

③ ㄱ, ㄴ

④ ㄴ, ㄷ

⑤ ㄱ, ㄴ, ㄷ

13 그림은 반응 $X \underset{k_r}{\overset{k_f}{\rightleftharpoons}} Y$에 대한 퍼텐셜 에너지를 나타낸 것이다. 정반응과 역반응은 각각 X와 Y의 1차 반응이며, k_f와 k_r은 각각 정반응과 역반응의 속도 상수이다.

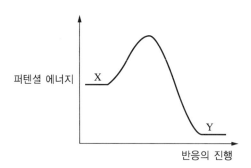

이 반응에 관한 설명으로 옳은 것만을 〈보기〉에서 있는 대로 고른 것은? (단, k_f와 k_r은 아레니우스 식을 만족하며 정반응과 역반응의 아레니우스 상수 A는 서로 같다)

ㄱ. 평형 상수(K_C)는 1보다 작다.
ㄴ. 온도를 높이면 k_r은 커진다.
ㄷ. 온도를 높이면 K_C는 작아진다.

① ㄱ   ② ㄴ
③ ㄷ   ④ ㄱ, ㄹ
⑤ ㄴ, ㄷ

14 분자식이 C_6H_{14}인 탄화수소의 구조 이성질체 개수는?

① 3   ② 4
③ 5   ④ 6
⑤ 7

15 원자의 유효 핵전하에 관한 설명으로 옳은 것만을 〈보기〉에서 있는 대로 고른 것은?

ㄱ. $1s$ 전자의 유효 핵전하는 헬륨이 수소의 2배이다.
ㄴ. $2p$ 전자의 유효 핵전하는 산소가 질소보다 크다.
ㄷ. 플루오르에서 $1s$ 전자의 유효 핵전하는 $2p$ 전자의 유효 핵전하보다 크다.

① ㄱ   ② ㄴ
③ ㄱ, ㄷ   ④ ㄴ, ㄷ
⑤ ㄱ, ㄴ, ㄷ

16 다음 화학종에 대한 설명으로 옳은 것은?

ClF_3	SF_4	PBr_5	I_3^+

① ClF_3는 삼각 평면 구조이다.

② SF_4는 정사면체 구조이다.

③ PBr_5은 사각뿔 구조이다.

④ I_3^+은 굽은 구조이다.

⑤ 중심 원자는 모두 같은 혼성 오비탈을 사용한다.

17 다음은 Ni^{2+}이 암모니아(NH_3), 에틸렌디아민(en)과 각각 6배위 착화합물을 생성하는 반응의 화학 반응식과 착화합물의 구조를 나타낸 것이다. K_f와 $\triangle S^0$는 각각 25℃에서의 생성 상수와 표준 반응 엔트로피이다.

$$[Ni(H_2O)_6]^{2+}(aq) + 6NH_3(aq) \rightleftharpoons [Ni(NH_3)_6]^{2+}(aq) + 6H_2O(l) \ K_{f,1}, \ \triangle S_1^0$$
$$[Ni(H_2O)_6]^{2+}(aq) + 3en(aq) \rightleftharpoons [Ni(en)_3]^{2+}(aq) + 6H_2O(l) \ K_{f,2}, \ \triangle S_2^0$$

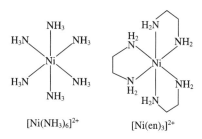

$[Ni(NH_3)_6]^{2+}$ $[Ni(en)_3]^{2+}$

이에 관한 설명으로 옳은 것만을 〈보기〉에서 있는 대로 고른 것은?

ㄱ. $K_{f,1} < K_{f,2}$이다.

ㄴ. $\triangle S_2^0 > 0$이다.

ㄷ. $[Ni(en)_3]^{2+}$은 2가지 광학 이성질체로 존재한다.

① ㄱ   ② ㄴ

③ ㄱ, ㄷ   ④ ㄴ, ㄷ

⑤ ㄱ, ㄴ, ㄷ

18 다음 혼합 수용액 중 완충 용량이 가장 큰 것은?

① 0.2M $CH_3COOH(aq)$ 1L + 0.2M $CH_3COONa(aq)$ 1L

② 0.1M $CH_3COOH(aq)$ 5L + 0.1M $CH_3COONa(aq)$ 5L

③ 0.2M $HCl(aq)$ 1L + 0.2M $CH_3COONa(aq)$ 1L

④ 0.1M $HCl(aq)$ 5L + 0.1M $CH_3COONa(aq)$ 5L

⑤ 0.2M $HCl(aq)$ 1L + 0.2M $NaCl(aq)$ 1L

19 다음은 2가지 금속과 관련된 반응의 25℃에서의 표준 환원 전위(E^0)이다.

$Al^{3+}(aq) + 3e^- \rightarrow Al(s)$	$E^0 = -1.66V$
$Mg^{2+}(aq) + 2e^- \rightarrow Mg(s)$	$E^0 = -2.37V$

25℃에서 반응 $2Al^{3+}(aq) + 3Mg(s) \rightleftarrows 2Al(s) + 3Mg^{2+}(aq)$의 표준 자유 에너지 변화($\triangle G^0$)는? (단, 패러데이 상수 $F = aJ/V \cdot mol$ 이다)

① $-0.71aJ/mol$　　　　　　　② $-1.42aJ/mol$

③ $-2.13aJ/mol$　　　　　　　④ $-3.79aJ/mol$

⑤ $-4.26aJ/mol$

20 다음은 어떤 화합물의 구조와 ^1H-NMR 스펙트럼을 나타낸 것이다.

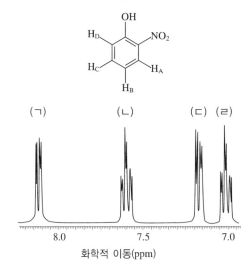

스펙트럼에서 $H_A \sim H_D$에 해당하는 봉우리를 골라 H_A, H_B, H_C, H_D 순서로 옳게 나열한 것은?

① ㄱ - ㄴ - ㄹ - ㄷ　　　　　② ㄱ - ㄹ - ㄴ - ㄷ

③ ㄴ - ㄷ - ㄹ - ㄱ　　　　　④ ㄷ - ㄹ - ㄴ - ㄱ

⑤ ㄹ - ㄷ - ㄴ - ㄱ

21 그림은 형질이 서로 다른 부모의 교배를 통하여 얻은 자손들의 형질과 개체수를 표시한 것이다. 재조합 비율은 얼마인가? (단, A와 B는 각각 a와 b에 대하여 우성이다)

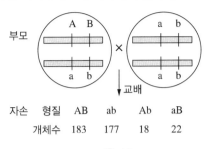

자손 형질	AB	ab	Ab	aB
개체수	183	177	18	22

① 0.1%
② 1%
③ 5%
④ 10%
⑤ 20%

22 그림은 신장의 네프론과 집합관을 나타낸 것이다. 이에 관한 설명으로 옳은 것은?

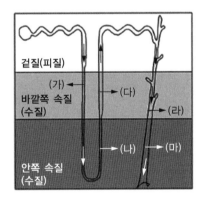

① (가)에서 아쿠아포린을 통해 H_2O가 흡수된다.
② 오줌 여과액의 농도는 (나)보다 (다)에서 더 높다.
③ (라)에서 NaCl이 확산에 의하여 재흡수된다.
④ 뇌하수체 전엽에서 분비되는 항이뇨호르몬(ADH)에 의해 (마)에서 H_2O의 재흡수가 촉진된다.
⑤ (가)~(마) 중에서 NaCl의 재흡수가 일어나지 않는 곳은 (가)와 (나)이고, 재흡수가 일어나는 곳은 (다)~(마)이다.

23 세포분열에 관한 설명으로 옳지 않은 것은?

① 감수분열은 생식세포에서 일어난다.

② 상처는 체세포 분열을 통해서 재생이 가능하다.

③ 유성 생식의 유전적 다양성은 감수분열 I 전기에서 발생할 수 있다.

④ 배아줄기세포는 수정란이 세포분열을 거친 낭배상태에서 추출할 수 있다.

⑤ 2n = 8인 생물의 체세포 분열 중기 단계의 세포와 2n = 16인 생물의 감수분열 II 중기 단계의 세포에서 관찰되는 염색체의 수는 동일하다.

24 그림은 자연선택의 3가지 유형을 나타낸 것이다. 화살표는 선택압을 나타낸다.

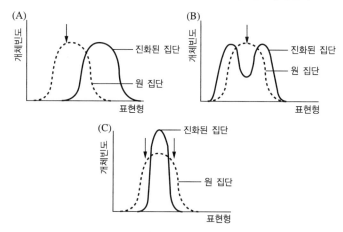

이에 관한 설명으로 옳은 것만을 〈보기〉에서 있는 대로 고른 것은?

ㄱ. (A)에서는 대립유전자 빈도(allele frequency)가 변화한다.

ㄴ. (B)는 야생 개체군들에서 살충제에 대한 해충의 저항성 증가를 설명해 주는 적응 유형이다.

ㄷ. (C)는 '개체군의 평균값은 변하지 않는다.'는 것을 설명해 주는 적응 유형이다.

① ㄱ

② ㄴ

③ ㄱ, ㄷ

④ ㄴ, ㄷ

⑤ ㄱ, ㄴ, ㄷ

25 그림은 인체 소화기관의 구조를 나타낸 것이다.

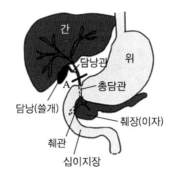

A 지점을 묶었을 때 직접적으로 영향을 받는 것은?

① 지방의 소화 효율이 떨어진다.
② 녹말의 소화 효율이 떨어진다.
③ 핵산의 소화 효율이 떨어진다.
④ 수용성 비타민의 흡수가 감소한다.
⑤ 단백질의 소화 효율이 떨어진다.

26 다음 설명 중 옳지 않은 것은?

① 지구 생태계 내에서 물질은 순환한다.
② 감자와 고구마는 상사기관(analogous structure)이다.
③ 지리적 격리에 의해 이소적 종분화(allopatric speciation)가 일어난다.
④ 고래에 붙어사는 따개비는 편리공생의 예이다.
⑤ 한 집단에서 무작위 교배가 일어나면 대립유전자 빈도가 변한다

27 그림은 대립유전자 A와 B의 빈도가 동일한 집단의 유전자풀(gene pool)이 우연한 환경의 변화에 의해 집단의 크기가 감소한 이후, 살아남은 집단의 유전자풀을 나타낸 것이다.

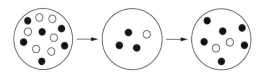

● : 대립유전자 A
○ : 대립유전자 B

이와 같은 진화요인에 의해 나타난 현상으로 옳은 것은?

① 다른 지역 물개들의 유전적 변이와 비교하여, 북태평양 물개들의 유전적 변이가 적다.
② 갈라파고스 군도에서 각각의 섬에 사는 핀치새의 먹이와 부리 모양은 조금씩 다르다.
③ 말라리아가 번성하는 지역에서는 낫 모양 적혈구 유전자의 빈도가 높게 나타난다.
④ 다양한 항생제에 내성을 가진 슈퍼박테리아 집단이 출현하였다.
⑤ 흰 민들레가 노란 민들레 군락지에서 출현하였다.

28 세포 내에서 합성되어 분비되는 항체의 이동경로를 순서대로 옳게 나열한 것은?

① 핵 → 활면소포체 → 골지체 → 수송낭
② 핵 → 조면소포체 → 리소좀 → 수송낭
③ 조면소포체 → 골지체 → 수송낭
④ 조면소포체 → 리소좀 → 수송낭
⑤ 활면소포체 → 리보솜 → 리소좀 → 수송낭

29 광합성에 관한 설명으로 옳은 것만을 〈보기〉에서 있는 대로 고른 것은?

ㄱ. 진핵생물에서 광합성은 엽록체에서 일어난다.
ㄴ. 광합성의 최종 전자 수용체는 H_2O이다.
ㄷ. 남세균은 세균이지만 광합성에 의해 산소를 발생시킨다.
ㄹ. 식물은 명반응을 통해서 이산화 탄소를 고정한다.
ㅁ. 식물세포도 광합성 세균과 같이 근적외선을 주로 이용한다.

① ㄱ, ㄴ　　　　　　　　　　　② ㄱ, ㄷ
③ ㄴ, ㄷ　　　　　　　　　　　④ ㄱ, ㄷ, ㅁ
⑤ ㄱ, ㄹ, ㅁ

30 생장을 위해 물질 X를 필요로 하는 곰팡이에 방사선을 조사하여 물질 X를 합성하는 효소를 만드는 유전자들 중 한 유전자에만 돌연변이가 일어난 돌연변이체 Ⅰ, Ⅱ, Ⅲ을 얻었다. 물질 X 합성 과정의 중간산물인 A, B, C를 최소배지에 각각 첨가하였을 때, 곰팡이의 생장 결과를 표로 나타내었다.

구 분	최소배지	중간산물			물 질
		A	B	C	X
야생형	+	+	+	+	+
Ⅰ	−	−	−	−	+
Ⅱ	−	+	+	−	+
Ⅲ	−	+	−	−	+

(+ : 생장함, − : 생장하지 못함)

이에 관한 설명으로 옳은 것만을 〈보기〉에서 있는 대로 고른 것은?

ㄱ. 돌연변이체 Ⅰ은 A, B, C를 이용하여 X를 합성할 수 있다.
ㄴ. 돌연변이체 Ⅱ는 B를 기질로 이용한다.
ㄷ. 물질 X의 합성은 C → B → A → X의 순으로 진행된다.

① ㄱ
② ㄴ
③ ㄷ
④ ㄱ, ㄴ
⑤ ㄴ, ㄷ

31 지구 내부의 열과 온도에 관한 설명으로 옳은 것만을 〈보기〉에서 있는 대로 고른 것은?

ㄱ. 지각에서는 전도에 의해 열이 전달된다.
ㄴ. 중앙해령의 암석권은 심해저의 암석권보다 온도가 낮고 두께가 두껍다.
ㄷ. 외핵에서는 전도에 의해 열이 대부분 전달된다.

① ㄱ
② ㄴ
③ ㄷ
④ ㄱ, ㄴ
⑤ ㄴ, ㄷ

32 점토광물에 관한 설명으로 옳은 것만을 〈보기〉에서 있는 대로 고른 것은?

> ㄱ. 미립의 층상구조를 가진 규산염 광물이다.
> ㄴ. 고령토는 점토 광물이다.
> ㄷ. 물을 흡수하면 가소성(plasticity)이 있고, 물을 제거하면 단단해지는 성질이 있다.

① ㄱ   ② ㄴ

③ ㄱ, ㄷ   ④ ㄴ, ㄷ

⑤ ㄱ, ㄴ, ㄷ

33 다음 중 정장석의 풍화를 나타내는 화학 반응식은?

① $CaCO_3 + H_2O + CO_2 \rightarrow Ca^{2+} + 2HCO_3^-$

② $Fe_2O_3 + nH_2O \rightarrow Fe_2O_3 \cdot nH_2O$

③ $Al_2Si_2O_5(OH)_4 + H_2O \rightarrow 2Al(OH)_3 + 2SiO_2$

④ $(Mg, Fe)_2SiO_4 + 4H_2O \rightarrow Fe_2O_3 + 2Mg + H_4SiO_4$

⑤ $2KAlSi_3O_8 + 2H_2O + CO_2 \rightarrow Al_2Si_2O_5(OH)_4 + K_2CO_3 + 4SiO_2$

34 다음 중 SiO_2(%) 함량이 가장 적은 것과 가장 많은 심성암으로 짝지어진 것은?

① 감람암 – 화강암

② 섬록암 – 반려암

③ 화강암 – 반려암

④ 반려암 – 섬록암

⑤ 심록암 – 감람암

35 바람에 영향을 미치는 힘에 관한 설명으로 옳은 것은?

① 등압선 간격이 좁을수록 기압 경도력은 작아진다.

② 기압 경도력은 저기압에서 고기압 쪽으로 작용한다.

③ 북반구에서 전향력은 진행해가는 방향의 왼쪽으로 바람을 전향하게 한다.

④ 전향력은 풍속이 증가할수록 커진다.

⑤ 전향력은 풍속이 동일하면 고위도 지역으로 갈수록 감소한다.

36 다음 그림은 연기가 상하로 활발하게 퍼져나가는 모습을 나타낸 것이다.

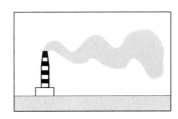

연기가 퍼져나가는 모양으로 볼 때, 이 지역의 대기 상태를 잘 나타낸 것은? (단, 실선은 기온선, 점선은 건조 단열선이다)

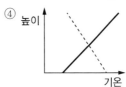

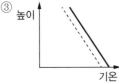

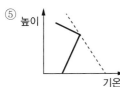

37 대기권에 관한 설명으로 옳지 않은 것은?

① 대류권에서 기온은 1km 상승할 때마다 약 6.5℃ 감소한다.
② 대류권계면에서부터 고도 약 80km까지를 성층권이라 한다.
③ 중간권에서는 높이가 올라갈수록 기온이 감소한다.
④ 대류권의 두께는 계절과 위도에 따라 다르다.
⑤ 열권은 고도가 높아짐에 따라 기온이 상승한다.

38 두 별의 겉보기 등급의 차이가 5일 때, 겉보기 밝기는 약 몇 배 차이가 나는가?

① 10배   ② 50배
③ 100배   ④ 500배
⑤ 1,000배

39 다음은 위도 37°N 인 지역의 사계절 태양 일주운동에 관한 그림이다.

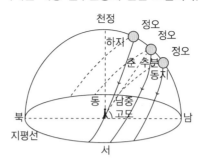

이에 관한 설명으로 옳은 것만을 보기에서 있는 대로 고른 것은?

> ㄱ. 봄에 태양의 남중고도는 76°이다.
> ㄴ. 태양이 하지점에 있을 때, 태양의 적위는 23.5°이다.
> ㄷ. 겨울에 태양은 남동쪽에서 떠서 남서쪽으로 진다.

① ㄱ   ② ㄷ

③ ㄱ, ㄴ   ④ ㄴ, ㄷ

⑤ ㄱ, ㄴ, ㄷ

40 다음 H-R도에 표시된 별들의 종류가 옳게 제시된 것은?

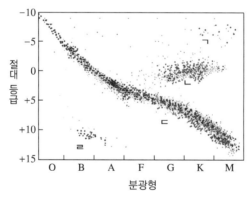

① ㄱ : 초거성, ㄴ : 주계열성, ㄷ : 거성, ㄹ : 백색 왜성
② ㄱ : 초거성, ㄴ : 거성, ㄷ : 주계열성, ㄹ : 백색 왜성
③ ㄱ : 백색 왜성, ㄴ : 거성, ㄷ : 주계열성, ㄹ : 초거성
④ ㄱ : 백색 왜성, ㄴ : 초거성, ㄷ : 거성, ㄹ : 주계열성
⑤ ㄱ : 주계열성, ㄴ : 백색 왜성, ㄷ : 거성, ㄹ : 초거성

2016년 제53회 기출문제

● Time   분 | 해설편 288p

01 그림과 같이 질량이 4kg와 2kg인 물체가 도르래를 통해 실로 연결된 채 정지해 있다. 4kg인 물체와 수평면 사이의 마찰력의 크기는? (단, 중력 가속도의 크기는 10m/s^2이고, 도르래의 마찰과 실의 질량은 무시한다)

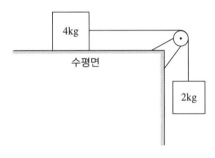

① 0N

② 10N

③ 20N

④ 40N

⑤ 60N

02 그림과 같이 질량이 같은 물체 A와 B가 수평면 상에서 회전축을 중심으로 동일한 각속도로 원운동을 하고 있다. B가 A보다 큰 물리량만을 〈보기〉에서 있는 대로 고른 것은?

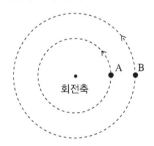

ㄱ. 선속도의 크기   ㄴ. 구심력의 크기
ㄷ. 각운동량의 크기

① ㄱ

② ㄷ

③ ㄱ, ㄴ

④ ㄴ, ㄷ

⑤ ㄱ, ㄴ, ㄷ

03 그림과 같이 수평면 상에서 일정한 각속력 ω로 회전하던 질량 M, 길이 L인 가늘고 균일한 막대가 일정한 속력으로 운동하던 질량 m인 입자와 충돌한다. 충돌하는 순간 막대는 입자의 운동 방향에 수직이고, 충돌 직후 두 물체는 정지하였다. 충돌 전 입자의 속력은? (단, 입자의 크기는 무시한다)

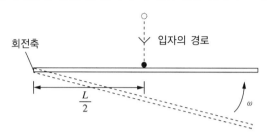

① $\dfrac{MLw}{3m}$

② $\dfrac{2MLw}{3m}$

③ $\dfrac{MLw}{m}$

④ $\dfrac{3MLw}{2m}$

⑤ $\dfrac{3MLw}{m}$

04 그림과 같이 전기 용량이 모두 C_0이고 충전되지 않은 세 축전기 A, B, C와 기전력이 V_0인 전지로 회로를 구성하였다. 스위치를 a에 연결하여 A를 충전한 후, 스위치를 b에 연결하였을 때 A의 전하량은?

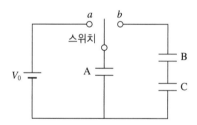

① $\dfrac{1}{3}C_0V_0$

② $\dfrac{1}{2}C_0V_0$

③ $\dfrac{2}{3}C_0V_0$

④ $\dfrac{3}{4}C_0V_0$

⑤ C_0V_0

05 그림과 같은 회로에 1A의 전류가 흐르고 있다. V_0은?

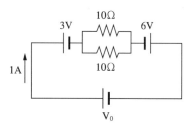

① 1V
② 2V
③ 3V
④ 4V
⑤ 5V

06 그림 (가), (나)와 같이 반지름이 R와 $2R$인 동심 반원과 직선으로 이루어진 고리에 각각 전류 I_1, I_2가 흐르고 있다. p와 q는 각각 동심 반원의 중심점이다. p에서 I_1에 의한 자기장의 세기와 q에서 I_2에 의한 자기장의 세기가 같을 때, I_2/I_1는?

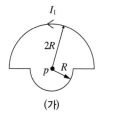 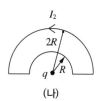

(가)   (나)

① 3
② 2
③ 1
④ 1/2
⑤ 1/3

07 계의 엔트로피가 증가하는 경우만을 〈보기〉에서 있는 대로 고른 것은?

ㄱ. 등온 팽창하는 이상 기체
ㄴ. 단열 팽창하는 이상 기체
ㄷ. 온도가 다르고 열 접촉된 두 물체로만 이루어진 계

① ㄴ
② ㄷ
③ ㄱ, ㄴ
④ ㄱ, ㄷ
⑤ ㄱ, ㄴ, ㄷ

08 그림은 파장 λ인 단색광을 이용한 영의 이중슬릿 실험 장치와 스크린에 나타나는 간섭무늬의 세기를 모식적으로 나타낸 것이다. 슬릿 사이의 거리는 d, 슬릿과 스크린 사이의 거리는 L, 간섭무늬의 어두운 부분 사이의 거리는 y이다. 표의 ㄱ~ㄷ과 같이 실험 조건을 변화시켰을 때, y가 작아지는 경우만을 있는 대로 고른 것은?

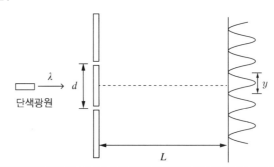

구 분	파 장	슬릿 사이 거리	슬릿과 스크린 사이 거리
ㄱ	$1/2\lambda$	d	L
ㄴ	λ	$2d$	L
ㄷ	λ	d	$2L$

① ㄱ

② ㄴ

③ ㄷ

④ ㄱ, ㄴ

⑤ ㄱ, ㄷ

09 파장 λ인 광자가 정지해 있던 전자와 탄성 충돌을 한 후 파장이 2λ가 되었다. 충돌 후 전자의 에너지는? (단, 플랑크 상수는 h이며, 빛의 속도는 c이다)

① $\dfrac{hc}{2\lambda}$

② $\dfrac{hc}{\sqrt{2}\,\lambda}$

③ $\dfrac{hc}{\lambda}$

④ $\dfrac{\sqrt{2}\,hc}{\lambda}$

⑤ $\dfrac{2hc}{\lambda}$

10 그림 (가), (나)는 각각 폭이 L_1, L_2인 일차원 무한 퍼텐셜 우물에 갇혀 있는 전자의 에너지 준위를 개략적으로 나타낸 것이다. (가)의 바닥상태($n=1$) 에너지와 (나)의 두 번째 들뜬 상태($n=3$)의 에너지가 같을 때, L_2/L_1는?

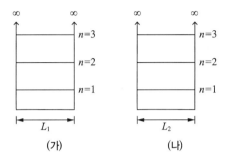

(가)   (나)

① 9

② 3

③ 1

④ 1/3

⑤ 1/9

11 그림 (가)는 온도가 300K인 실린더에 He(g)과 Ne(g)이 들어있는 것을, (나)는 (가)의 피스톤에 추를 올려놓고 200K로 낮춘 것을 나타낸 것이다.

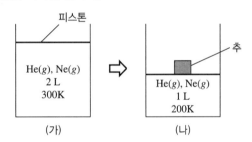

이에 관한 설명으로 옳은 것만을 〈보기〉에서 있는 대로 고른 것은? (단, He과 Ne의 원자량은 각각 4와 20이다. 대기압은 일정하고 피스톤의 질량과 마찰은 무시하며, 모든 기체는 이상 기체로 거동한다)

ㄱ. He의 부분 압력은 (가) < (나)이다.

ㄴ. (가)에서 평균 운동 에너지는 He과 Ne이 같다.

ㄷ. 제곱 평균근 속력(root mean square speed)은 (가)의 Ne이 (나)의 He보다 빠르다.

① ㄱ

② ㄷ

③ ㄱ, ㄴ

④ ㄴ, ㄷ

⑤ ㄱ, ㄴ, ㄷ

12 표는 25℃에서 에틸렌글리콜($C_2H_6O_2$)과 물(H_2O)을 혼합하여 만든 부동액 (가)~(다)에 관한 자료이다. 25℃에서 $C_2H_6O_2$와 H_2O의 밀도는 각각 1.1g/mL와 1.0g/mL이다.

부동액	조 성	
	$C_2H_6O_2$	H_2O
(가)	100mL	500mL
(나)	100g	500g
(다)	100mL	550mL

25℃의 용액 (가)~(다)에 관한 설명으로 옳은 것만을 〈보기〉에서 있는 대로 고른 것은? (단, 에틸렌글리콜은 비전해질, 비휘발성이고, (가)~(다)는 이상 용액으로 거동한다)

ㄱ. 몰랄 농도(m)는 (가)가 (나)의 1.1배이다.
ㄴ. 용액의 증기압은 (가)가 (다)보다 작다.
ㄷ. 어는점은 (나)와 (다)가 같다.

① ㄱ
② ㄷ
③ ㄱ, ㄴ
④ ㄴ, ㄷ
⑤ ㄱ, ㄴ, ㄷ

13 다음은 반응차수가 각각 1차 반응인 (가)와 (나)의 화학 반응식이고, k_A와 k_B는 반응 속도 상수이다.

> (가) : $A \xrightarrow{k_A} P$
>
> (나) : $B \xrightarrow{k_B} P$

그림은 절대 온도의 역수($\frac{1}{T}$)에 따른 반응 속도 상수($\log_{10}k$)를, 표는 서로 다른 실험 조건 Ⅰ~Ⅲ을 나타낸 것이다.

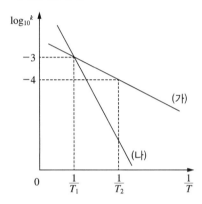

실 험	반 응	온 도	초기 농도
Ⅰ	(가)	T_2	$[A]_0 = 0.10M$
Ⅱ	(가)	T_1	$[A]_0 = 0.10M$
Ⅲ	(나)	T_1	$[B]_0 = 0.20M$

이에 관한 설명으로 옳은 것만을 〈보기〉에서 있는 대로 고른 것은?

> ㄱ. 활성화 에너지는 (나)가 (가)보다 크다.
>
> ㄴ. 반응의 반감기는 Ⅱ가 Ⅰ의 $\frac{4}{3}$ 배이다.
>
> ㄷ. 반응이 시작되고 1분 동안 생성된 P의 양은 Ⅲ > Ⅱ > Ⅰ이다.

① ㄱ
② ㄴ
③ ㄱ, ㄷ
④ ㄴ, ㄷ
⑤ ㄱ, ㄴ, ㄷ

14 원자의 오비탈은 주양자수(n), 각운동량 양자수(l), 자기 양자수(m_l)로 표시할 수 있다. 바닥상태 원자 A에 $n+l=3$인 전자 수가 7일 때, A에 관한 설명으로 옳은 것은?

① 2주기 원소이다.

② 홀전자 수는 2이다.

③ $n+l=2$인 전자 수는 3이다.

④ $m_l=0$인 전자 수는 7이다.

⑤ 전자가 채워져 있는 오비탈 중 가장 큰 n은 4이다.

15 다음은 착이온 $[CoL_n(NH_3)Cl]^{2+}$에 관한 설명이다.

> • 정팔면체 또는 정사면체 입체 구조 중 하나이다.
> • L은 중성의 두 자리 리간드이다.
> • 반자기성이다.

이에 관한 설명으로 옳지 않은 것은? (단, Co의 원자번호는 27이며, n은 자연수이다)

① Co의 산화수는 +3이다.

② $n=2$이다.

③ 기하 이성질체가 있다.

④ 배위수는 6이다.

⑤ 고스핀 착물이다.

16 다음은 SCN^-(싸이오사이안산 이온)의 서로 다른 3가지 루이스 점 구조식 (가)~(다)에 관한 설명이다.

> • (가)에는 단일 결합이 없다.
> • (나)에서 C의 형식 전하는 0이다.
> • (다)에서 S의 형식 전하는 −1이다.

이에 관한 설명으로 옳은 것만을 〈보기〉에서 있는 대로 고른 것은? (단, (가)~(다)에서 모든 원자는 옥텟 규칙을 만족한다)

> ㄱ. (가)에서 S의 형식 전하는 −1이다.
> ㄴ. 가장 안전한 구조는 (나)이다.
> ㄷ. (가), (나), (다) 모두에서 C의 혼성 궤도함수는 sp 혼성 궤도함수이다.

① ㄴ

② ㄷ

③ ㄱ, ㄴ

④ ㄱ, ㄷ

⑤ ㄴ, ㄷ

17 분자식이 $C_5H_{12}O$인 화합물의 구조 이성질체 중 2차 알코올의 개수는?

① 0

② 1

③ 2

④ 3

⑤ 4

18 그림은 동위원소 ^XA와 ^YA로 구성된 A_2의 전자 이온화 질량 스펙트럼을 나타낸 것이다.

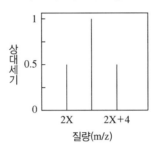

A의 평균 원자량은? (단, 자연계에 존재하는 A의 동위원소는 ^XA와 ^YA뿐이다)

① $X + 0.5$

② $X + 1$

③ $X + 1.5$

④ $X + 2$

⑤ $X + 2.5$

19 다음은 평형 반응의 반응식과 평형 상수(K_1), 관련된 반쪽 반응의 25℃에서의 표준환원 전위($E°$)이다.

- $5Fe^{2+}(aq) + 2Mn^{2+}(aq) + 8H_2O(l) \rightleftarrows 2MnO_4^-(aq) + 5Fe(s) + 16H^+(aq)$ K_1
- $Fe^{2+}(aq) + 2e^- \rightarrow Fe(s)$
  $E° = -0.44V$
- $MnO_4^-(aq) + 8H^+(aq) + 5e^- \rightarrow Mn^{2+}(aq) + 4H_2O(l)$
  $E° = +1.51V$

25℃에서 K_1은? (단, 25℃에서 $\dfrac{RT}{F} = a(V)$이고, F는 패러데이 상수이다)

① $e^{-52.2/a}$

② $e^{-19.5/a}$

③ $e^{-9.75/a}$

④ $e^{19.5/a}$

⑤ $e^{52.2/a}$

20 다음은 온도 T에서 기체 A의 화학 반응식과 압력으로 정의되는 평형 상수(K_p)이다.

$$2A(g) \rightleftharpoons 2B(g) + C(g) \quad K_p$$

표는 피스톤이 달린 실린더에 기체 A를 넣은 초기 상태와 반응이 진행된 후 평형 상태에 관한 자료이다.

구 분	온도(K)	실린더 속 기체 부피(L)	A(g)의 몰분율
초기 상태	T	V	1
평형 상태	T	$\dfrac{5}{4}V$	x

온도 T에서 $\dfrac{K_p}{x}$의 값은? (단, 대기압은 1atm으로 일정하고 피스톤의 질량과 마찰은 무시하며, 모든 기체는 이상 기체로 거동한다)

① $\dfrac{1}{2}$

② $\dfrac{5}{8}$

③ $\dfrac{3}{4}$

④ 1

⑤ $\dfrac{5}{4}$

21 다음 중 진핵세포의 세포골격을 구성하는 단백질은?

① 콜라겐
② 미오신
③ 디네인
④ 키네신
⑤ 액 틴

22 세포에서의 물질 수송에 관한 설명으로 옳은 것만을 〈보기〉에서 있는 대로 고른 것은?

> ㄱ. 삼투는 세포막을 통한 용질의 확산이다.
> ㄴ. 폐포로부터 대기로의 CO_2 이동은 세포막을 통한 능동수송에 의해 일어난다.
> ㄷ. 세포 안의 물질을 막으로 싸서 세포 밖으로 내보내는 작용을 세포외배출작용(exocytosis)이라고 한다.

① ㄱ

② ㄷ

③ ㄱ, ㄴ

④ ㄴ, ㄷ

⑤ ㄱ, ㄴ, ㄷ

23 항체는 IgM, IgG, IgA, IgE, IgD의 다섯 종류로 구분된다. 각 항체의 특성으로 옳지 않은 것은?

① IgM은 1차 면역 반응에서 B 세포로부터 가장 먼저 배출되는 항체이다.

② IgG는 5합체를 형성하며 태반을 통과하지 못한다.

③ IgA는 눈물, 침, 점액 같은 분비물에 존재하며 점막의 국소방어에 기여한다.

④ IgE는 혈액에 낮은 농도로 존재하며 알레르기 반응 유발에 관여한다.

⑤ IgD는 항원에 노출된 적이 없는 성숙 B 세포 표면에 IgM과 함께 존재한다.

24 세포호흡이 일어나고 있는 진핵세포에서 포도당이 분해되어 ATP가 합성되는 과정에 관한 설명으로 옳은 것은?

① 해당과정의 최종 산물은 피루브산이다.

② 전자전달계에서 최종 전자수용체는 H_2O이다.

③ 전자전달계에서 기질수준 인산화과정을 통해 ATP가 합성된다.

④ 시트르산회로에서 숙신산이 숙시닐-CoA로 전환될 때 GTP가 합성된다.

⑤ 미토콘드리아에서 ATP 합성효소는 막간 공간에 비해 기질의 pH가 낮을 때 ATP를 합성한다.

25 사람에서 하나의 체세포가 분열하여 2개의 딸세포를 형성하는 세포분열기(M기)에 관한 설명으로 옳은 것만을 〈보기〉에서 있는 대로 고른 것은?

> ㄱ. 세포질 분열 과정 동안 세포판이 형성된다.
> ㄴ. 핵막의 붕괴는 중기에 일어난다.
> ㄷ. 중심체가 관찰된다.

① ㄱ

② ㄴ

③ ㄷ

④ ㄱ, ㄴ

⑤ ㄴ, ㄷ

26 다음 중 사람의 결합조직을 구성하는 세포가 아닌 것은?

① 섬유 아세포(fibroblast)
② 지방 세포(adipocyte)
③ 연골 세포(chondrocyte)
④ 대식 세포(macrophage)
⑤ 상피 세포(epithelial cell)

27 그림은 세포에서 유전정보의 흐름을 나타낸 것이다. (가), (나), (다)는 복제, 전사, 번역 중 하나이다.

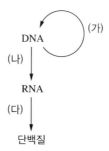

이에 관한 설명으로 옳은 것만을 〈보기〉에서 있는 대로 고른 것은?

> ㄱ. (가) 과정에서 에너지가 사용된다.
> ㄴ. (나) 과정에서 효소가 작용한다.
> ㄷ. rRNA가 (다) 과정을 통해 리보솜 단백질로 발현된다.

① ㄱ
② ㄴ
③ ㄷ
④ ㄱ, ㄴ
⑤ ㄴ, ㄷ

28 중합효소연쇄반응(PCR)과 디데옥시 DNA 염기서열분석법(dideoxy DNA sequencing)을 이용하여 이중 가닥 DNA를 분석하고자 한다. 이때 두 분석 방법의 공통점으로 옳은 것만을 〈보기〉에서 있는 대로 고른 것은?

> ㄱ. DNA 중합효소가 사용된다.
> ㄴ. 프라이머(primer)가 필요하다.
> ㄷ. 수소결합이 끊어지는 과정이 일어난다.
> ㄹ. 새롭게 합성되는 DNA 가닥은 3′→ 5′방향으로 신장한다.

① ㄱ, ㄴ
② ㄴ, ㄷ
③ ㄷ, ㄹ
④ ㄱ, ㄴ, ㄷ
⑤ ㄱ, ㄷ, ㄹ

29 생태계와 생태계의 구성요소에 관한 설명으로 옳은 것만을 〈보기〉에서 있는 대로 고른 것은?

> ㄱ. 생태계는 한 지역에 서식하는 모든 생물과 이들의 주변 환경을 말한다.
> ㄴ. 개체군은 주어진 한 지역에 서식하는 서로 다른 종들이 모여 이루어진 집단이다.
> ㄷ. 군집은 지리적으로 동일한 지역 내에 서식하고 있는 같은 종으로 이루어진 집단이다.

① ㄱ
② ㄴ
③ ㄷ
④ ㄱ, ㄴ
⑤ ㄴ, ㄷ

30 다음은 생물권 내에서 생물과 생물, 생물과 비생물 환경 사이의 관계를 설명한 것이다.

> • 작용 : 비생물 환경이 생물에 영향을 끼치는 것
> • 반작용 : 생물이 비생물 환경에 영향을 끼치는 것
> • 상호작용 : 한 생물과 다른 생물 사이에서 서로 영향을 주고받는 것

다음 중 생물권 내 상호작용의 예로 가장 적절한 것은?

① 곰이 겨울잠을 잔다.
② 나방이 불빛 주위로 모여든다.
③ 나비의 몸 크기가 계절에 따라 변한다.
④ 진딧물이 많은 곳에 개미가 많이 모인다.
⑤ 일조량과 강수량이 적절한 환경에서 벼의 수확량이 증가한다.

31 지진과 지진파에 관한 설명으로 옳은 것은?

① S파와 P파는 모두 표면파이다.
② S파의 속도가 P파의 속도보다 빠르다.
③ 진원은 탄성 에너지가 최초로 방출된 지점이다.
④ 지진은 판의 경계부에서만 발생한다.
⑤ 동일한 지진의 경우 진도는 모든 지역에서 같다.

32 광물에 관한 설명으로 옳은 것만을 〈보기〉에서 있는 대로 고른 것은?

> ㄱ. 지각에 가장 많은 광물은 산화 광물이다.
> ㄴ. 방해석과 마그네사이트는 유질동상이다.
> ㄷ. 규산염 광물의 기본구조는 SiO_4 사면체구조이다.

① ㄱ
② ㄴ
③ ㄱ, ㄷ
④ ㄴ, ㄷ
⑤ ㄱ, ㄴ, ㄷ

33 화성암에 관한 설명으로 옳지 않은 것은?

① 반려암과 현무암은 염기성암이다.
② 화강암은 지하 심부에서 형성된 심성암이다.
③ 안산암과 유문암은 화산암의 일종이다.
④ 유색광물의 함량(%)은 현무암이 화강암보다 높다.
⑤ 응회암은 용암이 식어서 생성된 화산암이다.

34 우리나라의 중생대 지층에 관한 설명으로 옳은 것만을 〈보기〉에서 있는 대로 고른 것은?

> ㄱ. 중생대 초기에 조선 누층군이 퇴적되었다.
> ㄴ. 경상 누층군에서는 공룡 발자국 화석이 다량으로 발견된다.
> ㄷ. 불국사 화강암이 관입한 후 경상 누층군이 퇴적되었다.

① ㄱ
② ㄴ
③ ㄷ
④ ㄱ, ㄴ
⑤ ㄱ, ㄴ, ㄷ

35 (가)는 어느 지역의 지질 단면도이고, (나)는 방사성 원소 X의 붕괴 곡선을 나타낸 것이다. (가)의 A와 C에 포함된 방사성 원소 X의 양은 붕괴 후 각각 처음 양의 1/8과 1/4로 감소하였다.

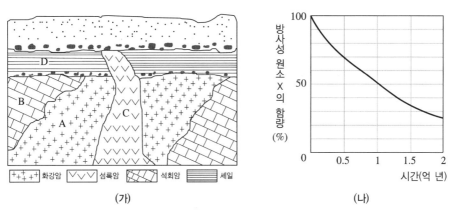

(가)   (나)

지층 A~D에 관한 설명으로 옳은 것만을 〈보기〉에서 있는 대로 고른 것은?

ㄱ. A의 절대연령은 3억 년이다.

ㄴ. 가장 오래된 지층은 B이다.

ㄷ. D는 신생대 제3기에 퇴적된 지층이다.

① ㄱ

② ㄷ

③ ㄱ, ㄴ

④ ㄴ, ㄷ

⑤ ㄱ, ㄴ, ㄷ

36 해저 지형에 관한 설명으로 옳은 것만을 〈보기〉에서 있는 대로 고른 것은?

ㄱ. 지각 열류량은 해구보다 해령에서 크다.

ㄴ. 해저 지형에서 가장 깊은 곳은 해구이다.

ㄷ. 저탁류는 심해저 평원에서 가장 많이 관찰된다.

① ㄱ   ② ㄴ

③ ㄷ   ④ ㄱ, ㄴ

⑤ ㄱ, ㄴ, ㄷ

37 그림은 30℃인 공기가 A 지점에서 상승하여 800m에서 구름을 형성한 후, 산을 넘어가는 과정을 나타낸 것이다. B 지점에 도달하였을 때 이 공기의 온도는? (단, 건조 단열 감률은 1℃/100m, 습윤 단열 감률은 0.5℃/100m, 이슬점 감률은 0.2℃/100m이다)

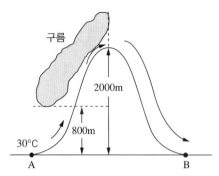

① 30℃

② 32℃

③ 34℃

④ 36℃

⑤ 38℃

38 태양에 관한 설명으로 옳은 것은?

① 코로나는 개기일식 때 관찰할 수 없다.

② 태양의 자전 속도는 적도보다 고위도에서 빠르다.

③ 광구는 핵과 복사층 사이에 존재하는 가스층이다.

④ 흑점수의 극대 또는 극소 주기는 평균 21년이다.

⑤ 태양의 핵에서 핵융합이 일어난다.

39 표는 별 A, B, C의 겉보기 등급과 절대 등급을 나타낸 것이다.

구 분	A	B	C
겉보기 등급(m)	4	3	2
절대 등급(M)	-1	3	4

별 A, B, C에 관한 설명으로 옳은 것만을 〈보기〉에서 있는 대로 고른 것은?

ㄱ. A의 연주 시차는 0.01″이다.

ㄴ. 겉보기 밝기가 가장 밝은 별은 B이다.

ㄷ. 가장 멀리 있는 별은 C이다.

---

① ㄱ

② ㄴ

③ ㄱ, ㄷ

④ ㄴ, ㄷ

⑤ ㄱ, ㄴ, ㄷ

40 지구의 자전 때문에 나타나는 현상으로 옳은 것만을 〈보기〉에서 있는 대로 고른 것은?

ㄱ. 별의 일주운동

ㄴ. 별의 연주 시차

ㄷ. 태양의 연주운동

---

① ㄱ

② ㄴ

③ ㄱ, ㄷ

④ ㄴ, ㄷ

⑤ ㄱ, ㄴ, ㄷ

2015년 제52회 기출문제

✔ Time ___ 분 | 해설편 300p

01 동일한 물체 A, B, C가 그림과 같이 줄로 도르래를 통해 연결되어 일정한 속력으로 움직인다. 물체와 수평면 사이의 운동마찰계수는 일정하다. 어느 순간 물체 A와 B 사이의 줄이 끊겨, 물체 B와 C만 연결되어 운동한다. 줄이 끊어진 후 물체 C의 가속도 크기는? (단, 줄의 질량, 공기 저항, 도르래의 관성모멘트와 회전 마찰력은 무시한다. 중력가속도는 $\vec{g}$이다)

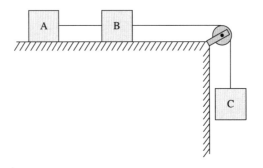

① $\dfrac{1}{2}g$

② $\dfrac{1}{4}g$

③ $\dfrac{1}{5}g$

④ $\dfrac{1}{\sqrt{2}}g$

⑤ $\dfrac{1}{\sqrt{5}}g$

02 반지름 $R=0.6$m 이고 관성모멘트 $I=3$kg·m^{2}인 원통형 도르래에 그림과 같이 줄이 감겨있고, 줄의 끝에 질량 $m=5$kg인 물체가 매달려 있다. 정지해 있던 물체가 자유낙하 하여 도르래를 회전시킬 때, 도르래가 10회 회전하는 데 걸리는 시간(초)은? (단, 줄은 늘어나지 않고, 줄의 질량 및 굵기, 공기 저항, 도르래의 회전 마찰력은 무시한다. 중력가속도 크기 g는 10m/s^{2}이다)

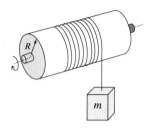

① $\sqrt{2}$

② $\sqrt{\pi}$

③ π

④ $2\sqrt{\pi}$

⑤ 2π

03 그림과 같이 반지름이 R인 원형 고리에 막대기로 된 정삼각형이 내접한 모양의 구조물이 있다. 이 구조물이 원형 고리의 중심을 지나는 수직 축에 대하여 각속도 $\vec{w}$로 회전하고 있을 때 회전축에 대한 각운동량의 크기는? (단, 원형 고리와 막대기의 폭과 두께는 무시할 정도로 얇고, 원형 고리와 막대기의 선질량밀도는 μ로 균질하다)

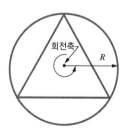

회전축

R

① $\left(\pi+\dfrac{3\sqrt{3}}{2}\right)\mu R^3 w$

② $(\pi+3\sqrt{3})\mu R^3 w$

③ $3\sqrt{3}\,\pi\mu R^3 w$

④ $\left(2\pi+\dfrac{3\sqrt{3}}{2}\right)\mu R^3 w$

⑤ $(2\pi+3\sqrt{3})\mu R^3 w$

04 그림과 같이 저항 R이 연결되어 있는 폭 l인 평행한 두 금속 레일 위에 질량이 m인 금속막대가 오른쪽으로 미끄러져 간다. 자기장($\vec{B}$)은 금속막대와 레일이 놓여 있는 지면에 수직하게 들어가는 방향으로 균일하게 지난다. 금속막대의 속력은 $t=0$초에서 $3\mathrm{m/s}$, $t=3$초에서 $1\mathrm{m/s}$이다. 자기장의 세기 B는? (단, 막대와 레일 사이의 마찰과 접촉 저항은 무시한다)

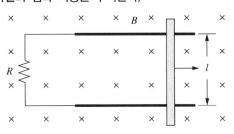

① $B=\sqrt{\dfrac{mR\ln3}{4l^2}}$

② $B=\sqrt{\dfrac{mR\ln4}{3l^2}}$

③ $B=\sqrt{\dfrac{mR\ln2}{3l^2}}$

④ $B=\sqrt{\dfrac{mR\ln3}{2l^2}}$

⑤ $B=\sqrt{\dfrac{mR\ln3}{3l^2}}$

05 그림과 같이 내부 전극의 반지름이 r_1, 외부 전극의 반지름이 r_3인 이상적 금속으로 이루어진 동심원 구형 축전기가 있다. 두 전극 사이에 유전율이 ϵ_1인 유전체 A와 유전율이 ϵ_2인 유전체 B가 각각 채워져 있다. 이 축전기의 전기용량 C는?

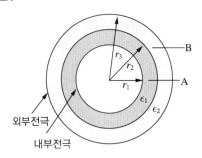

① $C=\dfrac{4\pi\epsilon_1\epsilon_2 r_1 r_2 r_3}{\epsilon_1(r_1 r_3 - r_1 r_2) + \epsilon_2(r_2 r_3 - r_1 r_3)}$

② $C=\dfrac{4\pi\epsilon_1\epsilon_2 r_1 r_3}{\epsilon_1(r_1 - r_2) + \epsilon_2(r_3 - r_2)}$

③ $C=\dfrac{4\pi}{\epsilon_1(r_1 - r_2) + \epsilon_2(r_2 - r_3)}$

④ $C=\dfrac{4\pi\epsilon_1\epsilon_2 r_1 r_2 r_3}{\epsilon_2(r_1 r_3 - r_1 r_2) + \epsilon_1(r_2 r_3 - r_1 r_3)}$

⑤ $C=\dfrac{4\pi\epsilon_1\epsilon_2 r_1 r_2}{\epsilon_1(r_3 - r_2) + \epsilon_2(r_2 - r_1)}$

06 같은 저항값 R을 갖는 두 저항기를 병렬로 연결한 회로 양단에 내부 저항이 0.05Ω이고 전압이 $15V$인 전지를 연결하면 저항기 1개에 흐르는 전류가 I_P이다. 또한, 이들 저항기를 직렬로 연결한 회로 양단에 같은 전지를 연결하면 저항기 1개에 흐르는 전류가 I_S이다. $\dfrac{I_P}{I_S} = \dfrac{3}{2}$일 때 R값은?

① $\dfrac{1}{5}\Omega$

② $\dfrac{1}{2}\Omega$

③ 1Ω

④ 2Ω

⑤ 5Ω

07 늘어나지 않는 길이가 L인 줄의 양끝이 고정되어 있다. 줄의 장력이 T_1일 때의 제2조화 진동수가 장력을 T_2로 하였을 때의 제1조화 진동수와 같다면, 장력 T_1과 T_2 관계식은?

① $T_2 = T_1/4$

② $T_2 = T_1/2$

③ $T_2 = T_1$

④ $T_2 = 2T_1$

⑤ $T_2 = 4T_1$

08 1몰 단원자 이상기체 상태가 압력-부피($P-V$) 그림의 a에서 b까지 직선 경로를 따라 변할 때, 기체의 엔트로피(entropy) 변화량은? (단, 이상기체 상수는 R이다)

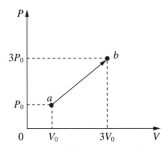

① $3R \cdot \ln 3$

② $4R \cdot \ln 2$

③ $4R \cdot \ln 3$

④ $4R \cdot \ln 4$

⑤ $4R \cdot \ln 5$

09 폭이 L인 일차원 무한 퍼텐셜우물 내에 있는 질량 m인 입자가 갖는 바닥상태 에너지(ground-state energy)는 E_1이다. 우물의 폭과 입자의 질량이 각각 2배로 증가한다면 이 입자가 갖는 바닥상태의 에너지는? (단, 입자는 비 상대론적으로 취급하며, 우물 내의 퍼텐셜 에너지는 0이다)

① $E_1/16$　　　　　　　　　　　② $E_1/8$

③ $E_1/4$　　　　　　　　　　　④ $E_1/2$

⑤ E_1

10 비 상대론적으로 움직이는 질량 m_A, 속력 v_A인 입자 A와 질량 m_B, 속력 v_B인 입자 B가 있다. A, B 입자의 드브로이(de Broglie) 파장을 각각 λ_A, λ_B라 하고, 질량의 비 $\left(\dfrac{m_B}{m_A}\right)$는 k_m으로, 속력의 비 $\left(\dfrac{v_B}{v_A}\right)$는 k_v라고 하면 $\dfrac{\lambda_B}{\lambda_A}$의 관계식은?

① $k_m k_v^2$　　　　　　　　　　② $k_m k_v$

③ $\dfrac{1}{k_m k_v}$　　　　　　　　　④ $\sqrt{k_m k_v^2}$

⑤ $\dfrac{1}{k_m k_v^2}$

11 그림은 분자식이 C_3H_6인 단량체가 반응하여 생성된 고분자의 구조 일부를 나타낸 것이다.

이 고분자에 관한 설명으로 옳은 것만을 〈보기〉에서 있는 대로 고른 것은?

> ㄱ. 열경화성이다.
> ㄴ. 첨가 중합 반응으로 형성된다.
> ㄷ. 단량체는 프로필렌(CH_3CHCH_2)이다.

① ㄱ　　　　　　　　　　　　② ㄷ

③ ㄱ, ㄴ　　　　　　　　　　④ ㄴ, ㄷ

⑤ ㄱ, ㄴ, ㄷ

12 문제 오류로 수록하지 않음

13 다음의 25℃ 수용액 중에서 이온화 백분율(%)이 가장 작은 것은? (단, 25℃ 수용액에서 CH_3COOH과 $HCOOH$의 산 이온화 상수(K_a)는 각각 1.8×10^{-5}, 1.7×10^{-4}이다)

① 0.01 M HCl

② 0.01 M HCOOH

③ 0.01 M CH_3COOH

④ 0.10 M HCOOH

⑤ 0.10 M CH_3COOH

14 그림은 주기율표의 일부를 나타낸 것이다.

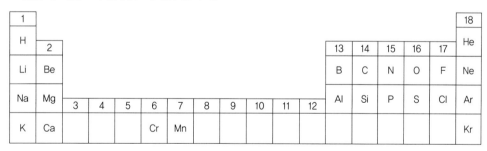

이에 관한 설명으로 옳은 것은?

① 전기음성도는 C가 O보다 크다.

② 이온 반지름은 Na^+가 F^-보다 크다.

③ 제1차 이온화 에너지는 O가 N보다 크다.

④ 최외각 전자가 느끼는 유효 핵전하는 Al이 Cl보다 크다.

⑤ 바닥 상태 원자에서 홀전자의 수는 Cr이 Mn보다 크다.

15 그림은 어떤 온도에서 벤젠의 몰분율($X_{벤젠}$)에 따른 용액의 증기 압력을 나타낸 것이다. (가)는 톨루엔의 증기 압력을, (나)는 벤젠과 톨루엔의 혼합 용액의 전체 증기 압력($P_{벤젠} + P_{톨루엔}$)을 나타낸 것이다. 벤젠과 톨루엔의 혼합 용액은 이상 용액이다.

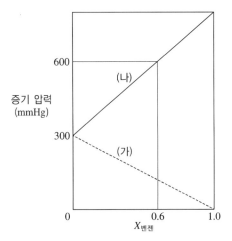

벤젠의 몰분율($X_{벤젠}$)이 0.6인 혼합 용액에서 벤젠의 부분 증기 압력(mmHg)은?

① 180

② 300

③ 360

④ 480

⑤ 540

16 자료는 Cl_2와 H_2S가 반응하여 S과 HCl가 형성될 때 제안된 반응 메커니즘과 전체 반응의 반응 속도 법칙(v)이다. 그림은 반응 진행에 따른 에너지를 나타낸 것이며, E_{a1}, E_{a2}, E_{a3}는 각각 단계 Ⅰ, Ⅱ, Ⅲ의 활성화 에너지이다.

[반응 메커니즘]
- 단계 Ⅰ : $Cl_2 \rightleftarrows 2Cl$
- 단계 Ⅱ : $Cl + H_2S \rightleftarrows HCl + HS$
- 단계 Ⅲ : $HS + Cl \rightarrow HCl + S$

[반응 속도 법칙]
$v = k[Cl_2][H_2S]$ (k는 반응 속도 상수)

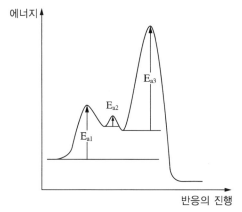

전체 반응에 관한 설명으로 옳은 것만을 〈보기〉에서 있는 대로 고른 것은?

ㄱ. 중간체는 2종류이다.
ㄴ. 속도 결정 단계는 단계 Ⅲ이다.
ㄷ. H_2S에 대해 반응 차수는 1이다.

① ㄱ
② ㄷ
③ ㄱ, ㄴ
④ ㄴ, ㄷ
⑤ ㄱ, ㄴ, ㄷ

17 그림은 C, H, O로 구성된 어떤 화합물(분자량 = 88g/mol)의 ^{1}H−NMR 스펙트럼을 나타낸 것이다. 스펙트럼 봉우리의 면적비는 A : B : C = 2 : 3 : 3 이다.

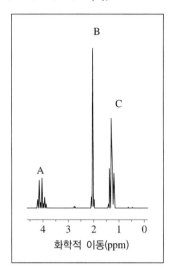

이에 관한 설명으로 옳은 것만을 〈보기〉에서 있는 대로 고른 것은?

> ㄱ. 봉우리 A와 C의 수소는 서로 커플링(coupling)되어 있다.
> ㄴ. 봉우리 B의 수소가 결합한 탄소는 수소가 없는 탄소와 인접해 있다.
> ㄷ. 봉우리 C는 3개로 갈라져 있으므로 CH_3이다.
> ㄹ. $CH_3COOCH_2CH_3$의 스펙트럼이다.

① ㄱ
② ㄱ, ㄴ
③ ㄴ, ㄷ
④ ㄱ, ㄴ, ㄹ
⑤ ㄴ, ㄷ, ㄹ

18 그림은 $Zn|Zn^{2+}(0.10M)||Cu^{2+}(0.50M)|Cu$ 전지를 나타낸 것이고, 자료는 이 전지와 관련된 반응의 표준 환원 전위($E°$)이다.

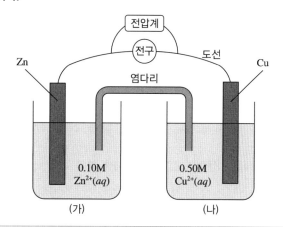

$$Cu^{2+}(aq) + 2e^- \rightarrow Cu(s) \qquad E° = +0.34V$$
$$Zn^{2+}(aq) + 2e^- \rightarrow Zn(s) \qquad E° = -0.76V$$

이에 관한 설명으로 옳은 것은? (단, Cu와 Zn의 원자량은 각각 64와 65이다)

① 이 전지의 초기 전압은 1.10V보다 작다.

② (가)의 Zn 전극의 전자는 염다리를 통하여 이동한다.

③ (나)의 용액에 0.50M EDTA를 소량 첨가하면 전지 전압이 감소한다.

④ 전지를 사용하면 (나)의 용액 색은 파랑색이 진해진다.

⑤ 전지를 사용하면 두 금속 전극의 질량의 합은 증가한다.

19 다음은 백금 배위 화합물의 합성 과정이다.

(가) 사염화백금 포타슘(K_2PtCl_4) 수용액에 적당량의 암모니아수를 첨가하여 시스 이성질체인 배위 화합물 A를 합성한다.

(나) A 수용액에 충분한 양의 암모니아수를 첨가하여 배위 화합물 B를 합성한다.

(다) B 수용액에 적당량의 $HCl(aq)$를 첨가하여 트랜스 이성질체인 배위 화합물 C를 합성한다.

이에 관한 설명으로 옳은 것만을 〈보기〉에서 있는 대로 고른 것은?

ㄱ. 배위 화합물 A는 항암 효과가 있다.

ㄴ. 배위 화합물 B의 구조는 정사면체이다.

ㄷ. 배위 화합물 C는 $K_2[Pt(NH_3)_3Cl]$이다.

① ㄱ   ② ㄴ

③ ㄱ, ㄷ   ④ ㄴ, ㄷ

⑤ ㄱ, ㄴ, ㄷ

20 다음은 어떤 평형 반응식과 아레니우스(Arrhenius) 식이다.

[평형 반응식]

$A + B \underset{k_r}{\overset{k_f}{\rightleftharpoons}} 2C$ (k_f와 k_r은 각각 정반응과 역반응의 속도 상수)

[아레니우스 식]

$k = Ae^{-E_a/RT}$

k는 반응 속도 상수, A는 아레니우스 상수, E_a는 활성화 에너지, R은 기체 상수, T는 절대 온도이다.

그림은 아레니우스 식을 이용하여 절대 온도(T)에 따른 k_f와 k_r을 나타낸 것이다.

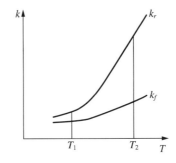

이에 대한 설명으로 옳지 않은 것은?

① T_1에서 평형 상수는 1보다 작다.

② 평형 상수는 T_1에서가 T_2에서보다 크다.

③ 활성화 에너지는 정반응이 역반응보다 크다.

④ $1/T$(x축)에 따른 $\ln k_f$(y축)을 도시하였을 때 직선의 기울기값은 $-E_{a\,정반응}/R$이다.

⑤ 정반응의 표준 깁스 자유 에너지 변화($\triangle G°$)는 T_2에서가 T_1에서보다 크다.

21 세포에서 일어나는 삼투현상에 관한 설명으로 옳은 것만을 〈보기〉에서 있는 대로 고른 것은?

ㄱ. 세포막을 통한 물의 확산 현상이다.
ㄴ. 용질이 세포막을 통과하면서 일어난다.
ㄷ. 삼투에 의해 용질의 농도기울기가 커진다.
ㄹ. 막의 선택적 투과성과 용질의 농도기울기 때문에 생긴다.

① ㄱ, ㄷ   ② ㄱ, ㄹ
③ ㄴ, ㄹ   ④ ㄱ, ㄴ, ㄷ
⑤ ㄴ, ㄷ, ㄹ

22 진핵세포의 세포호흡에 관한 설명으로 옳지 않은 것은?

① 최종 전자수용체는 O_2이다.
② O_2 공급이 중단되면 ATP 생산이 감소한다.
③ 시트르산의 농도가 높아지면 해당작용이 억제된다.
④ 해당과정에서 나온 ATP는 산화적 인산화에 의해서 생성된 것이다.
⑤ 포도당에 들어있는 에너지의 일부는 ATP에 저장되고, 나머지는 열로 발산된다.

23 호르몬 수용체(receptor)에 관한 설명으로 옳지 않은 것은?

① 단백질 분자이다.
② 호르몬과 결합하면 세포 내에서 특정 화학 반응이 유도된다.
③ 어떤 호르몬 수용체는 세포질에 존재한다.
④ 호르몬의 크기와 형태를 인식하여 결합한다.
⑤ 세포막에서 호르몬을 세포 안으로 수송한다.

24 다음은 갑상선 호르몬의 분비 조절 과정을 나타낸 것이다.

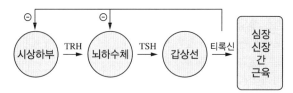

이에 관한 설명으로 옳은 것만을 〈보기〉에서 있는 대로 고른 것은?

ㄱ. 체온이 떨어지면 TRH 분비가 증가한다.
ㄴ. 티록신의 과다 분비는 TSH 분비를 촉진한다.
ㄷ. TSH 분비가 증가되면 물질대사가 활발해진다.
ㄹ. 티록신이 과다 분비되면 갑상선 비대증이 생긴다.

① ㄱ, ㄷ   ② ㄱ, ㄹ
③ ㄴ, ㄷ   ④ ㄴ, ㄹ
⑤ ㄷ, ㄹ

25 무거운 질소(^{15}N)로 표지된 이중나선 DNA 1분자(^{15}N–^{15}N)를 보통질소(^{14}N) 조건에서 5회 연속 복제를 시켰다. 복제된 32분자의 DNA 중 ^{15}N–^{14}N 인 DNA 분자 수는?

① 2   ② 4
③ 8   ④ 16
⑤ 32

26 유전자(gene)에 관한 설명으로 옳은 것만을 〈보기〉에서 있는 대로 고른 것은?

ㄱ. 핵산과 단백질로 이루어져 있다.
ㄴ. 단백질의 아미노산 서열에 대한 정보는 유전자에 담겨 있다.
ㄷ. 단백질 합성을 하는 번역(translation) 과정에 직접 관여한다.

① ㄱ   ② ㄴ
③ ㄱ, ㄴ   ④ ㄴ, ㄷ
⑤ ㄱ, ㄴ, ㄷ

27 초파리에서 다리가 될 운명의 세포군에 _ey_(eyeless) 유전자를 배아단계부터 인위적으로 발현시켰더니 성체의 다리에 눈 구조가 만들어졌다. 이에 관한 설명으로 옳은 것만을 〈보기〉에서 있는 대로 고른 것은?

> ㄱ. _ey_ 유전자는 초파리 눈 형성의 핵심 조절 유전자이다.
> ㄴ. 초파리에서 눈 형성 세포군과 다리 형성 세포군의 유전체는 서로 다르다.
> ㄷ. 배 발생 과정에서 유전자의 비정상적인 발현에 의해 형질의 변이가 일어날 수 있다.

① ㄱ
② ㄷ
③ ㄱ, ㄷ
④ ㄴ, ㄷ
⑤ ㄱ, ㄴ, ㄷ

28 왓슨과 크릭이 DNA 이중나선 구조 모델에서 제안한 DNA의 특징을 〈보기〉에서 있는 대로 고른 것은?

> ㄱ. 유전 물질이다.
> ㄴ. 반보존적 복제가 가능하다.
> ㄷ. 복제는 스스로 일어날 수 있다.
> ㄹ. 퓨린과 피리미딘 염기는 상보적으로 결합한다.

① ㄱ, ㄷ
② ㄱ, ㄹ
③ ㄴ, ㄹ
④ ㄱ, ㄴ, ㄷ
⑤ ㄴ, ㄷ, ㄹ

29 다음은 환경적응의 예이다.

> 온대 지방의 낙엽수는 가을이 되면 낙엽을 만든다.

위의 환경적응 원리와 다른 것은?

① 곰은 겨울잠을 잔다.
② 사철 푸른 상록수는 겨울에 잎의 삼투압을 증가시킨다.
③ 보리는 가을에 씨를 뿌려야 이듬해 봄에 수확할 수 있다.
④ 붓꽃은 늦은 봄에 꽃이 피고, 국화는 가을에 꽃이 핀다.
⑤ 추운 지방에 사는 포유류는 몸집에 비해 상대적으로 말단부위가 작다.

30 그림은 동물 계통수의 일부이다.

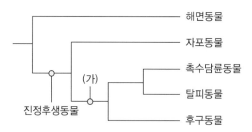

이에 관한 설명으로 옳은 것만을 〈보기〉에서 있는 대로 고른 것은?

ㄱ. (가)는 좌우대칭동물이다.
ㄴ. 해면동물은 진정한 조직이 없다.
ㄷ. 자포동물-탈피동물 사이의 진화적 유연관계는 해면동물-자포동물 사이보다 더 가깝다.

① ㄱ
② ㄷ
③ ㄱ, ㄴ
④ ㄴ, ㄷ
⑤ ㄱ, ㄴ, ㄷ

31 해양판과 대륙판이 만나는 수렴경계에 관한 설명으로 옳지 않은 것은?

① 천발지진은 발생하지 않는다.
② 해구가 생성된다.
③ 맨틀의 부분용융에 의해 화산 활동이 일어난다.
④ 나츠카판과 남미판의 관계가 그 예에 해당한다.
⑤ 화산호(volcanic arc)가 발달한다.

32 신생대에 일어난 지질학적 사건으로 옳은 것만을 〈보기〉에서 있는 대로 고른 것은?

ㄱ. 초대륙인 판게아(Pangaea)의 분리가 시작되었다.
ㄴ. 한반도에 대규모의 석탄층이 형성되었다.
ㄷ. 아프리카로부터 아라비아가 분리되면서 홍해가 형성되었다.
ㄹ. 한반도에서는 대보조산운동이 일어났다.
ㅁ. 한반도에서 백두산, 제주도, 철원-전곡 일대에 화산 활동이 있었다.

① ㄱ, ㄴ
② ㄴ, ㄷ
③ ㄷ, ㄹ
④ ㄷ, ㅁ
⑤ ㄹ, ㅁ

33 강원도 지역에 대규모로 분포하는 석회암층에 관한 설명으로 옳은 것만을 〈보기〉에서 있는 대로 고른 것은?

> ㄱ. 고생대 지층에 해당한다.
> ㄴ. 석회암은 시멘트의 원료로 많이 사용된다.
> ㄷ. 석회암층 생성 당시 이 지역은 수심 4~5km 이상의 깊은 바다 환경이었다.

① ㄱ

② ㄴ

③ ㄱ, ㄴ

④ ㄴ, ㄷ

⑤ ㄱ, ㄴ, ㄷ

34 지구 내부의 구조 및 구성 물질에 관한 설명으로 옳지 않은 것은?

① 대륙 지각은 해양 지각보다 젊다.

② 맨틀은 초염기성암으로 구성되어 있다.

③ 내핵은 높은 온도에도 불구하고 높은 압력 때문에 고체 상태로 존재한다.

④ 상부맨틀에는 지진파의 속도가 느려지는 저속도층(low velocity layer)이 존재한다.

⑤ 암석권(lithosphere)은 지각과 상부맨틀의 최상부층으로 딱딱한 부분이다.

35 다음은 화성암 분류 모델을 간단히 나타낸 것이다.

구 분	산성암	중성암	염기성암
관입암	화강암	섬록암	반려암
분출암	유문암	안산암	현무암

이에 관한 설명으로 옳은 것은?

① 분출암은 관입암보다 천천히 냉각되었다.

② 염기성마그마는 산성마그마보다 점성이 높다.

③ 염기성마그마는 산성마그마보다 온도가 높다.

④ 염기성암에서 산성암으로 갈수록 SiO_2, Na_2O 및 CaO 함량은 증가한다.

⑤ 염기성암에서 산성암으로 갈수록 FeO와 MgO 함량은 증가한다.

36 기온이 30℃, 이슬점이 20℃인 공기 덩어리가 500m 수직 상승했을 때, 이 공기 덩어리의 기온과 이슬점은? [순서대로 기온(℃), 이슬점(℃)]

① 20, 15
② 21, 15
③ 22, 19
④ 24, 19
⑤ 25, 19

37 그림은 기권의 수직구조를 나타낸 모식도이다.

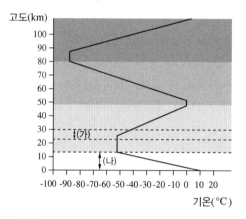

(가)와 (나)에 관한 설명으로 옳은 것만을 〈보기〉에서 있는 대로 고른 것은?

ㄱ. (가)는 중간권의 초입에 해당한다.
ㄴ. (가)에서 기온이 상승하는 이유는 태양 복사에너지 중 자외선을 흡수하는 층이 존재하기 때문이다.
ㄷ. (나)의 높이는 위도에 따라 달라진다.
ㄹ. (나)에서 기압은 고도가 높아질수록 높아진다.

① ㄱ, ㄴ
② ㄱ, ㄷ
③ ㄴ, ㄷ
④ ㄴ, ㄹ
⑤ ㄷ, ㄹ

38 그림 (가)는 오리온자리의 천체 사진이고, (나)는 별 A(베텔게우스)와 별 B(리겔)의 단위 면적에서 단위 시간당 방출되는 파장별 빛의 세기를 나타낸 것이다.

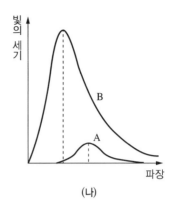

(가)

(나)

별 A가 별 B보다 큰 값을 갖는 물리량을 〈보기〉에서 있는 대로 고른 것은?

> ㄱ. 색지수
> ㄴ. 표면 온도
> ㄷ. 최대 에너지를 방출하는 파장

① ㄴ
② ㄷ
③ ㄱ, ㄴ
④ ㄱ, ㄷ
⑤ ㄱ, ㄴ, ㄷ

39 절대 등급이 5등급인 별 10,000개로 이루어진 구상성단이 있다. 이 성단까지의 거리가 100pc일 때, 이 성단의 겉보기 등급은? (단, 성간물질에 의한 흡수 효과는 무시한다)

① −1등급
② 0등급
③ 1등급
④ 5등급
⑤ 10등급

40 그림 (가)는 황도 12궁과 공전 궤도상 지구의 위치를, (나)는 동짓날 자정의 쌍둥이자리와 달을 나타낸 것이다.

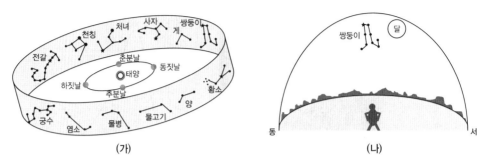

(가)　　　　　　　　　　　　　(나)

이에 관한 설명으로 옳은 것만을 〈보기〉에서 있는 대로 고른 것은?

ㄱ. 이날 달의 모습은 상현달이다.

ㄴ. 쌍둥이자리의 적경은 약 6^h이다.

ㄷ. 1개월 후에는 게자리가 자정에 남중하게 된다.

---

① ㄱ

② ㄴ

③ ㄱ, ㄴ

④ ㄴ, ㄷ

⑤ ㄱ, ㄴ, ㄷ

모든 일에 있어서, 시간이 부족하지 않을까를 걱정하지 말고,

다만 내가 마음을 바쳐 최선을 다할 수 있을지, 그것을 걱정하라.

– 정조 –

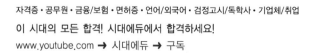

해설편

변리사 1차 자연과학개론

실패하는 길은 여럿이나 성공하는 길은 오직 하나다.

– 아리스토텔레스 –

2024년 제61회 정답 및 해설

● 문제편 005p

01	02	03	04	05	06	07	08	09	10	11	12	13	14	15	16	17	18	19	20
④	③	④	④	②	⑤	①	③	③	⑤	①	②	④	⑤	③	④	⑤	⑤	①	①
21	22	23	24	25	26	27	28	29	30	31	32	33	34	35	36	37	38	39	40
②	③	⑤	⑤	③	①	②	①	⑤	③	②	②	②	④	①	②	④	③	⑤	⑤

01

답 ④

정답 해설

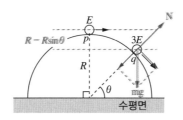

④ p와 q에서 운동에너지가 E, $3E$이므로 속력은 v와 $\sqrt{3}\,v$로 놓을 수 있다. q에서의 속력은 에너지 보존에 의해 $mgR(1-\sin\theta) = \frac{1}{2}m3v^2 - \frac{1}{2}mv^2 = mv^2$ 이다. q점까지 원운동을 하므로 구심력에 대한 운동방정식은 $mg\sin\theta - N = \dfrac{3mv^2}{R}$ 이고 두 식을 연립하면 $\sin\theta = \dfrac{3}{4}$ 이다.

02

답 ③

정답 해설

③ B의 질량을 M으로 놓고 운동방정식을 세우면

(가) (A+B+C) : $2mg = (7m+M)a$

(나) (B+C) : $2mg = (2m+M)2a$

에서 $M = 3m$이고, $a = \dfrac{1}{5}g$이다. 다시 각각 C에 대해 운동방정식을 세우면

(가) C : $2mg - T_가 = 2m\dfrac{1}{5}g$에서 $T_가 = \dfrac{8}{5}mg$이고,

(나) C : $2mg - T_나 = \dfrac{6}{5}mg$에서 $T_나 = \dfrac{6}{5}mg$이다. 그러므로 $\dfrac{T_나}{T_가} = \dfrac{3}{4}$이다.

03

정답 해설

④ 등가속도 운동 공식 $v = v_0 - at$에서 나중속력 $v = 0$이고 초기 속력이 같고 정지할 때까지 걸린 시간이 $1 : 2$이므로 a는 $2 : 1$ 이다. 그러므로 $2as = v^2 - v_0^2$에서 $v = 0$이고, 초기 속력이 같으므로 a가 $2 : 1$이므로 s는 $1 : 2$가 된다.

04

정답 해설

④ 홀전압은 전하가 도체를 통해 운동할 때 전기력과 로렌츠힘이 같아져서 전압이 일정하게 유지될 때의 전압을 홀전압이라 한다. $q\dfrac{\Delta V_H}{d} = qv_d B$에서 $V_H = Bv_d d$이다. 그런데 $v_d = \dfrac{I}{Sen}$에서 S가 도체의 단면적인데 도체의 두께를 t라고 놓으면 $S = td$이다. 그러면 $V_H \propto B$이므로 4배가 된다.

05

정답 해설

② 앙페르 맥스웰 방정식에 의해 두 도체판이 충전되는 과정에서 도체판 사이의 전기장 변화를 변위전류(I_d)라 한다. 도체판 사이의 자기장의 방향은 변위 전류에 의한 자기장에 의해 형성된다.(오른손 법칙) 변위전류에 의해 형성된 도체판 사이의 자기장 세기는 다음과 같이 결정된다.

$$B = \frac{\mu_0 I_d}{2\pi R^2} r$$

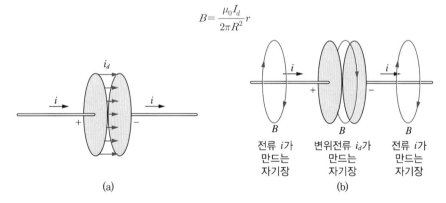

(a)　　　　　(b)

06

정답 ⑤

정답 해설

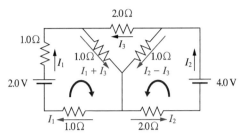

⑤ 각 저항에 흐르는 전류를 그림과 같이 설정한 다음 키르히호프의 전압규칙을 적용한다.

왼쪽 폐회로를 시계방향으로 돌리면 $2 - 3I_1 - I_3 = 0$이고, 오른쪽 폐회로를 반시계방향으로 돌리면 $4 - 3I_2 + I_3 = 0$이고, 가장 바깥 폐회로를 반시계 방향으로 돌리면 $2 - 2I_3 + 2I_1 - 2I_2 = 0$이 된다. 세 식을 연립하면 $I_1 = 0.6A$, $I_2 = 1.4A$이다.

07

정답 ①

정답 해설

① 한 순환 과정에서 한일의 양은 폐회로의 면적이다. A → B과정에서 아래 면적은 $3P_0 2V_0$이고, C → D과정에서 아래 면적은 $RT_0 \ln 3$이다. A점에서 온도를 T_0로 설정하면 $3P_0 V_0 = RT_0$이므로 닫힌 도형의 면적은 $6P_0 V_0 - 3P_0 V_0 \ln 3 = P_0 V_0 (6 - 3\ln 3)$이다.

08

정답 ③

정답 해설

ㄱ. (○) 사인 앞의 계수가 진폭이므로 Q가 P의 2배이다.

ㄴ. (○) x앞의 계수가 파수이다. 파수는 $\frac{2\pi}{\lambda}$이므로 Q가 P의 $\frac{1}{3}$배이다.

오답 해설

ㄷ. (×) 파동의 속력은 $v = \frac{\lambda}{T} = \frac{w}{k} = \frac{각진동수}{파수}$이다. x앞의 계수가 파수, t앞의 계수가 각진동수이므로 P의 속력은 $\frac{c}{b}$, Q의 속력은 $\frac{2c}{3b}$이므로 속력은 Q가 P의 $\frac{2}{3}$배이다.

09

정답 해설

③ 1차원 무한 우물속에 갇힌 입자의 양자화된 에너지는 $E_n = \dfrac{h^2}{8mL^2}n^2$이다. 그런데 문제에서 주어진 정보를 이용하면

$\dfrac{(hc)^2}{m_e c^2} = \dfrac{h^2}{m_e} = \dfrac{(1.24 \times 10^3)^2}{0.5 \times 10^6}$이므로 E_1을 구하면 $E_1 = \dfrac{(1.24 \times 10^3)^2}{8 \times 0.5 \times 10^6 \times (0.31)^2} \times 1 = 4eV$이다. 그러면 $E \propto n^2$이므로

$E_2 = 16eV$, $E_3 = 36eV$이다. 세 번째 들뜬 상태에서 바닥상태로 전이될 때 방출되는 에너지는 $E_3 - E_1 = 32eV$이다.

10

정답 해설

⑤ 반도체 소자의 선폭과 같은 파장의 광자 에너지는 $E_\gamma = \dfrac{hc}{\lambda} = \dfrac{1.24 \times 10^3}{6.2} = 2 \times 10^2 eV$이다.

문제에서 주어진 정보를 이용하면 $\dfrac{(hc)^2}{m_e c^2} = \dfrac{h^2}{m_e} = \dfrac{(1.24 \times 10^3)^2}{0.5 \times 10^6}$이므로 전자의 물질파 파장과 운동에너지와의 관계식

$\lambda = \dfrac{h}{\sqrt{2mE_e}}$에서 $E_e = \dfrac{h^2}{2m\lambda^2} = \dfrac{(1.24 \times 10^3)^2}{2 \times 0.5 \times 10^6 \times 6.2^2} = 4 \times 10^{-2} eV$이다.

11

정답 해설

① 그림 (가)에서 He의 부분압은 0.6atm이므로 $H_2O(g)$의 부분압은 0.4atm이다.

그림 (나)에서 $H_2O(l)$이 모두 기화하므로 He과 $H_2O(g)$는 각각 1 mol씩 존재한다.

따라서 각 기체들의 부분압력은 0.25atm이다.

그림 (가)에서 H_2O의 부분압이 0.4atm이므로 전체 압력×몰분율 = 0.4atm이 된다. 이때, He의 몰수가 1 mol이므로,

$0.4atm = 1atm \times \chi_{H_2O} = 1atm \times (1 - \chi_{He}) = 1atm \times (1 - \dfrac{1}{1 + H_2O(g)몰수})$

$H_2O(g)$몰수 $= \dfrac{2}{3}$이므로 $H_2O(l)$몰수 $= \dfrac{1}{3}$이다.

T_1과 T_2의 관계는 이상기체 방정식을 이용하여 계산이 가능하다.

$T_1 = \dfrac{0.6atm \times V}{1mol \times R}$, $T_2 = \dfrac{0.25atm \times 3V}{1mol \times R} = \dfrac{0.75atm \, V}{1mol \times R}$ 이므로

$T_1 : T_2 = 4 : 5$

따라서 $5T_1 = 4T_2$ 이다.

12

정답 해설

② 1) A분자 1몰이 B분자 2몰로 변하므로 분자량비는 A : B = 2 : 1 이다.

2) (가) 실린더에 2g의 A, (나) 실린더에 2g의 A와 1g의 B 기체가 들어 있으므로 B 1g이 n mol이라 하면 A 2g이 n mol에 해당한다.

3) 이 때, (나) 실린더에 A 2g과 B 1g이 2L의 부피를 가지므로 T_1에서 2n mol 기체의 부피는 2L이고, (가) 실린더의 부피는 1L가 된다.

4) 콕을 열고 새로운 평형이 되었을 때, 기체의 밀도가 $\frac{3}{2}$이므로 전체 질량은 5g이고 부피는 $\frac{10}{3}L$가 된다.

새로운 평형에 도달 하였을 때, 부피가 $\frac{10}{3}L$이므로 아보가드로의 법칙에 따라 비례식을 세우면 다음과 같다.

$$A \rightarrow 2B \qquad\qquad 3n : 3n+m = 3L : \frac{10}{3}L$$

처음 $2n \quad n$

반응 $-m \quad +2m$ $\qquad\qquad m = \frac{1}{3}n \rightarrow$ 반응한 A의 몰수

최종 $2n-m+n+2m = 3n+m$

5) 평형 I의 부피가 $\frac{10}{3}L$이고, 평형에서 B의 몰수는 $n+\frac{2}{3}n$ mol이므로 $[B] = \dfrac{\frac{5}{3}n}{\frac{10}{3}L} = \frac{1}{2}nM$

6) T_2에서 새로운 평형의 밀도가 $\frac{10}{9}$이므로 밀도를 이용해 부피로 환산하면 $\frac{9}{2}L$가 된다.

$$A \rightarrow 2B \qquad\qquad 3n : 3n+m = 3L : \frac{9}{2}L$$

처음 $2n \quad n$

반응 $-m \quad +2m$ $\qquad\qquad m = \frac{3}{2}n \rightarrow$ 반응한 A의 몰수

최종 $2n-m+n+2m = 3n+m$

7) 평형 II의 부피가 $\frac{9}{2}L$이고 B의 몰수는 $n+\frac{6}{2}n$ mol이므로 $[B] = \dfrac{\frac{6}{2}n}{\frac{9}{2}L} = \frac{2}{3}nM$

8) $\dfrac{평형 II의 [B]}{평형 I 의 [B]} = \dfrac{\frac{2}{3}}{\frac{1}{2}} = \frac{4}{3}$

13

정답 해설

④ 1) A의 초기 농도를 $[A]_0 = 4a$라 하면 D의 초기농도 $[D]_0 = 2a$가 된다.

2) 용기 (가)에서 순간 반응속도를 이용하여 k_1을 계산하면

$$64 = k_1[4a]^2 = k_1 \times 16a^2 \quad \rightarrow \quad k_1 = \frac{4}{a^2}$$

용기 (나)에서 순간 반응속도를 이용하여 k_2를 계산하면

$$16 = k_2[2a]^2 = k_2 \times 4a^2 \quad \rightarrow \quad k_2 = \frac{4}{a^2} \quad k_1 = k_2$$

3) 용기 (가)에서 1분 후 속도가 용기 (나)의 초기 속도와 같고 속도상수 $k_1 = k_2$이므로, $[A] = \frac{[A]_0}{2} = 2a$ 처음 농도의 절반이 되었음을 알 수 있다.

4) 용기 (나)에서 처음 농도가 $[D]_0 = 2a$이고 2분후 순간속도가 4이므로

$$4 = \frac{4}{a^2} \times [D]^2 \quad \rightarrow \quad [D] = a \text{ 역시 처음 농도의 절반이 되었음.}$$

따라서 용기 (가)애서 1~3분 사이에 반응속도가 16 → x로 변했으므로 $x = 4$

5) 0~3분 동안 변화된 (가)용기 내의 [A] : $4a \rightarrow a$
0~2분 동안 변화된 (나)용기 내의 [D] : $2a \rightarrow a$

$$\frac{\text{(가)에서 } 0 \sim 3\text{min 동안 평균 반응 속도(M/s)}}{\text{(나)에서 } 0 \sim 2\text{min 동안 평균 반응 속도(M/s)}} = \frac{\frac{3a}{3}}{\frac{a}{2}} = 2$$

14

정답 해설

화학식 : $C_9H_{15}N_5O$

⑤ 우선 H원자는 항상 단일결합이므로 σ 결합 15개
모든 원자와 원자 사이에는 무조건 1개씩의 σ 결합 존재하므로 σ 결합 16개
N+를 제외한 질소원자에 비공유 전자쌍 1개씩, O−에 비공유 전자쌍 3쌍 → 합 7쌍
σ 31개 + 비공유 7쌍 = 38

15

정답 해설

③ 1) 제2이온화 에너지는 Na, F, N, Mg 중 Na가 가장 크다. 따라서 D = Na
제2이온화 에너지는 Mg가 가장 작음(3주기원소). 따라서 A = Mg
제2이온화 에너지는 N과 F 중 F가 더 큼. 따라서 B = N, C = F
2) 제1이온화 에너지의 크기 순서는 Na < Mg < N < F : D < A < B < C
3) 전기음성도는 F > N : C > B
4) 원자 반지름은 Na > Mg : D > A

16

정답 해설

④ 1) 우선 C, N, O 원자들의 전자배치를 판단한다.
C : $1s^2 2s^2 2p^2$
N : $1s^2 2s^2 2p^3$
O : $1s^2 2s^2 2p^4$

2) 보기에 나와있는 XY의 분자오비탈 전자배치는 $(\sigma_{1s})^2 (\sigma^*_{1s})^2 (\sigma_{2s})^2 (\sigma^*_{2s})^2 (\pi_{2p})^4 (\pi^*_{2p})^2$ 이므로 $\pi 2p$이상의 오비탈만 자세히 살펴보면

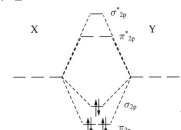

→ 2p 오비탈 전자수의 합 = 6, 따라서 XY분자는 C≡O

3) ZY^-의 결합차수 = 2이므로 ZY^-는 NO^-

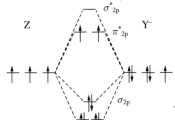

→ 결합차수 = 2

따라서 X = C, Y = O, Z = N

4) Z_2의 결합차수 = 3, Z_2^+의 결합차수는 2.5

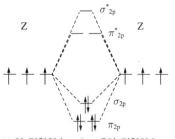

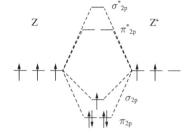

Y_2의 결합차수 = 2, Y_2^-의 결합차수 = 1.5

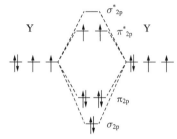

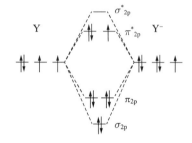

$$\frac{2.5}{3} > \frac{1.5}{2}$$

5) ZY의 홀전자수 1개, X_2^-의 홀전자수 1개

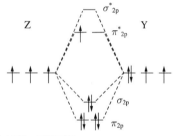

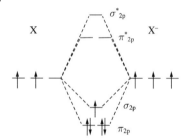

6) XZ^-는 반자기성

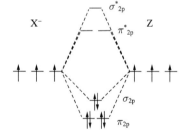

17

정답 해설

⑤ 1) IF_4^-

$\overset{..}{\underset{..}{F}}\hspace{-2pt}\gt\hspace{-2pt}\overset{..}{I}\hspace{-2pt}\lt\hspace{-2pt}\overset{..}{F}$ 중심 원자 공유전자쌍 = 4, 중심 원자 비공유전자쌍 = 2

IBr_3

$Br\hspace{-2pt}-\hspace{-2pt}\overset{..}{\underset{..}{I}}\hspace{-2pt}\overset{Br}{\underset{Br}{}}$ 중심 원자 공유전자쌍 = 3, 중심 원자 비공유전자쌍 = 2

ICl_2^+

$Cl\hspace{-2pt}\diagup\hspace{-2pt}\overset{..\,..}{I}\hspace{-2pt}\diagdown\hspace{-2pt}Cl$ 중심 원자 공유전자쌍 = 2, 중심 원자 비공유전자쌍 = 2

2) 세 화합물 모두 비공유 전자쌍 수가 같다. 따라서 (가) = IBr_3, (나) = ICl_2^+, (다) = IF_4^-

3) ICl_2^+는 입체수가 4이고, 비공유전자쌍이 두 쌍이므로 굽은형 구조.

4) I의 형식전하는 (가) = −1, (나) = +1, (다) = 0 이므로 (나) > (가)

5) (가)의 혼성은 dsp^3, (다)의 혼성은 d^2sp^3 이므로 s orbital의 기여도는 (가) = 1/5 > (다) = 1/6

18

정답 해설

⑤ 1) Fe, Co, Ni의 전자배치는 다음과 같다.

Fe : $[Ar]4s^2 3d^6$

Co : $[Ar]4s^2 3d^7$

Ni : $[Ar]4s^2 3d^8$

또한 Cl^-리간드는 약한장 리간드이다.

2) 착화합물의 구조가 정사면체인 경우 각 축상에 존재하는 d orbital보다 축과 축 사이에 존재하는 d orbital들이 더 에너지가 높아진다.

이와는 반대로 팔면체 착화합물에서는 각 축상에 존재하는 d orbital들이 축 사이에 존재하는 orbital들 보다 에너지가 높아진다.

3) $[XCl_4]^{2-}$: X^{2+}이온 + Cl^- 4개, 홀전자수 = 2개, 정사면체

$[YCl_4]^{2-}$: Y^{2+}이온 + Cl^- 4개, 홀전자수 = 3개, 정사면체

$[ZCl_6]^{3-}$: Z^{3+}이온 + Cl^- 6개, 홀전자수 = 5개, 정팔면체

4) X와 Y는 2+, Z는 3+ 이므로

Fe^{2+} : [Ar]3d^6

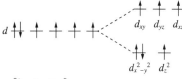

정사면체

→ 홀전자가 4개 이므로 해당 없음

Fe^{3+} : [Ar]3d^5

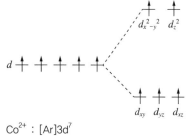

정팔면체

→ 홀전자 5개, 따라서 Z = Fe^{3+}

Co^{2+} : [Ar]3d^7

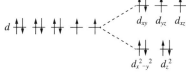

정사면체

→ 홀전자 3개, 따라서 Y = Co^{2+}

Ni^{2+} : [Ar]3d^8

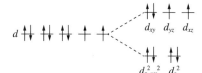

정사면체

→ 홀전자 2개, 따라서 X = Ni^{2+}

5) 팔면체 착화합물의 안정화 에너지는 다음과 같다.

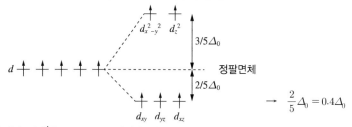

정팔면체

→ $\frac{2}{5}\Delta_0 = 0.4\Delta_0$

6) [Z(CN)$_6$]$^{4-}$는 Fe2+로 구성되었으며, d orbital에 6개의 전자를 가졌다. 또한, CN−는 강한장 리간드이므로

정팔면체

→ 반자기성이다.

정답 해설

① 1) 산화 반쪽 반응식

   $Fe(OH)_2 \rightarrow Fe(OH)_3 + e^-$

   환원 반쪽 반응식

   $MnO_4^- + 3e^- \rightarrow MnO_2$

2) 전자수를 맞춰 계수 결정

   $3Fe(OH)_2 \rightarrow 3Fe(OH)_3 + 3e^-$

   $MnO_4^- + 3e^- \rightarrow MnO_2 \quad \rightarrow \quad 3Fe(OH)_2 + MnO_4^- \rightarrow 3Fe(OH)_3 + MnO_2$

3) 산소수를 맞춰 계수 결정

   $3Fe(OH)_2 + MnO_4^- \rightarrow 3Fe(OH)_3 + MnO_2 \quad \rightarrow$ 반응물 중 산소수 : 10, 생성물중 산소수 : 11

   산소수를 맞추기 위해 반응물에 H_2O 추가

   $3Fe(OH)_2 + MnO_4^- + H_2O \rightarrow 3Fe(OH)_3 + MnO_2$

4) 수소수를 맞춰 계수 결정

   반응물의 수소수 : 8, 생성물의 수소수 : 9 이므로 양변에 2를 곱하고 반응물에 H_2O추가

   $6Fe(OH)_2 + 2MnO_4^- + 2H_2O \rightarrow 6Fe(OH)_3 + 2MnO_2$

5) 염기성 조건에서 균형 맞춘 반응식 만들기

   반응물에 $2H_2O$ 추가하고, 생성물에 $2OH^-$추가

   $6Fe(OH)_2 + 2MnO_4^- + 4H_2O \rightarrow 6Fe(OH)_3 + 2MnO_2 + 2OH^-$

6) 균형 맞춘 반응식에서 $Fe(OH)_2$와 OH^-의 비율은 $3:1$

정답 **해설**

① 1) 평형 I에서 F−의 염기 작용을 무시하므로

$$K_{sp} = 8.0 \times 10^{-10} = [X^{2+}][F^-]^2$$

이 때, $[X^{2+}] = y$라 하면 $[F^-] = 2y$

$$K_{sp} = 4y^3 = 8.0 \times 10^{-10} \quad \rightarrow \quad y = (2.0 \times 10^{-10})^{\frac{1}{3}}$$

2) 평형 II에서 F−는 H+와 결합하여 HF가 되고, 완충용액이면 H+ 농도가 일정하다.

$$K_a = \frac{[H^+][F^-]}{[HF]} = 7.0 \times 10^{-4} \quad \rightarrow \quad [HF] = \frac{(4.9 \times 10^{-3})[F^-]}{7.0 \times 10^{-4}} = 7[F^-]$$

여기서 F−는 오직 XF_2에 의해서만 발생하므로 용액 내 용해된 F−의 전체농도는

$$[HF] + [F^-] = 8[F^-] \quad \rightarrow \quad \text{따라서 } \frac{[HF]}{[F^-]} = 7 = x$$

3) 용액 내의 X^{2+}이온 농도는 HF와 F−농도의 합의 절반에 해당하므로

$$\frac{[HF] + [F^-]}{2} = 4[F^-] = z$$

여기서 $[X^{2+}] = 4[F^-]$이므로 K_{sp}식에 대입하면

$$K_{sp} = 8.0 \times 10^{-10} = [X^{2+}][F^-]^2 = 4[F^-][F^-]^2 = 4[F^-]^3$$

따라서 $[F^-] = (2.0 \times 10^{-10})^{\frac{1}{3}}$이고, $z = 4[F^-] = 4(2.0 \times 10^{-10})^{\frac{1}{3}}$

4) $\dfrac{x \times z}{y} = \dfrac{7 \times 4(2.0 \times 10^{-10})^{\frac{1}{3}}}{(2.0 \times 10^{-10})^{\frac{1}{3}}} = 7 \times 4 = 28$

21

답 ②

오답 해설

① 큐틴은 식물의 표피세포 2차 세포벽에 추가로 침착(큐티클화)되는 성분으로, 방수, 보호 효과를 강화시킨다.
③ 펙틴은 끈적한 산성다당류로서 식물의 1차 세포벽과 식물세포 사이의 라멜라(박막층)에서 발견된다.
④ 리그닌은 식물의 물관세포나 섬유세포의 2차 세포벽에 침착(리그닌)되는 성분으로, 방수, 지지 효과를 강화시킨다.
⑤ 셀룰로오스는 베타-포도당의 중합체로서, 식물 세포벽의 주 구성성분이다.

22

답 ③

정답 해설

ㄱ, ㄹ. (○) C$_4$ 식물과 CAM 식물은 덥고 건조한 지역에서 광호흡에 의한 광합성 효율 저하를 최소화하는 진화적 적응이 일어난 식물들로서, 둘 모두 캘빈회로의 탄소고정 효소인 rubisco와는 달리 O$_2$에는 결합하지 않고 CO$_2$에만 결합하여 높은 효율로 탄소를 고정하는 PEP(phosphoenolpyruvate) 카르복시화효소(carboxylase)를 보유한다. C$_4$ 식물의 경우는 PEP-카르복시화효소를 이용한 탄소의 최초 고정과정은 엽육세포에서 일어나고 캘빈회로는 유관속초세포에서 일어나는 탄소고정과 캘빈회로의 '장소의 분리'가 일어났다. 뜨겁고 건조한 사막에서 주로 서식하는 CAM 식물의 경우는 엽육세포에서 밤에만 기공을 열어 탄소고정을 수행하고, 명반응이 일어나는 낮에 캘빈회로가 일어나 당이 합성되는 '시간의 분리'가 일어나 있다.

오답 해설

ㄷ. (×) C$_3$ 식물은 주로 온대지역에 서식하며 PEP 카르복시화효소를 생성하는 진화적 적응은 일어나지 않았으므로, 뜨거운 한여름에는 광호흡에 의한 광합성 효율의 저하가 일어난다. C$_3$ 식물에서는 탄소고정이 캘빈회로의 rubisco에 의해서만 일어나며, 명반응과 캘빈회로 모두 엽육세포에서 수행된다.

23

답 ⑤

정답 해설

⑤ 포도당이 피루브산으로 분해되는 과정은 해당과정(glycolysis)이며, 유기호흡과 무기호흡 모두에서 첫단계에 산소없이 세포질에서 일어난다. 해당과정의 앞 단계에서 포도당 한분자당 2ATP의 에너지 소모가 있지만, 뒷 단계에서 4ATP 합성이 일어나 결과적으로 +2ATP가 생성된다. 해당과정을 요약하면, 포도당(6탄소 화합물) 한 분자가 부분적으로 산화되면서 2ATP, 2NADH가 생성되며 두 분자의 피루브산(3탄소 화합물)으로 쪼개지는 과정이다.

24

정답 해설

⑤ B세포는 골수에서 생성, 성숙되며, 성숙과정 중 자기(self) 분자들과 강하게 결합하는 BCR(B세포 수용체)를 지니는 B세포(B 림프구)는 세포자멸사(세포예정사)에 의해 제거되는 음성선택(negative selection)이 일어나 자기 분자(자기 항원)에 대한 반응성을 나타내지 않는 자기관용(self-tolerance) 상태가 된다. 알 수 없는 이유로 자기관용에 실패한 경우 면역세포가 숙주 자체의 자기분자 또는 자기세포를 공격해 조직이나 기관이 파괴되는 1형 당뇨 등의 자가면역질환(autoimmune diseases)에 걸리게 된다.

오답 해설

① 동형전환이란 B세포가 특이적인 항원에 노출, 결합한 후 최초로 생성, 분비되는 IgM이 동일한 항원에 부착가능한 IgG, IgA 등의 다른 타입의 항체로 전환되는 과정이다. 이 과정은 B세포 핵 내에서 항체 유전자의 비가역적 재조합에 의해 중쇄 불변부위 내 특정부위가 변경되어 일어난다.

② 괴사는 예정세포사와 구분되는 세포 죽음의 또 다른 타입으로, 세포가 물리적 자극을 받거나 생존에 필수적인 O_2, ATP 등의 결핍이 있을 때 나타난다. 괴사 과정 중 DNA는 무작위로 절단되며, 미토콘드리아 등의 세포소기관과 세포가 부풀다 터져 죽게 되며, 염증이 수반된다.

③ 양성선택은 T세포(T림프구)가 골수에서 생성된 후 흉선(thymus)으로 이동해 성숙하는 과정 중 음성선택 이전에 나타나는데, 자기(self) MHC(주조직적합성복합체 ; major histocompatibility complex)를 인식해 결합할 수 있는 T세포만 살아남는 과정이다. 이후 T세포는 음성선택도 일어나 자기 항원에 강하게 결합하는 TCR(T세포 수용체)를 지니는 T세포는 예정세포사로 제거되며, 자기 MHC가 제시한 외래(foreign) 항원을 인식하는 T세포만 몸에 남게 된다.

④ 보체계(complement system)는 30여종의 혈장단백질 그룹으로, 보체(complement) 단백질이 병원체 표면에 결합하여 둘러싸(옵소닌화 ; opsonization) 단독으로(선천면역에서), 또는 항체의 도움을 받아(후천면역에서) 활성화되면 막공격복합체(MAC ; membrane attack complex)를 형성해 병원체를 용해시켜 죽이거나 염증을 촉진한다.

25

정답 해설

ㄱ, ㄴ. (○) 세균과 진핵생물의 전반적인 복제기작은 유사하다. 모(mother) DNA 내의 복제시점(origin of replication)에서 시작되어 양방향으로 진행되며, 반보존적 방식(semi-conservative mode)으로 일어나 복제로 생성된 두 딸(daughter) DNA는 모 DNA의 한가닥(주형으로 사용됨)과 새로 합성된 한가닥이 합쳐진 이중가닥이 된다. 복제 시 헬리케이스(helicase)가 복제시점 부위부터 이중가닥을 풀면 프리메이스가 주형가닥에 상보적인 RNA 단편인 RNA 프라이머를 합성하여 DNA 폴리머레이스(중합효소)에 3′ 말단을 제공하고, 이후 DNA 폴리머레이스에 의해 프라이머의 3′ 말단부터 딸가닥 신장이 5′→3′ 방향으로 일어난다. 복제가 어느 정도 진행되면 RNA 프라이머는 제거되고, DNA 폴리머레이스가 프라이머 제거부위를 메운 후 DNA 라이게이스(연결효소)가 DNA 절편들을 공유결합으로 연결하며 복제가 마무리된다.

오답 해설

ㄷ. (✕) 오카자키 절편이 발견되는 것은 후발가닥(지연가닥 ; lagging strand)이다. 새로 합성되는 딸가닥 중 선도가닥은 DNA 폴리머레이스의 진행 방향과 헬리케이스의 진행 방향이 동일하여 연속적으로 합성된다. 반면 후발가닥은 DNA 폴리머레이스의 진행 방향과 헬리케이스의 진행 방향이 반대여서 헬리케이스가 모 DNA 가닥을 어느 정도 풀면 부분적으로 딸가닥 합성이 일어나는 불연속적 복제가 일어나는데, 이 때 딸가닥 내의 절편들을 오카자키 절편이라 한다.

26

정답 해설

① 노던 블로팅은 젤 전기영동(electrophoresis), 블로팅, 혼성화(hybridization) 기법을 이용해 RNA 혼합물에서 특정 RNA의 존재 유무를 확인하고 양도 알아낼 수 있는 RNA의 정성, 정량 분석법이다.

오답 해설

②·③·④·⑤ 에드만 분해법은 단백질 및 펩타이드의 아미노산 서열을 분석하는 실험기법이며, 등전점 전기영동은 단백질의 총전하(net charge)가 0이 되는 pH인 pI(등전점)을 알아내는 분석법이다. 2차원 전기영동은 분자량과 pI 차이를 이용하여 단백질 혼합물 내의 단백질들을 젤(gel) 내에서 전기영동을 이용해 분리하는 기법이며, 효소결합면역흡착측정법(ELISA)은 발색효소가 부착된 항체를 이용하여 주로 특정 단백질 항원의 존재유무와 양을 항원-항체 특이성을 이용해 알아내는 단백질의 정성, 정량 분석법이다.

27

정답 해설

② tRNA는 번역과정 중 mRNA의 특정 코돈 부위로 적합한 아미노산을 운반해오며, 리보솜은 번역이 진행되는 동안 mRNA, tRNA 및 펩티드 사슬을 제 위치에 붙잡아주는 역할과 신장 중인 펩티드 사슬에 새로 운반해 온 아미노산을 펩티드결합으로 연결해주는 역할도 수행한다.

오답 해설

①·③ 진핵생물 유전자의 전사는 핵 내에서 일어나며, 번역은 세포질에서 일어난다.

④ 핵 내에서 엑손과 인트론은 모두 하나의 pre-mRNA 분자로 전사된 후 스플라이싱(splicing) 과정을 통해 인트론들이 제거되고 엑손들만이 연결된 성숙한 mRNA가 형성된 이후에 핵 밖으로 수송되어 번역된다.

⑤ 3종류의 종결코돈을 제외한 61개의 코돈이 20종류의 아미노산을 암호화하므로 코돈 여러 개가 한 종류의 아미노산을 암호화하는 경우가 있는데 (코돈의 풍부성 ; 중복성), 이 때 중복으로 사용되는 코돈들은 세 번째(3' 말단) 염기서열만 차이가 나는 경우가 흔하다. 그러므로 돌연변이에 의해 코돈의 세 번째 염기부위가 변화되어도 단백질 내 아미노산 서열은 변화되지 않는 경우가 많다.

28

정답 해설

① 감수분열은 연속적인 두 번의 분열(감수 제1분열 및 제2분열)로 구성되며 최종적으로 4개의 딸세포가 생성되는 과정이다.

오답 해설

② DNA(복제 이후 염색체로 응축)의 복제는 간기(interphase)의 S기에 일어난다.
③ 상동염색체의 접합(4분체 형성) 과정은 오로지 감수 제1분열 전기에서만 볼 수 있다.
④ 체세포분열은 1회, 감수분열에선 연속 2회 분열한다.
⑤ 감수분열 과정 중 4분체 형성 시 상동염색체 사이의 교차로 인한 재조합이 일어나며 감수 제1분열 후기에 상동염색체 각각이 분리되어 딸세포로 나뉘어 들어갈 때 모계 및 부계의 염색체가 무작위로 분배되므로, 결과로 생성된 네 개의 딸세포는 DNA가 모두 다르다.

29

답 ⑤

정답 해설

⑤ 속씨식물을 종자 내 떡잎의 개수에 따라 외떡잎 식물과 쌍떡잎 식물로 분류한다.

30

답 ③

정답 해설

ㄱ, ㄷ. (○) 열대우림은 연중 높은 강수량과 높은 기온에 의한 급속한 분해작용에 의해 토양이 산성이며, 육상생물군계 중 식물 종다양성이 최대로서 복잡한 군집을 이루고 있다.

오답 해설

ㄷ. (×) 연중 기온은 25~29℃로 계절적 변화가 적다.

31

정답 해설

② B 맨틀과 C 외핵의 경계를 구텐베르그면이라고 하며, 고체 상태인 맨틀에서는 P파와 S파가 모두 전파되나 액체 상태인 외핵에서는 S파가 전파되지 않는다.

오답 해설

① B는 맨틀로, SiO_2 함량이 작은 감람암질 암석으로 이루어져 있다. 규장질은 SiO_2 함량이 큰 화강암질 암석을 의미한다.
③ C 외핵과 D 내핵은 모두 철, 니켈과 같은 금속 성분으로 이루어져 있어 화학 조성은 같으나, 외핵은 액체 상태, 내핵은 고체 상태이므로 물리적 성질은 서로 다르다.
④ A, B, D는 고체, C는 액체로 구성되어 있다.
⑤ C 외핵은 액체, D 내핵은 고체이기 때문에 경계면에서 지진파 P파의 속도는 증가한다.

32

정답 해설

② 보웬의 반응계열은 마그마가 냉각되면서 광물이 정출되는 과정을 보여주는 모델이다. 마그마의 온도가 높을 때에는 녹는점이 높은 광물이 먼저 정출되고 마그마가 냉각됨에 따라 점차 녹는점이 낮은 광물이 정출된다. 따라서 아래 그림을 보면 광물의 녹는점은 감람석에서 가장 높고 휘석, 각섬석, 흑운모로 갈수록 낮아지며, Ca 비율이 높은 사장석이 Na 비율이 높은 사장석보다 녹는점이 높은 것을 알 수 있다.

오답 해설

① 염기성 화성암의 온도가 높아지면 녹는점이 낮은 물질부터 용융되므로 각섬석→휘석→감람석 순으로 용융된다.
③ 광물 내 마그네슘(Mg)의 함량은 감람석에서 가장 높고 휘석, 각섬석, 흑운모로 갈수록 낮아지므로 온도가 높아질수록 마그마에서 정출되는 광물 내 마그네슘(Mg)의 함량은 높아진다.
④ 낮은 온도에서 정출되는 광물들로 구성된 화성암은 유문암질 암석으로, 철(Fe)과 마그네슘(Mg)을 포함한 유색 광물의 비율이 적고 무색 광물인 장석류와 석영 등의 비율이 높기 때문에 주로 밝은 색을 띤다.
⑤ 감람석, 휘석, 각섬석, 흑운모는 광물이 단계적으로 정출되는 불연속 계열이지만 사장석은 광물조성이 연속적으로 변하는 연속 계열이다. 사장석처럼 일정한 화학 성분을 가지고 있지 않고 어떤 범위 내에서 성분에 변화가 있는 광물을 고용체광물이라고 한다.

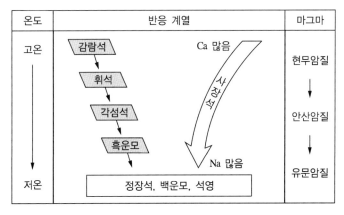

33

정답 해설

② 화성암은 화학 조성과 조직에 따라 분류할 수 있는데, 마그마의 식는 속도 차이는 암석의 조직과 관련이 있다. 마그마의 식는 속도가 빠를수록 결정 입자가 성장할 시간이 부족하므로 암석을 구성하는 결정 입자의 크기는 작아진다.

오답 해설

①·③·④·⑤ 암석의 광물 조합, 암석의 색깔, 암석의 밀도, 암석의 쪼개짐은 모두 화학 조성과 관련이 있는 물리화학적 성질이다.

34

정답 해설

④ 암석의 SiO_2 함량에 따라 SiO_2 함량이 45~52%인 염기성암, 52~63%인 중성암, 63% 이상인 산성암으로 분류할 수 있다. 이때 염기성암에는 현무암과 반려암이, 중성암에는 안산암과 섬록암이, 산성암에는 유문암과 화강암이 있다. 이때 염기성암 보다 SiO_2 함량이 낮은 암석을 초염기성암이라고 하는데, 대표적인 암석으로는 주 구성 광물이 감람석인 감람암이 있다. 따라서 보기 중 SiO_2 함량이 가장 낮은 화성암은 감람암이다.

35

정답 해설

ㄱ. (○) 그림은 현생이언(고생대~현재) 동안 일어난 5대 대량멸종 사건이다. 이때 가장 규모가 큰 멸종 사건은 판게아 형성으로 인해 발생한 3차 대멸종 C이며, 이 대멸종으로 인해 삼엽충, 방추충 등의 고생대 대표 생물이 멸종하였다.

오답 해설

ㄴ. (×) D 시기는 중생대 초기에 일어난 4차 대멸종이며, 삼엽충은 고생대 말인 C 시기에 멸종되었다.

ㄷ. (×) 운석 충돌로 인해 멸종이 일어난 시기는 5차 대멸종에 해당하는 E 시기이며, 운석 충돌로 인해 중생대 대표 생물인 공룡과 암모나이트가 멸종하면서 신생대가 시작되었다.

36

정답 해설

② 우리나라는 데본기에 퇴적이 중단되었으므로 결층이었다.

오답 해설

① 조선누층군은 고생대 초기에 형성된 지층으로, 강원도 태백에 대규모의 석회암층의 형태로 존재하며 삼엽충과 완족류, 필석의 화석이 발견된다.
③ 우리나라 중생대 퇴적층은 모두 육성층이며, 중생대 후기에 경상 누층군이 형성되었다.
④ 평안누층군은 우리나라에 형성된 후기 고생대 육성층으로, 대규모의 석탄층이 존재한다.
⑤ 조선누층군과 평안누층군 사이에 결층이 존재하므로 두 누층군은 부정합 관계이다.

37

정답 해설

ㄱ. (○) 대기권은 고도에 따른 온도 분포에 따라 지표면에서부터 고도가 높아질수록 온도가 하강하는 대류권, 고도가 높아질수록 온도가 상승하는 성층권, 고도가 높아질수록 온도가 하강하는 중간권, 고도가 높아질수록 온도가 상승하는 열권으로 구분된다.
ㄴ. (○) 대류권의 두께는 대류권의 평균 기온에 따라 결정된다. 평균 기온이 높을수록 공기의 밀도가 작기 때문에 두께가 두꺼워진다. 따라서 대류권의 두께는 평균 기온이 높은 적도 지방이 평균 기온이 낮은 극지방보다 두껍다.

오답 해설

ㄷ. (×) 성층권은 오존층이 존재하는 층으로, 오존층의 자외선 흡수로 인해 고도가 높아짐에 따라 온도가 상승한다.

38

정답 해설

ㄱ. (○) 표층 해류는 크게 대기 대순환과 대륙의 분포의 영향을 받아 형성된다.
ㄴ. (○) 심층수는 표층에 있는 해수가 침강하면서 형성되는데, 해수가 침강되기 위해선 해수의 밀도가 증가해야 한다. 해수의 밀도가 증가하는 경우는 수온이 낮아지거나 염분이 높아지는 경우이다. 따라서 심층수의 순환을 열과 염분에 의해 일어나는 순환이라고 하여 열염순환이라고도 한다.

오답 해설

ㄷ. (×) 아열대 환류는 무역풍과 편서풍, 대륙의 분포에 의해 형성되는데, 북반구를 기준으로 저위도(남)에서는 동풍 계열인 무역풍, 중위도(북)에서는 서풍 계열인 편서풍이 불기 때문에 시계 방향의 순환이 형성되며, 남반구를 기준으로 저위도(북)에서는 동풍 계열인 무역풍, 중위도(남)에서는 서풍 계열인 편서풍이 불기 때문에 시계 반대 방향의 순환이 형성된다. 따라서 북반구와 남반구의 표층 순환은 대칭적인 형태를 보인다.

39

정답 해설

ㄱ. (O) 태양은 온도가 매우 높기 때문에 기체가 이온화되어 플라스마가 존재한다.

ㄴ. (O) 태양의 내부는 에너지를 생산하는 핵과 에너지를 전달하는 핵을 둘러싼 층으로 이루어져 있으며, 에너지를 주로 전달하는 방식에 따라 복사층과 대류층으로 구분된다. 충분히 온도가 높은 핵의 바로 바깥층에서는 복사층이 형성되며, 온도 변화가 큰 표면 부근에서는 대류층이 형성된다.

ㄷ. (O) 태양의 중심부에 위치한 핵에서는 수소 핵융합 반응이 일어나며, 에너지를 생산한다.

40

정답 해설

⑤ 목성형 행성은 목성과 같이 질량과 반지름이 크고, 주로 수소와 헬륨으로 이루어져 있어 밀도가 작으며 단단한 지각이 없는 행성을 말한다. 태양계에 존재하는 목성형 행성 중 자기장의 세기가 가장 큰 것은 목성으로, 강한 자기장에 의한 오로라가 나타나기도 한다.

2023년 제60회 정답 및 해설

문제편 022p

01	02	03	04	05	06	07	08	09	10	11	12	13	14	15	16	17	18	19	20
⑤	④	③	②	①	⑤	④	③	②	③	②	④	⑤	⑤	④	전항정답	⑤	②	①	④
21	**22**	**23**	**24**	**25**	**26**	**27**	**28**	**29**	**30**	**31**	**32**	**33**	**34**	**35**	**36**	**37**	**38**	**39**	**40**
①	④	③	④	⑤	①	②	⑤	②	②	④	④	⑤	②	②	③	③	①	④	③

01
답 ⑤

정답 해설

⑤ 충돌 전 A의 속력 v_0는 운동량 보존에 의해 $mv_0 = 4mv$에서 $v_0 = 4v$이다. 실이 끊어지기 전 물체에 작용하는 힘 중에 장력의 원의 중심 방향 성분이 구심력의 역할을 하므로 구심력에 대한 운동방정식은 $T\cos 60° = \dfrac{m(4v)^2}{\dfrac{l}{2}}$에서 $T = \dfrac{64mv^2}{l}$

이다. A에 작용하는 y축성분의 힘의 합은 0이므로 $N + T\sin 60° = mg$에서 $N = mg - 32\sqrt{3}\,\dfrac{mv^2}{l}$이다.

02
답 ④

정답 해설

④ 막대의 질량중심을 회전축으로 잡으면 $LF_1 = 2LF_2 \times \dfrac{1}{\sqrt{2}}$에서 $\dfrac{F_1}{F_2} = \sqrt{2}$이다.

03
답 ③

정답 해설

③ 짐을 던지기 전 얼음과 사람과 짐의 중력에 부력과 힘의 평형상태이므로 얼음의 부피를 V로, 짐의 질량을 m으로 설정하면 $\dfrac{11}{12}\rho_W Vg + (72+m)g = \rho_W g V$이다. 짐을 던진 후에는 얼음과 사람의 중력의 새로운 부력과 힘의 평형을 이루므로 $\dfrac{11}{12}\rho_W Vg + 72g = \rho_W g\dfrac{47}{48}V$이므로 두 식을 정리하면 $m = 24kg$이다.

04

답 ②

정답 해설

② 열기관1 : $e = 0.4 = \dfrac{W_1}{Q_h} = 1 - \dfrac{Q_m}{Q_h}$ 에서 $Q_m = 0.6Q_h$ 이다.

열기관2 : $e = 0.3 = \dfrac{W_2}{Q_m} = 1 - \dfrac{Q_c}{Q_m}$

전체 열효율은 $\dfrac{(W_1 + W_2)}{Q_h} = \dfrac{W_1}{Q_h} + \dfrac{W_2}{Q_h} = 0.4 + \dfrac{W_2}{Q_m} \times 0.6 = 0.58$ 이다.

05

답 ①

정답 해설

① 일단 C_A와 C_B가 반대 부호의 극판이 연결되었기 때문에 총 전하량은 $Q_{B0} - Q_{A0}$ 가 되고 이 총전하량을 전기용량의 비율대로 나누어 갖는다. 그러므로 C_A에 저장되는 전하량은 $(Q_{B0} - Q_{A0}) \times \dfrac{C_A}{C_A + C_B}$ 이고, 전원장치 ε에 연결하면 두 축전기가 직렬이므로 공급되는 전하량은 동일하다. 합성전기용량이 $\dfrac{C_A C_B}{C_A + C_B}$ 이므로 $Q = \dfrac{C_A C_B}{C_A + C_B} \varepsilon$ 이다. 그러므로 C_A에 저장되는 최종 총 전하량은 $Q_{\text{총}} = \dfrac{C_A C_B}{C_A + C_B} \varepsilon + (Q_{B0} - Q_{A0}) \times \dfrac{C_A}{C_A + C_B}$ 이다. −부호를 밖으로 꺼내면 $Q_{\text{총}} = \dfrac{C_A C_B}{C_A + C_B} \varepsilon + (Q_{A0} - Q_{B0}) \times \dfrac{C_A}{C_A + C_B}$ 가 된다.

06

답 ⑤

정답 해설

⑤ 평행판 사이에서 전위차에 의해 가속되므로 $q\Delta V = \dfrac{1}{2} mv^2$ 이고 자기장내에서 로렌츠힘이 구심력의 역할을 하므로 $qvB = \dfrac{mv^2}{r}$ 이 되므로 $\Delta V = 48V$ 이다.

07

정답 해설

④ 유도전류는 자기장의 변화 $\Delta B = 2B$이므로 $I = \dfrac{2BLv}{R}$이고, 금속고리 내 자속이 변화될 때만 유도전류가 생기므로 $v = \dfrac{L}{\Delta t}$

이다. 그러므로 $R = \dfrac{2BL^2}{I\Delta t}$이다.

08

답 ③

정답 해설

③ 결상방정식 $\dfrac{n_1}{p} + \dfrac{n_2}{i} = \dfrac{n_2 - n_1}{r}$을 사용하는 문제이다. 경계면이 평면이면 $r = \infty$이고, 상까지의 거리 i는 (+)부호이면

물체와 반대편에, (−)부호이면 물체가 있는 쪽에 상이 생긴다. 물체로부터 첫 번째 면에 대한 식은 $\dfrac{1}{10} + \dfrac{1.5}{i_1} = 0$에서

$i_1 = -15cm$이므로 첫 번째 면에 대해 왼쪽으로 15cm인 곳에 상이 생기고, 이 상은 두 번째 면으로부터 18cm 떨어진

곳이다. 두 번째 면에 대한 식은 $\dfrac{1.5}{18} + \dfrac{1}{i_2} = 0$에서 $i_2 = -12cm$이다. 최종상은 두 번째 면으로부터 왼쪽으로 12cm인 곳에

생긴다. 그러므로 O에서 평면유리 쪽으로 1cm인 곳에 최종상이 생긴다.

09

답 ②

정답 해설

② $t = \gamma t_0$에서 B가 고유시간이므로 A의 시간이 빠르게 간다. $\dfrac{13}{5}\tau$이다.

오답 해설

① 광속 불변의 원리(관성계에 따라 빛의 속력이 다르지 않다.)
③ 길이수축
④ 속도의 한계는 광속이다.
⑤ 상대성의 원리이다.

10

③

③ 운동량이 x, y축에 대해 보존되므로 전자의 운동방향과 x축과 이루는 각을 θ라 놓으면

x성분 운동량 보존 : $\dfrac{h}{\lambda} = \dfrac{h}{\lambda'}\cos\phi + p\cos\theta$ 에서 $\dfrac{h}{\lambda} - \dfrac{h}{\lambda'}\cos\phi = p\cos\theta$ 이고

y성분 운동량 보존 : $\dfrac{h}{\lambda'}\sin\phi = p\sin\theta$ 이다.

양변을 제곱해서 더하면 $p^2 = \dfrac{h^2}{\lambda^2} - \dfrac{2h^2}{\lambda\lambda'}\cos\phi + \dfrac{h^2}{\lambda'^2}$ 이고, 문제에서 $\lambda' - \lambda = \lambda_C(1 - \cos\varnothing)$ 에서 $\cos\phi = \dfrac{\lambda_C - \lambda + \lambda}{\lambda_C}$ 를 대입

해서 정리하면 $p^2 = h^2\left(\dfrac{1}{\lambda} - \dfrac{1}{\lambda'}\right)\left(\dfrac{1}{\lambda} - \dfrac{1}{\lambda'} + \dfrac{2}{\lambda_C}\right)$ 가 되고, 곱셈공식 합차공식을 적용하면 $(\dfrac{h}{\lambda} - \dfrac{h}{\lambda'} + \dfrac{h}{\lambda_C})^2 - (\dfrac{h}{\lambda_C})^2$ 이 된다.

11

답 ②

② 온도가 변하면 몰농도는 변하지만 %농도는 변하지 않음을 기억한다.

	25℃	20℃
수용액 부피	0.1L	$d_2 = \dfrac{0.1d_1}{V}$ $v = \dfrac{0.1d_1}{d_2}$
수용액 질량	$0.1d_1$(kg)	$0.1d_1$(kg)
용질의 몰 수	0.1a mol	0.1a mol
용질의 질량	$0.1a \times 100 = 10a$(g)	$0.1a \times 100 = 10a$(g)
몰농도	aM	$\dfrac{0.1a(mol)}{\dfrac{0.1d_1}{d_2}} = \dfrac{ad_2}{d_1}$
%농도	$\dfrac{0.01a}{0.1d_1} \times 100 = \dfrac{10a}{d_1}$	$\dfrac{0.01a}{0.1d_1} \times 100 = \dfrac{10a}{d_1}$
		$\dfrac{x}{y} = \dfrac{\dfrac{ad_2}{d_1}}{\dfrac{10a}{d_1}} = \dfrac{d_2}{10}$

12

답 ④

정답 해설

(가)에서 $K_c = 100 = \dfrac{(0.2)^c}{(0.1)^a(0.4)}$ 이므로 $a = 3$, $c = 2$이다. 3A(g) + B(g) $\rightleftarrows$ 2C(g)

ㄱ. (✕) (나)에서 $K_p = 0.0016$가 주어졌지만 (다)와 온도가 같으므로 $K_c = 4$임을 알 수 있다. 따라서 (나)의 [C]를 구하면 0.2M임을 알 수 있다.

$$K_c = 4 = \dfrac{(x)^2}{(1)^3(0.01)}$$

	T_1	$RT_1 = 25 \text{L} \cdot \text{atm/mol}$	$K_c = 100$
ㄴ. (○)	T_2	$RT_2 = 50 \text{L} \cdot \text{atm/mol}$	$K_c = 4$

T_1에서 T_2가 될 때 온도가 올라가고, 그때 K_c값이 감소하므로 정반응은 발열반응이다.

ㄷ. (○) $K_p = K_c(RT_1)^{-2} = 100(25)^{-2}$이고, $K_p = 0.160$이다.

13

답 ⑤

정답 해설

ㄱ. (○) x축이 t이고, y축이 $\dfrac{1}{[\text{A}]}$인 그래프가 직선형이므로 2차속도식이다.

		(가)	(나)
ㄴ. (○)	k(k는 그래프의 기울기이다)	$\dfrac{4a}{10}$	$\dfrac{a}{10}$
	온도(k값이 클수록 온도는 높다)	1.2TK	TK

아레니우스 식에 의하여 계산하여 활성화 에너지를 구한다.

$$\ln k_1 - \ln k_2 = \dfrac{Ea}{R}\left(\dfrac{1}{T_2} - \dfrac{1}{T_1}\right)$$

$$\ln\dfrac{a}{10} - \ln\dfrac{4a}{10} = \dfrac{Ea}{R}\left(\dfrac{1}{1.2T} - \dfrac{1}{T}\right)$$

$$Ea = 6RT\ln 4$$

문제에서 $R = b$로 주어졌으므로 이 반응의 활성화 에너지는 $6bT\ln 4$J/mol이다.

ㄷ. (○)

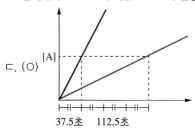

37.5초   112.5초

그래프의 기울기인 k 값이 a와 b가 각각 $\frac{4a}{10}$, $\frac{a}{10}$ 이므로 같은 농도인 [A]까지 도달하는데 걸리는 시간의 비는 1 : 4이다.

따라서 같은 농도인 [A]까지 도달하는데 걸리는 시간은 $t_a = 37.5$초, $t_b = 150$초이다.

$\frac{1}{[A]} = kt + \frac{1}{[A]_0} = \frac{4a}{10} \times 37.5 + a = 16a$이다.

(가)와 (나)의 반감기($t_{1/2} = \frac{1}{k[A]}$)를 각각 구하면 (가)는 40s, (나)는 160초이다.

14
답 ⑤

정답 | 해설

ㄱ. (○) 삼중 결합이므로 분자의 C원자 간에는 2개의 π 결합이 존재한다.
ㄴ. (○) π-콘쥬게이션(conjugation)된 trans-폴리아세틸렌은 전자들의 이동이 가능하므로 전도성 고분자이다.
ㄷ. (○) 산촉매에서 물의 첨가 반응을 하면 에놀형이 만들어지고 이때 자리옮김(케토 에놀 토토메리)에 의하여 케토형인 아세트알데히드가 만들어진다. 이때 카보닐기의 IR 스펙트럼은 1,730cm^{-1} 부근에서 강한 피크를 나타낸다.

15
답 ④

정답 | 해설

④ 불포화도는 1인 화합물이다(불포화도 계산에서 O는 제외한다). 따라서 이중 결합이 1개 있거나 고리가 1개인 형태이다. 문제에서 고리형이라고 주어졌으므로 가능한 구조 이성질체는 다음과 같다.

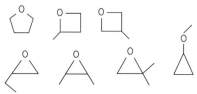

16
답 전항정답

정답 | 해설

이 문제는 시행처에서 전항정답으로 발표했습니다. 그에 따라 해설은 수록하지 않습니다.
A : Ne, B : Na, C : Cl, D : Ar이다.

17

정답 해설

⑤ 결정장 안정화 에너지는 0이다.

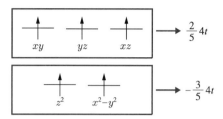

결정장 안정화 에너지는 $(\frac{2}{5}\triangle_t)\times3+(-\frac{3}{5}\triangle_t)\times2=0$이다.

오답 해설

① $M^{+2}\Rightarrow Mn^{2+}$: $[Ar]3d^5$이므로 중심 이온의 산화수는 +2이다.
② 정사면체 착화합물이므로 중심 이온의 $3d_{xy}$ 오비탈의 에너지가 $3d_{z^2}$ 오비탈 에너지보다 높다.

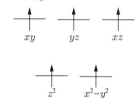

③ 가상적인 정육면체를 생각하면 중심 이온의 $3d$ 오비탈 중 $3d_{z^2}$과 $3d_{x^2-y^2}$ 오비탈은 가상 정육면체의 면의 중심을 향하고 있다.
④ 고스핀이므로 중심 이온의 홀전자 수는 5이다.

18

정답 해설

② 상자기성 분자는 2개(B_2, O_2)이다.

오답 해설

①		B_2	C_2	N_2	O_2	F_2
	자기성	상자기성	반자기성	반자기성	상자기성	반자기성
	결합 차수	1	2	3	2	1

③ 결합성 π_{2p} MO 에너지 준위에 비해 결합성 σ_{2p} MO 에너지 준위가 낮은 분자는 2개(O_2,F_2)이다.
④ 결합 에너지가 가장 큰 분자는 N_2이다.
⑤ 모든 분자들의 홀전자 수 총합은 4(B_2 2개 + O_2 2개)이다.

19

정답 해설

산화 : $A(s) \rightarrow A^{2+}(0.001M) + 2e \qquad E_0 = x$

환원 : $2H^+(0.1M) + 2e \rightarrow H_2(0.1atm) \qquad E_0 = 0$

$A_{(s)} + 2H^+(0.1M) \rightarrow A^{2+}(0.001M) + H_2(0.1atm)$

ㄱ. (○) H^+는 자기 자신은 환원되는 산화제이다.

오답 해설

ㄴ. (×) $A^{2+}(aq) + 2e^- \rightarrow A(s)$의 표준 환원 전위($E°$)를 구하기 위해 표준 산화 전위를 구한다.

$$E = E^0 - \frac{0.06}{n} log \frac{[A^{2+}]P_{H_2}}{[H^+]^2}$$

$$0.82 = E_0 - \frac{0.06}{2} log \frac{0.001 \times 0.1}{(0.1)^2}$$

$$E_0 = 0.76$$

따라서 표준 환원 전위는 −0.76V이다.

ㄷ. (×) 용액의 pH가 3이 되면 $[H^+] = 0.001$이다.

$$E = E^0 - \frac{0.06}{n} log \frac{[A^{2+}]P_{H_2}}{[H^+]^2}$$

$$E = 0.76 - \frac{0.06}{2} log \frac{0.001 \times 0.1}{(0.001)^2}$$

$$E = 0.70\ V이다.$$

20

정답 해설

④ $pH = pKa + log \frac{[A^-]}{[HA]}$

$6 = 5 + log \frac{[A^-]}{[HA]}$ 이므로 $log \frac{[A^-]}{[HA]} = 1$이고 $\frac{[A^-]}{[HA]} = 10$이다.

따라서 $[A^-] : [HA] = 10 : 1$이므로 HA 중 $\frac{10}{11}$가 해리된 용액인 91% 해리된 용액이 pH 6에 가장 가깝다.

21

오답 해설

② 리소좀 내부는 산성(pH 5 이하)으로 유지되며, 리소좀의 효소들은 산성 환경에서 최대 활성을 나타낸다.
③ 소포체로부터 오는 소낭을 받아들이는 쪽의 골지체의 시스(cis)면이다.
④ 글리옥시좀은 퍼옥시좀의 변형체로써 식물의 종자에서 발견된다.
⑤ 활면소포체에선 칼슘이온(Ca^{2+})을 저장한다.

22

답 ④

오답 해설

ㄷ. (×) 캘빈회로의 생성물은 3탄소화합물인 G3P(PGAL : 글리세르알데히드−3인산)이며, 식물은 이를 이용해 포도당, 아미노산 등의 유기물을 만든다.

23

답 ③

오답 해설

① 신호물질이 국소적으로 확산되어 분비한 분자가 세포자체에서 반응을 유도하는 것은 자가분비 신호전달(autocrine signaling)이다.
② 신경전달물질은 혈류로 유입되지 않으며, 신경세포의 말단에서 분비되어 시냅스 틈으로 확산되어 시냅스후 세포에서 반응을 유발한다.
④ 에피네프린 같은 아민계열의 친수성 신호물질은 세포표면의 막 수용체와 결합하며 세포질로 유입되지 않는다.
⑤ 내분비 신호전달에선 호르몬이 혈류로 유입되어 먼 거리의 표적세포에게까지 신호를 전달한다.

24

답 ④

오답 해설

ㄱ. (×) 전문 항원제시세포는 Ⅰ형 및 Ⅱ형 MHC 분자를 모두 표면에 지닌다.
ㄷ. (×) T세포는 골수에서 생성되어 흉선에서 성숙한다.

25

답 ⑤

오답 해설

ㄱ. (×) 난자 내에서 난황이 집중되어 있는 쪽은 식물극이다.

26

오답 해설

양성잡종 교배에서 2:1:1:0에 가까운 비율이 나온 것으로 보아 R과 l 대립인자가 동일한 염색체에, 그리고 r과 L 대립인자가 같은 염색체에 연관(상반)되어 있다.

ㄴ. (×) 재조합이 일어나지 않은 Rl 배우자와 rL 배우자의 수정으로도 빨간색 큰 꽃이 형성될 수 있다.
ㄷ. (×) R과 l 대립인자가 동일 염색체에 함께 위치한다.

27

답 ②

오답 해설

① 트립토판 오페론은 억제인자를 사용하는 음성 조절과 감쇠 조절만 일어난다.
③ 오페론의 전사 감쇠 조절 방식은 원핵세포에서만 일어난다.
④ 젖당 오페론의 음성 조절에서 유도자가 결합한 억제인자는 불활성화되어 작동자에 결합하지 못한다.
⑤ 트립토판 오페론에서는 공동억제자인 트립토판이 억제인자에 결합해야 활성형이 되어 전사가 억제된다.

28

답 ⑤

오답 해설

① 염색질 변형은 가역적으로 일어나므로 복원된다.
② 아세틸화가 일어나 염색질 구조를 느슨하게 하는 부위는 히스톤의 N-말단 꼬리부위이다.
③ DNA의 메틸화는 주로 전사 억제를 유발한다.
④ 뉴클레오솜의 직경은 약 10nm이다.

29

답 ②

정답 해설

② Cas9 내부핵산가수분해효소(endonuclease)는 guide RNA와 결합된 상태로 guide RNA가 상보적으로 결합하는 특정 DNA 서열만 자른다.

30

정답 해설

② 후구동물은 원구에서 항문이 발달된다.

31

답 ④

정답 해설

ㄱ. (O) 지진파의 속도는 매질의 상태는 밀도에 따라 달라진다.
ㄷ. (O) P파 암영대는 각거리 103°~143°이며, S파 암영대는 각거리 103°~180°이고, P파 암영대는 S파 암영대보다 좁다.

오답 해설

ㄴ. (×) 외핵은 액체 상태이기 때문에 S파가 전달되지 않는다.

32

답 ④

정답 해설

ㄱ, ㄷ. (O) 베게너가 제시한 대륙 이동설의 증거는 다음과 같다.
• 남아메리카 동쪽 해안선과 아프리카 서쪽 해안선의 유사성
• 남극, 호주, 남아메리카, 아프리카, 인도 대륙에서의 빙하의 연속성
• 북아메리카와 유럽 산맥의 지질구조 연속성
• 고생물 화석 분포의 연속성

오답 해설

ㄴ. (×) 남극 대륙의 빙하 흔적은 북극의 빙하가 아닌 호주, 남아메리카, 아프리카, 인도 대륙의 빙하 흔적과 연결된다.

33

답 ⑤

정답 해설

⑤ 판의 경계에서는 해령이나 열곡대가 발달한다.

오답 해설

①・③・④ 해구와 습곡 산맥은 수렴형 경계에 발달하는 지형이다.
② 산안드레아스 단층과 같은 변환 단층은 보존형 경계에 발달하는 지형이다.

34

정답 | 해설

② 생물이 살았던 환경을 추정하는데 이용되는 화석은 시상화석이다.
표준화석은 지질 시대 중 특정 시기에만 번성했다가 멸종한 생물의 화석으로, 생존기간이 짧아야 하며, 분포면적이 넓고, 개체수가 많아야 한다. 표준화석은 지층의 생성시기를 지시하며, 지질시대를 구분하는 기준이 된다.

35

답 ②

정답 | 해설

② 아열대 순환은 북반구에서는 시계 방향, 남반구에서는 시계 반대 방향으로 순환한다. 멕시코 만류와 쿠로시오 해류, 캘리포니아 해류, 카나리아 해류는 모두 북반구에서 아열대 순환을 이루는 환류이고, 페루 해류는 남반구에서 아열대 순환을 이루는 해류이다.

36

답 ③

정답 | 해설

③ 지균풍은 기압경도력과 전향력이 평형을 이루며 부는 바람으로, 풍속은 기압경도력이 클수록, 저위도일수록 빠르다. 북반구에서 전향력은 물체의 진행 방향에 대해 오른쪽으로 작용하므로 전향력의 방향은 풍향의 오른쪽 직각 방향이다. 따라서 A는 기압경도력, B는 전향력이며, 기압경도력의 크기는 등압선의 간격이 좁을수록 크며, 전향력의 크기는 풍속이 클수록, 위도가 높을수록 크고, 적도에서는 작용하지 않는다. 마찰력은 운동을 방해하는 힘이기 때문에 지표에서 마찰이 발생한다면 풍속이 감소해 전향력의 크기가 기압경도력의 크기보다 작아진다.

37

답 ③

정답 | 해설

③ 이슬점은 공기가 포화되어 수증기가 응결되기 시작하는 온도를 의미한다. 현재 B의 수증기량은 $9.4g/m^3$ 이므로 포화 수증기량이 $9.4g/m^3$ 인 온도는 10℃이다. 따라서 B의 이슬점은 10℃이다.

오답 | 해설

① A는 포화수증기량과 현재 포함하고 있는 수증기량이 같으므로 포화상태이다.
② B는 포화수증기량이 현재 포함하고 있는 수증기량보다 많으므로 불포화상태이다.
④ C는 포화수증기량과 현재 포함하고 있는 수증기량이 같은 포화상태이므로 상대습도는 100%이다.
⑤ D는 현재 포함하고 있는 수증기량이 포화수증기량보다 많으므로 과포화상태이므로 응결이 일어난다.

38

정답 해설

ㄴ. (○) 달은 지구를 기준으로 태양에서 시계 반대 방향으로 90°만큼 떨어져 있으므로 달의 오른쪽 절반이 밝게 보이는 상현달로 관측되며 초저녁부터 달이 질 때까지 관측가능하다.

오답 해설

ㄱ, ㄷ. (×) 지구를 기준으로 금성은 태양보다 서쪽에 위치하므로 태양보다 먼저 뜨고 먼저 진다. 따라서 금성은 초저녁에 관측되는 것이 아닌 해 뜨기 전 새벽에 동쪽하늘에서 관측된다. 또한 금성을 자정에 관측하기 위해선 지구를 기준으로 금성과 태양이 이루는 각도가 90° 이상 커져야 한다. 하지만 금성은 내행성이기 때문에 금성과 태양이 이루는 각도가 90° 이상 커질 수 없다. 그러므로 금성은 자정에 관측될 수 없다.

39

정답 해설

ㄱ. (○) 연주시차는 $d[pc] = \dfrac{1}{p['']}$ 공식을 만족한다. 따라서 연주시차는 별까지의 거리에 반비례한다. 따라서 A~C 중 가장 가까운 별은 연주시차가 가장 큰 A이다. 값을 대입하면 A까지의 거리는 1pc, B까지의 거리는 2pc, C까지의 거리는 10pc이다.

ㄴ. (×), ㄷ. (○) 각 별까지의 거리와 겉보기 등급을 알기 때문에 거리지수 공식 $m - M = 5\log r - 5$에 대입하면 각 별의 절대 등급을 구할 수 있다. 이렇게 구한 별의 절대 등급은 A는 5등급, C는 2등급이다.

40

오답 해설

① 우리은하는 막대 나선 은하이다.
② 은하핵이 존재하는 중앙 팽대부, 나선 팔이 존재하는 은하 원반, 헤일로로 이루어져 있다.
④ 헤일로에는 주로 나이가 많은 별들로 구성된 구상성단이 분포하고 있다.
⑤ 나선 팔에는 주로 젊은 별이 분포한다.

2022년 제59회 정답 및 해설

✔ 문제편 039p

01	02	03	04	05	06	07	08	09	10	11	12	13	14	15	16	17	18	19	20
④	④	②	②	⑤	③	④	⑤	①	③	①	①	②	④	③	③	⑤	⑤	④	①
21	22	23	24	25	26	27	28	29	30	31	32	33	34	35	36	37	38	39	40
③	⑤	②	①	①	④	①	③	④	⑤	②	④	②	③	①	④	①	③	⑤	⑤

01

답 ④

정답 해설

④ 문제의 조건에서 B에서 수직항력이 N이면 A에서 수직항력은 $2N$이다. 구심력에 대한 운동방정식은 A : $2N = \dfrac{mv_A^2}{R}$,

B : $N + mg = \dfrac{mv_B^2}{R}$ 이고, 에너지 보존에 의해 각 지점에서의 속력은 $mg(h-R) = \dfrac{1}{2}mv_A^2$, $mg(h-2R) = \dfrac{1}{2}mv_B^2$가 되어서

식을 정리하면 $h = 4R$이 된다.

02

답 ④

정답 해설

④ H지점에서 자유낙하했을 때 운동 에너지가 중력 퍼텐셜 에너지의 2배인 곳은 지면으로부터 $\dfrac{H}{3}$인 곳이다. 처음 위치에서

H만큼 자유낙하하는데 걸리는 시간이 t_0이므로 $\dfrac{2}{3}H$만큼 낙하하는데 걸리는 시간은 $t = \sqrt{\dfrac{2h}{g}}$ 로 부터 $t_0 = \sqrt{\dfrac{2H}{g}}$ 이므로

$t = \sqrt{\dfrac{2\frac{2}{3}H}{g}} = \sqrt{\dfrac{2}{3}}\,t_0$ 이다.

03

답 ②

정답 해설

② 힘-시간 그래프에서 면적은 충격량이므로 0~8초까지의 면적이 60이므로, $F\Delta t = mv - mv_0$에서 $v_0 = 0$이고 $60 = 2v$에서

$v = 30\mathrm{m/s}$ 이다.

04

정답 해설

② A에서 직접 B에 도달하는 진동수를 f_1 이라 하면 음원이 멀어지므로 도플러 효과에 의해 $f_1 = f_0 \dfrac{v_0}{v_0 + \frac{1}{5}v_0} = \dfrac{5}{6}f_0$ 이고,

벽에 반사되어 측정되는 소리를 f_2 라 하면 반사될 때는 진동수의 변화가 없으므로 음파의 파장이 짧아져서

$f_2 = f_0 \dfrac{v_0}{v_0 - \frac{1}{5}v_0} = \dfrac{5}{4}f_0$ 가 된다. 맥놀이 진동수는 $f_b = |f_1 - f_2| = \dfrac{5}{12}f_0$ 가 된다.

05

정답 해설

ㄱ. (○) 직선 도선에 의한 자기장의 방향은 앙페르의 오른 나사법칙에 의해 면에 들어가는 방향이다.
ㄴ. (○) $+x$방향으로 이동시키면 회로 내부의 자기장의 세기가 약해지므로 다시 들어가는 방향으로 자기장이 형성되어 시계 방향으로 유도 전류가 생긴다.
ㄷ. (○) 유도 전류에 의한 자기력의 방향은 항상 운동 방향의 반대 방향이다. 오른쪽으로 움직이면 왼쪽 방향으로 자기력이 작용하므로 인력이다.

06

정답 해설

③ 휘트스톤 브릿지에서 대각선의 저항이 동일하면 마름모 위쪽과 아래쪽의 전위가 같아져서 중간회로에는 전류가 흐르지 않는다. 그러므로 $2R$의 병렬과 동일하다. 합성저항은 R이다.

07

정답 해설

④ $V = 100$이고 $V_R = 80$, $V_L = 60$이므로 $V = \sqrt{V_R^2 + (V_L - V_C)^2}$ 에서 $V_C = 120$이다. $R = 40$이므로 전류는 $I = 2A$이다.

$X_L = 2\pi f_0 L = 30\Omega$이고 $X_C = \dfrac{1}{2\pi f_0 C} = 60\Omega$이어서 두 식으로부터 공명 진동수는 $\dfrac{1}{2\pi\sqrt{LC}} = \sqrt{2}f_0$이다.

정답 해설

⑤ 단원자 분자가 등압팽창할 때 흡수한 열량은 $Q = \Delta U + W = \frac{3}{2}nR\Delta T + nR\Delta T = \frac{5}{2}RT_0$ 가 된다.

09

정답 해설

① 문제의 조건으로부터 X금속판에서 방출된 광전자의 최대 운동 에너지를 E_0라고 설정하면 A금속판으로부터 방출된 광전자의 최대 운동 에너지는 $\frac{3}{2}E_0$이다. 광전효과의 에너지 방정식을 세우면 A: $h3f_0 = hf_0 + \frac{3}{2}E_0$이고, B: $h3f_0 = hf_X + E_0$이므로 두 식에서 E_0를 소거하면 $f_X = \frac{5}{3}f_0$가 된다.

정답 해설

③ $n = 2$인 상태의 확률밀도함수 $|\psi|^2$의 개형은 다음과 같다.

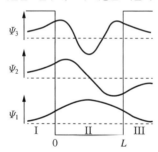 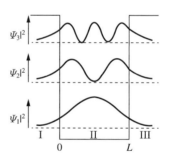

그러므로 입자가 $n = 2$인 상태에 있을 때, 입자를 발견한 확률은 $0 < x < \frac{L}{2}$에서와 $\frac{L}{2} < x < L$에서 동일하다.

11

정답 해설

① 주어진 표의 값을 이용하여 구할 수 있다.

$-\ln P = \dfrac{\Delta H^\circ_{증발}}{R}\left(\dfrac{1}{T}\right) - \dfrac{\Delta S^\circ_{증발}}{R}$ 이므로 $-\ln P$와 $\dfrac{1}{T}$축으로 그래프를 그렸을 때 $-\dfrac{\Delta S^\circ_{증발}}{R}$은 Y축($-\ln P$축)의 절편이

다. 따라서 표를 이용해서 그 값의 비율을 알 수 있다.

$\dfrac{1}{T}$	$-\ln P$	
	X(l)	Y(l)
0	−10b	−8b
1a	−8b	−7b
⋮ ⋮	⋮ ⋮	⋮ ⋮
4a	−2b	−4b
5a	0	−3b

$\dfrac{1}{T} = 0$인 $-\ln P$의 값을 이용하면 $\dfrac{-10b}{-8b} = \dfrac{5}{4}$이다.

12

정답 해설

① T_1의 온도에서 B의 반감기는 2초, 4초이고, T_2에서는 1초, 2초 이렇게 2배로 증가하므로 반응 차수는 2차이다.

$k = \dfrac{1}{2t_{B의\ 반감기}[A]_0[B]_0}$ 이므로 T_1에서 A의 초기 농도 20M, B의 초기 농도 20M, B의 반감기 2분과 T_2의 A의 초기농도

10M, B의 초기농도 10M, B의 반감기 1분을 이용하면 $\dfrac{k_2}{k_1} = 8$이다.

$\dfrac{T_1\text{에서 2분일 때 C의 생성속도}}{T_2\text{에서 4분일 때 D의 생성속도}} = \dfrac{T_1\text{에서 2분일 때 B의 소멸속도} \times \dfrac{1}{2}}{T_2\text{에서 4분일 때 B의 생성속도}}$ 이므로

$\dfrac{\dfrac{1}{2 \times 20 \times 10^{-3}} \times (10 \times 10^{-3})^2 \times \dfrac{1}{2}}{\dfrac{1}{1 \times 10 \times 10^{-3}} \times (2 \times 10^{-3})^2} = \dfrac{25}{8}$ 이다.

13

답 ②

정답 해설

② 평형 상태 Ⅰ에서 전체 몰수를 계산하면 4/3mol이다(A : 1/3mol, B : 2/3mol, C : 1/3mol)

$$\rightarrow K_p = \frac{(\frac{1}{4})^2}{(\frac{1}{4})(\frac{2}{4})^2} = 1$$

평형 상태 Ⅰ에서 Ⅱ가 될 때 전체 부피는 3/4배, 온도는 4/5배가 되므로 전체 몰수는 15/16배가 된다. 따라서 평형 상태 Ⅱ의 전체 몰수는 5/4mol임을 알 수 있다. 평형 상태 Ⅱ일 때 몰분율은 각각 A : 1/5, B : 2/5, C : 2/5로 구할 수 있으므로 a의 값을 계산하면 5이다.

14

답 ④

정답 해설

④ 다음과 같이 5개의 고리형 탄화수소를 만들 수 있다.

15

답 ③

정답 해설

③ (가)는 비공유 전자쌍을 1개 가지고 있는 삼각 피라미드 모양이다. 평면의 구조는 선형의 (나), 평면 삼각형의 (다)이다.

오답 해설

① $\frac{공유\ 전자쌍수}{비공유\ 전자쌍수}$ 는 (가)는 3, (나)는 10이다.

② 쌍극자 모멘트는 극성 분자인 (가)가 더 크다. (나)는 대칭의 구조를 가지고 있다.

④ (나)와 (다)에 이중 결합이 있다.

⑤ (나)의 결합각은 180°, (라)의 결합각은 109.5°이다.

16

답 ③

정답 해설

③ 제1 이온화 에너지에 따라서 W−Na, X−C, Y−N, Z−F 이다. 반지름은 주기가 큰 Na가 가장 크고, 같은 주기에서 2p 전자의 유효핵전하는 원자번호가 클수록 증가하므로 N보다 F가 크다. 제2 이온화 에너지는 1족인 Na가 F보다 크다.

17

답 ⑤

정답 해설

X와 Y는 N과 O 중 하나이다. 주어진 표에서 Y_2이 상자성이므로 Y는 O임을 알 수 있다. 따라서 X는 N이다.

⑤ NO^-의 홀전자 수는 2개이다.

오답 해설

① O_2^+의 결합차수는 2.5, O_2의 결합차수는 2이다.
② (나)는 NO^+로 반자기성이다.
③ N_2와 NO^+는 총 전자의 수가 14개로 등전자에 해당한다.
④ O_2^-는 총 17개로 $\dfrac{\pi_{2p}* \text{에 채워진 홀전자 수}}{\pi_{2p}\text{에 채워진 전자 수}} = \dfrac{1}{4}$ 이다,

18

답 ⑤

정답 해설

⑤ (가)는 d6이면서 배위수 6이므로 정팔면체, (나)는 d7이면서 홀전자 수가 3개이므로 정사면체, (다)는 d8이면서 홀전자 수가 없으므로 평면사각형의 구조이다. 다음과 같은 전자 배치를 하게 된다.

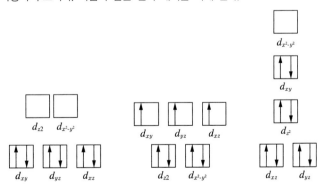

19

정답 해설

④ pH가 10인 염기 완충 수용액에서 반응을 시킬 경우 1번째 반응식은 s의 값이 굉장히 작기 때문에 2번째 반응이 진행될 것을 예상할 수 있다.

2번째 반응을 이용하면 $K = x = \dfrac{[M(OH)_4^-]}{[OH^-]} = \dfrac{4.0 \times 10^{-3}}{10^{-4}} = 40$이다.

20

정답 해설

① 화학반응식을 완성하면

$2Fe^{2+}(aq) + H_2O_2(aq) + 2H^+(aq) \rightarrow 2Fe^{3+}(aq) + 2H_2O(l)$ 이다.

O의 산화수는 −1에서 −2로 감소하며 Fe^{2+} 1mol이 반응하면 전자 1mol을 잃는다.

21

오답 해설

①·④ 불포화지방 설명이다.
② 트랜스지방은 트랜스 이중결합을 지니는 불포화지방이다.
⑤ 포화지방산은 글리세롤에 에스터(ester) 결합으로 연결된다.

22

정답 해설

ㄱ. (O) C_4 식물에는 옥수수, 사탕수수 등이 있다.
ㄴ, ㄷ. (O) C_4 광합성에서 CO_2는 엽육세포에서 PEP 카르복시화 효소에 의해 C_4 유기산 형태로 최초 고정되며, C_4 유기산이 유관속초세포로 전달된 후 캘빈회로에 CO_2를 공급하여 당합성이 일어난다.

23

정답 해설

② 미토콘드리아의 산화적 인산화 과정에서 전자전달 사슬의 최종 전자수용체는 (가) 산소(O_2)이고, 광합성의 명반응에서 전자전달 사슬의 최종 전자수용체는 (나) $NADP^+$이다.

24

오답 해설

ㄴ. (✕) 점막의 점액 등 외분비액에 존재하며 국소방어에 기여하는 것은 IgA이다.

ㄷ. (✕) 알레르기 반응에 관여하는 것은 IgE이다.

25

정답 해설

① 대장균은 한 종류의 RNA 중합효소만 사용한다.

26

정답 해설

④ 분자 이동의 주된 선택적 장벽은 '세포막'이다.

오답 해설

① 그람음성균의 지질다당체(LPS)는 동물에 설사, 복통, 구토 등을 유발한다.

② 페니실린은 펩티도글리칸 사슬 사이의 펩티드 교차결합을 저해하는 항생제이다.

③ 곰팡이의 세포벽은 키틴 성분으로 이루어졌다.

⑤ 세포벽은 세균 세포의 형태를 유지시키고, 삼투압에 의한 용해로부터 보호한다.

27

정답 ①

정답 해설

① 증폭할 DNA 이중가닥의 양 말단(3')에 상보적인 두 서열을 양방향 프라이머로 제작한다.

28

답 ③

정답 해설

ㄱ, ㄴ. (○) 노던 블로팅은 전기영동, 블로팅, 혼성화 기법을 순차적으로 수행하는 분석기법으로, 시료 내의 특정 RNA 서열 존재 유무, RNA 분자들의 길이에 대한 정보, mRNA의 band 굵기 비교를 통해 발현량 증감도 알 수 있다.

오답 해설

ㄷ. (×) 노던블롯으로 단백질의 구조는 확인할 수 없다.

29

답 ④

정답 해설

ㄴ. (○) 세대 교번은 모든 육상식물에서 일어난다.
ㄷ. (○) 중복 수정은 속씨식물에서만 일어나다.

오답 해설

ㄱ. (×) (가)는 '종자'이다.

30

답 ⑤

정답 해설

⑤ 유전적 부동은 우연한 사건에 의해 집단의 대립유전자 빈도가 임의로 변화되는 현상으로서, 병목 효과와 창시자 효과의 두 가지 유형이 있으며 크기가 작은 집단에서 그 효과가 크게 나타난다.

31

정답 해설

ㄴ. (○) 산안드레아스 단층은 보존경계로 천발지진이 일어나며 중발지진이나 심발지진 또는 화산활동은 일어나지 않는다.

오답 해설

ㄱ. (×) 동아프리카 열곡대는 맨틀의 상승부에 해당하는 발산경계이다.

ㄷ. (×) 히말라야 산맥은 대륙판인 인도판과 대륙판인 유라시아 판의 수렴경계로 화산활동이 일어나지 않으며 마그마의 관입이 일어날 수 있다.

32

답 ④

정답 해설

④ P파와 S파는 모두 지구 내부를 통과하는 실체파이며, P파의 속도가 S파보다 빨라 관측 지점에 더 먼저 도착한다. P파는 파의 진행 방향이 매질 입자의 진동 방향과 평행한 종파이기 때문에 고체, 기체, 액체인 매질을 모두 통과할 수 있으나 S파는 파의 진행 방향과 매질 입자의 진동 방향이 수직인 횡파이기 때문에 고체인 매질만 통과할 수 있다.

33

답 ②

정답 해설

ㄷ. (○) (가)에서 암석의 생성순서는 C − B − D − A이다. C는 화강암 B가 관입한 뒤 부정합이 일어났고 그 뒤에 D가 퇴적되었다. 후에 A가 관입하였으며 다시 부정합이 일어났다.

오답 해설

ㄱ. (×) (나)에서 X의 함량이 50%가 되는 데 걸리는 시간이 1억 년이므로 방사성 원소 X의 반감기는 1억 년이다. A는 반감기가 1회 지났으므로 A의 절대연령은 1억 년이고, B는 반감기가 2회 지났으므로 B의 절대연령은 2억 년이다.

ㄴ. (×) D는 B 이후에 생성되었으며 A 이전에 생성되었다. 따라서 D의 절대 연령은 1억 년~2억 년이다. 1억 년 전~2억 년 전은 중생대에 해당하므로 D는 신생대 제4기의 지층이 아니며 신생대 표준화석인 화폐석이 산출될 수 없다.

34

정답 해설

ㄱ. (○) 경상누층군은 대보 조산 운동 이후에, 불국사 운동 이전에 퇴적되었다.
ㄴ. (○) 경상누층군은 육성층이므로 공룡 발자국 화석이 발견된다.

오답 해설

ㄷ. (×) 평안누층군은 고생대 후기에 퇴적되었다. 우리나라는 중생대에 대보 화강암, 불국사 화강암 등이 관입되었으므로
평안누층군 이후에 화강암류의 관입이 일어났다.

35

정답 해설

① 절대 등급이란 별까지의 거리를 10pc로 가정하였을 때의 겉보기 등급이며, 별의 겉보기 밝기는 거리의 제곱에 반비례한다.
현재 지구와의 거리가 100pc인 별의 거리를 10pc로 가정하면 거리가 1/10이 된다. 따라서 겉보기 밝기는 100배 밝아진다.
별은 100배 밝아질 때마다 등급이 5등급 낮아지므로 별 A의 절대 등급은 3 − 5 = −2등급이다.

36

정답 해설

④ A는 대류권, B는 성층권이며, 대류권계면은 대류권과 성층권의 경계면이다. 대류권계면의 높이는 대류권의 평균 기온이
높을수록 높으므로 적도에서 높고 극에서 낮다. 대류권에서는 대류현상과 기상현상이 일어나며 성층권은 오존층을 포함하고
있어 자외선을 흡수하기 때문에 상층으로 갈수록 온도가 높아진다.

37

정답 해설

① 원추형은 대기가 중립 상태일 때 발생한다. 중립 상태의 대기에서는 기온 감률과 건조 단열 감률이 같다.

38

답 ③

정답 해설

③ 내핵은 온도가 매우 높고 압력 또한 매우 높아 고체 상태로 존재한다.

오답 해설

①·② 모호면은 지각과 맨틀의 경계이며 맨틀은 지구 내부에서 가장 큰 부피를 차지한다.

④ 외핵은 액체 상태로 존재하며 상부맨틀에는 맨틀의 온도가 거의 용융점에 도달해 부분 용융이 일어나는 연약권이 존재한다.

⑤ 연약권은 지진파의 속도가 느려지는 저속도층이다.

39

답 ⑤

정답 해설

⑤ 여름에는 태양의 적위가 + 값을 갖는다. 태양의 남중고도(h)는 $h = 90° - \phi + \delta$ 이므로 이 지역에서 여름철 태양의 남중고도는 52.5°보다 높다.

오답 해설

① 북극성의 고도는 그 지역의 위도와 같기 때문에 이 지역의 북극성 고도는 37.5°이다.

③ 태양이 춘·추분점에 있을 때 태양의 적위는 0°이므로 태양은 정동쪽에서 떠서 정서쪽으로 진다.

④ 겨울에는 태양의 적위가 −값을 가지므로 남동쪽에서 떠서 남서쪽으로 진다. 그러므로 낮의 길이는 밤의 길이에 비해 더 짧다.

40

답 ⑤

정답 해설

⑤ 그믐달은 달의 왼쪽 면이 둥근 눈썹 모양의 달이다. 따라서 그믐달이 관측될 때 달의 위치는 E이다. 또한 그믐달은 달이 뜬 뒤부터 해가 뜨기 직전까지 남동쪽 하늘에서 관측된다.

2021년 제58회 정답 및 해설

✔ 문제편 057p

01	02	03	04	05	06	07	08	09	10	11	12	13	14	15	16	17	18	19	20
④	①	⑤	②	②	⑤	④	④	⑤	③	③	②	④	③	①	⑤	①	⑤	③	⑤
21	22	23	24	25	26	27	28	29	30	31	32	33	34	35	36	37	38	39	40
④	②	③	⑤	④	②	④	①	④	①	⑤	④	③	②	①	③	①	③	③	②

01

답 ④

| 정답 | 해설 |

④ 위치에너지의 감소량이 운동에너지의 증가량과 같으므로 $mg\dfrac{h}{2} = \dfrac{1}{2}mv^2$ 에서 $v = \sqrt{gh}$ 이다.

02

답 ①

| 정답 | 해설 |

① 로렌츠 힘이 구심력의 역할을 하므로 $qvB = \dfrac{mv^2}{r} = ma$ 에서 $a = \dfrac{qvB}{m}$

| 오답 | 해설 |

② $qvB = \dfrac{mv^2}{r}$ 에서 $r = \dfrac{mv}{qB}$ 이고 원운동이므로 $v = \dfrac{2\pi r}{T}$ 를 대입하면 $T = \dfrac{2\pi m}{qB}$ 이다.

③ $qvB = \dfrac{mv^2}{r}$ 에서 $r = \dfrac{mv}{qB}$ 이다.

④ $K = \dfrac{1}{2}mv^2$

⑤ $F = qvB$

03

정답 해설

⑤ 회로의 전체저항은 $4 + \dfrac{5R'}{5+R'} = \dfrac{(20+9R')}{5+R'}$ 이고 전체전류는 $I = \dfrac{3}{\dfrac{(20+9R')}{5+R'}}$ 이다. 그러면 부하저항의 소비전력은

$P = I^2 \dfrac{5R'}{5+R'} = \dfrac{9(25R'+5R'^2)}{(20+9R')^2}$ 이다. 소비전력이 최대가 되는 조건으로 $\dfrac{dP}{dR'} = 0$을 만족하면 된다. 계산을 하면 $R' = 20\Omega$

이다.

04

정답 해설

② 동일한 토크로 동일한 각도까지 작용했으므로 $W = \int \tau\, d\theta$에서 토크가 한 일의 양은 동일하다. 한 일의 양은 회전운동에너지의

변화량과 같으므로 (가)에서 회전운동에너지는 $K_가 = \dfrac{1}{2} \dfrac{2}{5} MR^2(2w)^2 = \dfrac{4}{5} MR^2 w^2$ 이고 $K_나 = \dfrac{1}{2}\left(\dfrac{2}{5} MR^2 + mR^2\right)w^2$ 이다.

$K_가 = K_나$ 이므로 정리하면 $\dfrac{M}{m} = \dfrac{5}{6}$ 이다.

05

정답 해설

② 힘 분석을 하면 $mg\tan 30° = \dfrac{mv^2}{r} = ma_r$ 이므로 구심가속도 $a_r = g\tan 30° = \dfrac{1}{\sqrt{3}} g$이다.

06

정답 해설

⑤ 전기선속을 구하는 방법으로 대칭성을 이용하면 편리하다. 점전하 $+q$를 중심으로 하는 한 변의 길이가 $2d$인 정육면체를
생각하자. 그러면 점전하는 정육면체의 중심에 있기 때문에 6개의 면 전기선속이 균등하게 나누어 지나간다. 그러면 정육면

체의 한 면을 통과하는 전기선속은 $\Phi = \dfrac{q}{6\epsilon_0}$ 이다. 그런데 문제에서 요구하는 면은 정육면체의 한 면의 $\dfrac{1}{4}$ 이다. 그러므로

문제의 면을 통과하는 전기선속은 $\dfrac{\Phi}{4} = \dfrac{q}{24\epsilon_0}$ 이다.

07

정답 해설

④ (가) 폐관에서 가장 낮은 음의 정상파는 $f_1 = \dfrac{V}{4L}$ 이다. V는 음속이다.

　(나) 개관에서 가장 낮은 음의 정상파는 개관의 길이가 L'이라고 할 때, $f'_1 = \dfrac{V}{2L'}$ 이다. 두 진동수가 동일하려면 $L' = 2L$이다.

08

정답 해설

ㄱ. (○) 콤프턴 효과(X선 산란 실험)에서 산란 전과 산란 후 X선 파장의 변화량은 $\Delta\lambda = \lambda - \lambda_0 = \dfrac{h}{mc}(1 - \cos\theta)$에서 θ가 클수록($0° \leq \theta \leq 180°$) 파장이 더 많이 길어진다.

ㄷ. (○) 콤프턴 효과는 X선 광자와 전자와의 탄성충돌로 해석해서 얻어진 결과이다. 탄성충돌이므로 운동량과 에너지가 보존된다.

오답 해설

ㄴ. (×) X선 광자 한 개의 에너지는 $E = h\dfrac{c}{\lambda}$에서 파장이 길수록 광자 한 개의 에너지는 작다.

09

정답 해설

⑤ 열역학 제1법칙에 의해 A에 공급한 열량은 $Q_{in} = \Delta U_A + W_A$ 이고, B는 등온변화이므로 $Q_{out} = W_B$ 이다. 그런데 A와 B는 피스톤으로 연결되어 있으므로 평형상태에서는 압력이 동일하다. 그러면 A가 피스톤을 밀면서 한 일의 양은 B가 피스톤으로부터 받은 일의 양과 같다. $W_A = W_B$ 이다. $Q_{in} - Q_{out} = \Delta U_A = \dfrac{3}{2}nR\Delta T = \dfrac{3}{2}nR3T = \dfrac{9}{2}PV$이다.

10

정답 해설

③ 핵 반응식에서는 질량수와 원자번호가 보존되어야 한다. 좌변의 질량수는 $2 + x$이고, 우변의 질량수는 5이다. 중성자도 질량수가 1이다. 그러므로 $x = 3$이다.

11

정답 해설

③ 평형이 된 상태의 전체 기압이 2기압이므로 기존에 있던 1기압의 B를 제외하고 생각하면 A(s)가 분해되어 B와 C기체를 각각 0.5기압씩 생성함을 알 수 있다. 그렇다면 평형이 되었을 때 B는 1.5기압, C는 0.5기압이다.

평형 상수를 계산할 때는 순수한 액체나 고체는 무시하고 1로 대입하여 계산한다.

따라서 $K_p = \dfrac{\dfrac{3}{2} \times \dfrac{1}{2}}{1} = \dfrac{3}{4}$ 이다.

12

정답 해설

② 속도 법칙식을 이용하여 (가)는 A에 대한 1차 반응, (나)는 D에 대한 2차 반응, (다)는 G에 대한 0차 반응임을 알 수 있다. (나)와 (다)는 $t = 1h$의 직접 농도를 구하여 볼 수 있다.

구 분	k	1h의 반응물 농도	생성물의 농도
(나)	1	$\dfrac{1}{[D]} = kt + \dfrac{1}{[D]_0} = 1 + \dfrac{1}{1} = 2$ $[D] = 0.5$	$[E] = 0.5$
(다)	0.8	$[G] = -kt + [G]_0 = -0.8 + 1 = 0.2$	$[I] = 0.4$

(가)는 주어진 조건을 이용하여 반감기를 구할 수 있다. 반감기는 0.69h이다.

비교를 위해 만약 2번의 반감기를 거쳤다고 생각했을 때 생성된 [C] = 0.375로 가장 작은 값이 된다. 더군다나 걸리는 시간은 1.38로 1h가 넘으므로 실제로 1h이 되었을 때는 이보다도 작은 값을 가지게 되므로 [C] < [I] < [E]의 순이다.

13

정답 해설

④ 열용량은 어떤 물질을 1℃ 높이는 데 필요한 열량으로 물(C) 상태가 얼음(A) 상태보다 크다. 그래프의 기울기로 확인할 수 있다. 열용량이 작을수록 그래프의 기울기가 급하게 된다.

내부에너지는 분자의 모양에 따라 값이 달라지지만 모든 경우 내부 에너지 $\propto nT$는 성립한다. 현재 $n = 1$몰로 모두 같으므로 온도와 내부에너지는 비례 관계이다. 엔트로피는 기체의 분자가 많아질수록 증가하게 된다. 엔탈피(H = E + PV)는 고체 상태인 A가 가장 작다.

14

정답 해설

③ 에틸렌은 sp^2, 아세틸렌은 sp, 알렌은 sp, sp^2의 혼성 궤도함수를 가진다.

　H의 질량 백분율은 탄소 2개와 수소 4개로 이루어진 에틸렌이 가장 크다. 알렌은 다음과 같은 구조를 가진다.

15

정답 해설

① IR 값을 이용해서는 작용기를 알 수 있다. B를 보면 3700~3100cm^{-1} 값을 가지므로 OH 작용기가 있음을 알 수 있다. 그리고 NMR 자료를 통하여 봉우리를 3개 가지는 A는 C(탄소)를 3가지로, 봉우리를 2개 가지는 B는 C(탄소)를 2가지로 나눌 수 있어야 한다.

16

정답 해설

⑤ phen은 대칭형의 두 자리 리간드이다. 따라서 (가)는 phen의 두 자리와 H_2O 2개가 마주한 경우와 H_2O 1개와 Br 1개가 각각 마주한 경우로 2가지 기하이성질체를 가지게 되고 모두 대칭면에 존재하므로 광학 비활성이다.

　(나)는 기하 이성질체가 3개이며 그 중 1개는 대칭면이 없어 광학 이성질체를 가지게 된다. 따라서 총 입체 이성질체 수는 4개이다.

17

정답 해설

		방사 방향 마디 수	각 마디 수	총 마디 수		주양자수
①	A	0	x	x	→	$2(n)$
	B	0	2	2	→	$3(n+1)$

B의 주양자수가 3임을 이용하여 A의 주양자수가 2이고 각마디 수가 1개임을 알 수 있다. A는 각마디 수가 1인 p오비탈이므로 각운동량 양자수(l)은 1이다.

18

답 ⑤

정답 해설

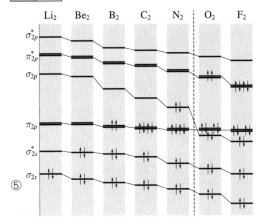

B_2의 최저 비점유 분자 궤도함수(LUMO)는 결합성 궤도함수 σ이다.

19

답 ③

정답 해설

③ Cl_2O_7에서 Cl의 산화수는 +7이고 ClO_2^-의 Cl의 산화수는 +3이므로 Cl은 환원되었다. H_2O_2의 O의 산화수는 −1, O_2의 산화수는 0이므로 산화되었다. 전자의 수를 맞추고 OH^-로 전하 균형을 맞춘다. 그 이후에 H_2O로 수소와 산소의 수를 맞춘다.

$Cl_2O_7 + 4H_2O_2 + 2OH^- \rightarrow 2ClO_2^- + 4O_2 + 5H_2O$

20

답 ⑤

정답 해설

⑤ HCl은 강산으로 물에서 모두 이온화된다. 따라서 이온화된 농도는 $[H^+] = [Cl^-] = 10^{-8}$이다. 물의 자동 이온화도 고려해보면 25℃에서 $K_w = 1.0 \times 10^{-14}$이므로 $[H^+] > 1.0 \times 10^{-7}$, $[OH^-] < 1.0 \times 10^{-7}$이다.

21

답 ④

ㄹ. (○) 광계 II에서 흡수한 빛에너지는 ATP 합성에 이용되고, 광계 I에서 흡수한 빛에너지는 NADPH 생성에 이용된다.

ㄱ. (×) 광합성 과정의 전자운반체는 $NADP^+$이다.
ㄷ. (×) O_2는 물 분자로부터 유래한다.

22

답 ②

② 방추사는 세포골격 중 하나인 미세소관으로 구성되며, 미세소관의 단량체는 튜불린 단백질이다.

23

답 ③

ㄱ. (○) 혈압 : 동맥 > 모세혈관 정맥
ㄷ. (○) 혈관 총 단면적 : 모세혈관 > 정맥 > 동맥

ㄴ. (×) 혈류 속도 : 동맥 > 정맥 > 모세혈관

24

답 ⑤

ㄱ. (○) A에서는 수용체의 작동제(agonist → 수용체를 활성화시키는 리간드로 작용)로 작용하는 항-TSH 수용체 특이적 항체가 생성되므로, 높은 갑상선 호르몬 농도에 의한 음성 조절에 의해 TSH 분비가 감소되어도(ㄴ 설명 참조) 수용체가 항체에 의해 계속 활성화되므로 지속적으로 갑상샘 호르몬이 분비된다.
ㄷ. (○) B에서 항-TSH 수용체 항체는 출생 일정 시간이 흐른 후 사라진 것으로 보아, 임신 중 산모로부터 항체를 전달받은 것이다(수동 면역 형성). 산모에서 태반을 통해 태아로 전달될 수 있는 항체 유형은 가장 크기가 작은 IgG뿐이다.

ㄴ. (×) 정상 상태에선 갑상샘 호르몬의 농도가 증가하면 시상하부와 뇌하수체 전엽에 작용하여 TRH와 TSH 분비를 감소시키는 음성 피드백 조절이 일어나 갑상샘 호르몬의 농도가 일정하게 유지된다. 그레이브씨 병에서도 이러한 음성 조절은 일어나 TRH와 TSH의 분비는 감소하지만, 항체에 의한 TSH 수용체의 자극으로 갑상샘 호르몬의 분비가 조절 없이 지속된다.

25

정답 ④

ㄱ. (○) 감수분열 I 에서 상동염색체의 접합과 교차가 일어나고, 감수분열이 완료될 때 상동염색체의 분리가 일어난다.

ㄷ. (×) 감수분열 I 직전의 간기에 DNA 복제가 한 번만 일어난다.

26

답 ②

② A–d, a–D 방식으로 연관(상반연관)되어 있으므로, AaBbDd × AaBbDd 교배에서 각각의 부모로부터 형성하는 배우자는 ABd, Abd, aBD, abD의 4종류이다. 이들 배우자의 무작위 수정(4 × 4 = 16가지 조합) 중 AaBbDd 자손이 나오는 경우는 ABd(정자)와 abD(난자)의 수정, Abd(정자)와 aBD(난자)의 수정, ABd(난자)와 abD(정자)의 수정, Abd(난자)와 aBD(정자)의 수정 시의 4가지 경우이므로 4/16 = 1/4이다.

27

답 ④

④ 히스톤 단백질의 N말단 꼬리 부분의 Lys같은 염기성 아미노산(양전하를 나타냄)에 아세틸화가 일어나면 양전하가 상쇄되어 음전하를 띠는 DNA와의 상호작용이 약화되어 염색질 구조가 풀리며 전사가 촉진될 수 있다.

① 오페론 구조는 원핵세포 DNA에만 존재한다.
② mRNA의 가공(5′-capping, 3′-tailing, 스플라이싱)은 핵 내에서 일어난다.
③ 인핸서는 DNA 내에서 전사를 촉진하는 조절 요소(control element) 염기 서열 부위이다. 활성자(activator) 단백질이 이 부위에 결합하여 전사를 촉진한다.
⑤ miRNA는 폴리펩티드로 번역되지 않으며, 단백질과 복합체(RISC)를 형성해 특정 mRNA의 분해나 번역 억제를 유도하는 RNAi(RNA 간섭)에 작용한다.

28

정답 ①

정답 해설

① (가)와 (나) 계통수는 모두 A가 나머지 생물들과 유연관계가 가장 멀고 그다음이 B, C 순이며, D와 E가 가장 가까운 자매종으로 묶여있다.

29

정답 ④

정답 해설

④ RT(역전사)-PCR은 PCR 전에 역전사 과정을 수행해 RNA로부터 cDNA(상보성 DNA)를 합성하는 단계가 추가된 것이다. RT-PCR로 RNA 바이러스의 감염 여부를 진단하려면, 시료에서 RNA를 분리한 후 역전사 효소와 디옥시뉴클레오티드 (dNTP)를 이용해 cDNA를 생성시킨 후 코로나 바이러스에 특이적인 서열로 프라이머를 제작한 후 dNTP(4종류 DNA 뉴클레 오티드)와 열안정성 DNA 중합효소를 혼합하여 PCR을 수행해 증폭되는 서열이 있는지 확인한다. 증폭되는 서열이 있는 경우 감염된 것이다.

30

정답 ①

정답 해설

① 세균은 한 종류의 RNA 중합효소를 지닌다.

오답 해설

② 세균의 DNA에는 히스톤 단백질이 결합되어 있지 않다.
③ 섬모는 진핵세포 표면에 존재하는 짧은 털 구조물로서 표면의 액체를 이동시킨다.
④ 셀룰로오스 함유 세포벽은 식물과 녹조류가 지닌다.
⑤ 막으로 둘러싸인 세포 소기관은 진핵세포만 지닌다.

31

답 ⑤

정답 해설

⑤ 탄산염 광물이란, 음이온으로 탄산 이온(CO_3^{2-})을 가지고 있는 광물이다. 돌로마이트의 화학식은 $CaMg(CO_3)_2$이다. 암염의 화학식은 $NaCl$, 황동석의 화학식은 $CuFeS_2$이다. 각섬석은 SiO_4 사면체를 기본 단위로 하는 규산염 광물이며, 금강석은 C로만 이루어진 원소 광물이다.

32

답 ④

정답 해설

④ 우리나라 고생대 조선 누층군과 평안 누층군의 석회암층에서는 삼엽충 화석이 발견된다. 또한, 우리나라 평안 누층군의 상부에서는 석탄층이 발견된다. 고생대 후기에는 초대륙인 판게아가 형성되어 많은 해양 생물이 멸종하였다. 화폐석은 신생대 표준화석이기 때문에 고생대 지층에서는 산출되지 않는다.

33

답 ③

정답 해설

③ 온대 저기압은 성질이 다른 두 기단이 만나서 형성되기 때문에 전선을 동반한다. 이때, 온난 전선면의 기울기가 한랭 전선면의 기울기보다 작기 때문에 온난 전선의 전선면에서는 층운형 구름이, 한랭 전선의 전선면에서는 적란운이 발달한다.

34

답 ②

정답 해설

ㄴ. (○) P파와 S파는 모두 지구 내부를 통과하여 진행하는 실체파이다.

오답 해설

ㄱ. (×) 탄성 에너지가 최초로 방출된 지점은 진원이다. 진앙은 진원을 연직 방향으로 올렸을 때 지표면과 만나는 지점이다.
ㄷ. (×) S파는 파의 진행 방향이 매질 입자의 진동 방향과 수직인 횡파이다.

35

정답 해설

ㄱ. (○) 내핵의 물질은 고체 상태로 존재한다. 지구 내부에서 액체 상태로 존재하는 곳은 외핵이다.

오답 해설

ㄴ. (×) 상부 맨틀의 암석은 감람암질 암석으로 구성되어 있다. 유문암질 암석은 대륙 지각을 구성하는 암석이다.

ㄷ. (×) 대륙 지각은 화강암질 암석, 해양 지각은 현무암질 암석으로 구성되어 있기 때문에 지각의 SiO_2 구성 성분비는 해양 지각이 대륙 지각보다 작다.

36

정답 해설

ㄱ. (○) 공기 덩어리는 A에서 B까지는 건조 단열 변화, B에서 C까지는 습윤 단열 변화를 한다. 따라서 B는 상승 응결 고도이다. 따라서 B 지점의 고도는 $H(\mathrm{km}) = \frac{1}{8}(T - T_d)$ 식에 의해 1km이다.

ㄷ. (○) 공기 덩어리가 C에서 D로 내려오면서 건조 단열 변화를 한다. 이렇게 산을 넘은 공기는 성질이 고온 건조해지고, 이러한 현상을 푄 현상이라고 한다.

오답 해설

ㄴ. (×) C 지점에서 공기는 포화상태이므로 이 지점에서 공기의 기온과 이슬점은 같다.

37

정답 해설

① 지진해일은 해저에서 발생하는 지진에 의해 일어나는 해일로서, 파장이 매우 길기 때문에 항상 천해파의 특성을 갖는다. 따라서 해파의 전파 속도는 수심의 제곱근에 비례한다. 해안으로 해파가 다가오면 해저면의 마찰을 받아 파의 전파 속도가 줄어들면서 파장은 짧아지고 파고는 높아진다.

38

정답 해설

ㄱ, ㄴ. (○) 허블은 외부 은하의 스펙트럼을 관측하여 멀리 떨어진 은하일수록 우리은하로부터 빠르게 멀어진다는 것을 발견하였으며, 이는 우주가 팽창하고 있음을 시사한다. 이때 허블 법칙은 $v = H \times r$ 이므로 허블 상수는 60kms^{-1} Mpc^{-1}이다.

오답 해설

ㄷ. (×) 멀리 있는 은하일수록 우리은하로부터 빠르게 멀어지므로 적색 편이가 크게 나타난다.

39

답 ③

정답 해설

③ 대류권은 불안정하기 때문에 기상 현상이 나타나며, 고위도로 갈수록 두께가 얇아진다. 성층권은 높이가 높아질수록 기온이 높아지므로 오존층보다 높은 곳에서 기온이 가장 높다.

40

답 ②

정답 해설

② 거리 지수 공식 $m - M = 5\log r - 5$을 이용하여 구한 A까지의 거리는 r = 100pc이고, B까지의 거리는 $r = 10^{\frac{12}{5}}$ pc이다.

오답 해설

① 별의 연주 시차는 별까지의 거리와 반비례 관계이며 $d[pc] = \dfrac{1}{p['']}$ 을 만족한다. 따라서 A의 연주 시차는 0.01"이다.

④ 육안으로 관측할 때 두 별의 겉보기 등급은 A가 B보다 2등급 낮으므로, A가 B보다 약 6.25배 더 밝다.

2020년 제57회 정답 및 해설

✓ 문제편 073p

01	02	03	04	05	06	07	08	09	10	11	12	13	14	15	16	17	18	19	20
②	③	①	②	③	①	⑤	③	③	④	⑤	③	⑤	①	⑤	②	①	③	②	④
21	22	23	24	25	26	27	28	29	30	31	32	33	34	35	36	37	38	39	40
⑤	③	④	①	③	⑤	④	③	④	①	⑤	③	④	④	②	④	①	②	②	①

01

답 ②

| 정답 | 해설 |

② F를 제거했을 때, A와 B를 한 덩어리로 보았을 때의 운동방정식은 $20 - f = 3 \times 4$에서 $f = 8\text{N}$이다. 마찰력이 한 일은 $W_f = fs = 8 \times 0.1 = 0.8\text{J}$이다.

02

답 ③

| 정답 | 해설 |

③ 외력이 존재하지 않으므로 운동량이 보존된다. 줄을 당기기 전의 운동량이 0이므로 줄을 당기는 동안에도 갑과 을의 운동량의 합도 0이다. $(60 \times 0.3) + (90 \times v_\text{을}) = 0$에서 $v_\text{을} = -0.2\,\hat{x}\,\text{m/s}$이다. 또한 외력이 0이면 질량 중심점의 위치도 변하지 않으므로 $x_{CM} = \dfrac{60 \times 0 + 90 \times 10}{60 + 90} = +6\text{m}$에서 갑과 을은 만나게 된다.

03

정답 해설

① 막대에 작용하는 힘을 분석하여 $\Sigma F_x = 0$, $\Sigma F_y = 0$, $\Sigma \tau = 0$을 만족해야 한다. $\Sigma F_x : f = N_2$, $\Sigma F_y : Mg + mg = N_1$이고

막대와 바닥면이 닿는 부분을 회전축으로 잡으면 $\Sigma \tau : \frac{l}{2}(Mg + mg)\cos\theta = lN_2\sin\theta$이 성립하여 $N_2 = \frac{Mg + mg}{2\tan\theta}$ 미끄러지

지 않기 위한 최소각도 $\theta_{\min}$은 최대 정지 마찰력과 관련이 있으므로 위 세 식을 연립하면 $\tan\theta_{\min} = \frac{1}{2\mu_s}$이다.

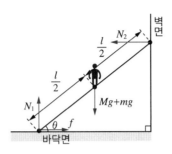

04

정답 해설

② 스위치 S_1과 스위치 S_2를 동시에 닫은 순간에 코일이 있는 회로에는 전류가 흐르지 않는다. 또한 축전기는 스위치를 닫는
순간 도선처럼 취급할 수 있기 때문에 스위치를 닫는 순간 축전기가 있는 왼쪽 회로에만 전류가 흐르게 된다. 따라서
$I_i = \frac{15}{5} = 3\text{A}$가 된다. 또 S_1과 S_2를 닫은 후 충분히 오랜 시간이 흘렀을 때, 즉 축전기가 완충되었을 때는 축전기에는
전류가 흐르지 않고 코일은 도선 취급을 하면 된다. 그러면 회로의 바깥 부분 회로에만 전류가 흐르기 때문에 $I_f = \frac{12}{6} = 2\text{A}$
가 된다. 그 결과 $\frac{I_f}{I_i} = \frac{2}{3}$가 된다.

05

정답 해설

ㄱ. (○) O에서 자기장의 세기가 0이 되려면 두 원형도선에 의한 중심에서의 자기장의 방향이 반대여야 한다. 그러면 전류의
방향도 반대가 된다.

ㄴ. (○) 원형도선 중심에서의 자기장의 세기는 $B = \frac{\mu_0 I}{2\pi r}$에서 자기장의 세기가 같으려면 반지름 $r = 2 : 1$이므로 $I = 2 : 1$이다.

오답 해설

ㄷ. (✕) 자기모멘트는 $\vec{\mu} = IA$이다. $I = 2 : 1$이고, 면적은 $A = 4 : 1$이므로 자기모멘트는 $8 : 1$이 된다. 따라서 8배이다.

06

정답 해설

① 파동함수는 매질의 변위를 x와 t에 따라 나타낸 것이다. 파동함수의 기본 형태는 다음과 같다. $y(x, t) = A\sin(kx - ut)[\text{m}]$

A는 진폭, k는 파수로 $k = \dfrac{2\pi}{\lambda}$ 이고, w는 각진동수로 $w = \dfrac{2\pi}{T}$ 이다. 그러면 문제에서 $k = \dfrac{2\pi}{\lambda} = 3$ 에서 $\lambda = \dfrac{2\pi}{3}$ 이 되고,

$w = \dfrac{2\pi}{T} = 4$ 에서 $T = \dfrac{\pi}{2}$ 가 된다. 파동의 진행속력은 $v = \dfrac{\lambda}{T} = \dfrac{w}{k} = \dfrac{4}{3}\,\text{m/s}$ 가 된다. 참고로 w앞의 부호 '－'는 ＋x방향으로

진행하는 파동임을 의미한다.

07

답 ⑤

정답 해설

⑤ Ⅰ영역에서 유도 기전력은 $\epsilon_1 = A\dfrac{dB}{dt} = 2l^2 \times 2a$ 이 되고, Ⅱ영역에서 유도 기전력은 $\epsilon_2 = A\dfrac{dB}{dt} = l^2 \times a$ 이 된다. 그런데

두 영역 모두 종이면의 나오는 방향으로 자기장이 증가하고 있으므로 유도 기전력의 방향은 시계방향으로 $5al^2$ 이 된다.

08

답 ③

정답 해설

③ A에서의 온도를 T_0라고 설정하면 B의 온도는 $4T_0$, C의 온도는 $2T_0$가 된다. 그러면 A → B 과정에서 흡수한 열량은

열역학 제1법칙에 따라 $Q_{AB} = \Delta U + W_{AB}$ 에서 1몰의 단원자 이상기체이므로 $\Delta U = \dfrac{3}{2}R(4T_0 - T_0) = \dfrac{9}{2}P_0 V_0$ 이고 한 일의

양은 면적에 해당하므로 $W_{AB} = \dfrac{(P_0 + 2P_0)V_0}{2} = \dfrac{3}{2}P_0 V_0$ 가 돼서 $Q_{AB} = 6P_0 V_0$ 이다. 순환과정에서 기체가 외부에 한 총

일은 닫힌 도형의 면적에 해당하므로 $W = \dfrac{1}{2}P_0 V_0$ 이다. $\left| \dfrac{W}{Q_{AB}} \right| = \dfrac{1}{12}$ 를 만족한다.

09

답 ③

정답 해설

③ 레이저의 출력은 $4.0 \times 10^5\,\text{W} = 4.0 \times 10^5\,\text{J/s}$ 이기 때문에 초당 $4.0 \times 10^5\,\text{J}$의 에너지를 방출한다는 의미이다. 그러면

$1.0 \times 10^{-7}\text{s}$ 동안 방출하는 에너지는 $4.0 \times 10^{-2}\,\text{J}$이 된다. 빛에너지는 광자 1개의 에너지에 광자의 개수를 곱한 값으로

표현할 수 있다. $E = nh\dfrac{c}{\lambda}$ 에서 $4.0 \times 10^{-2} = n6.6 \times 10^{-34} \times \dfrac{3 \times 10^8}{500 \times 10^{-9}}$ 가 된다. 그러면 $n \approx 1 \times 10^{17}$ 이 된다.

10

답 ④

정답 해설

④ 폭이 각각 L, 2L인 일차원 무한 퍼텐셜 우물이므로 A, B가 갖는 양자화된 고유 에너지는 각각 다음과 같다. $E_{n_A} = \dfrac{n_A^2 h^2}{8mL^2}$ 과

$E_{n_B} = \dfrac{n_B^2 h^2}{8m(2L)^2}$ 이다. A가 바닥상태에 있으므로 $n_A = 1$이고, $E_A = \dfrac{h^2}{8mL^2}$, B의 에너지가 A와 같으려면 $n_B = 2$이어야

한다. 그러므로 B의 드브로이 파장은 2L가 된다.

11

답 ⑤

정답 해설

⑤ 전이 원소와 전이 원소의 이온의 전자 배치가 모두 옳다.

12

답 ③

정답 해설

A의 착이온 : $[Co(en)_2Cl_2]^+$

B의 착이온 : $[Co(en)_3]^{3+}$

ㄱ. (○) A는 $MA_2(en)_2$형으로 기하이성질체와 광학이성질체를 모두 가진다.

ㄴ. (○) B는 $M(M(en)_3$형으로 cis형으로만 존재하여 기하이성질체는 없고 광학이성질체만 가진다.

오답 해설

ㄷ. (×) 바닥 en은 강한 장 리간드이고 Cl^-는 약한 장 리간드이므로 결정장 갈라짐 에너지는 A보다 B가 크다.

13

답 ⑤

정답 해설

⑤ 에터는 두 메틸기가 화학적으로 동일하므로 하나의 봉우리만 나와야 한다. 주어진 조건의 화합물은 에탄올인 것을 알수 있다. 에탄올은 물과 수소 결합하는 극성이고, 에탄올은 아세트산과 반응하여 에스터를 형성하는 반응을 한다. 봉우리들의 커플링 규칙에 따라 A와 C 수소들은 서로 커플링되어 있다.

14

정답 해설

① 다음과 같은 구조가 가능하다.

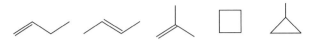

15

정답 해설

⑤ 이 화합물은 HF이다. 비결합 분자 궤도함수는 결합 차수에 영향을 주지 않으므로 결합성 분자 궤도함수 내의 전자만 고려하면 결합차수가 1차임을 알 수 있다. 반결합 분자 궤도함수에는 전자가 채워지지 않았다.

16

정답 해설

② 은 도금 과정의 환원 전극 : $Ag^+(aq) + e^- \rightarrow Ag(s)$

전자 1몰당 은 이온 1몰이 환원된다. 따라서 환원된 은의 몰수와 이동한 전자의 몰수는 같다. 부피를 구한 후 밀도를 이용하여 환원된 은의 질량을 구할 수 있다. 은은 총 0.02몰이 환원된 것을 알 수 있고, 이는 전자의 몰수도 0.02몰임을 나타낸다.

$$\frac{Q}{F} = \frac{I \times t}{F} = \frac{9.65A \times t}{96500C/mol} = 0.02$$

따라서 t 는 200초이다.

17

정답 해설

① 화학 반응 전후의 질량이 같음을 이용한다. (가)의 질량의 합은 25.3g이므로 (나)에서 기체 혼합물이 25g 존재하므로 C(s)는 0.3g이 존재해야 한다. 즉 $y = 0.30$이다.

$$x = K_p = \frac{P_{co}^2}{P_{co_2}} = \frac{(\frac{21}{20})^2}{\frac{21}{40}} = 2.1$$

$$\frac{x}{y} = \frac{2.1}{0.3} = 7$$

18

정답 해설

③ B에 대한 차수는 2, A에 대한 차수는 1이다.

실험 Ⅰ의 반감기를 이용하면 $20s = \dfrac{1}{2k'[A]_0} = \dfrac{1}{2k'(10mM)}$ 이다.

$$k' = \frac{1}{400}\text{mM}^{-1}s^{-1}$$

$k' = k[B]_0$ 이므로 $k = \dfrac{k'}{[B]_0} = \dfrac{\frac{1}{400}}{10^4} = \dfrac{1}{4\times10^6}(mM)^{-2}s^{-1}$ 이다.

30초일 때 A와 B의 농도를 이용하여 $\dfrac{d[\text{C}]}{dt} = k[A]_0^2[B]_0 = 4\times10^{-2}mMs^{-1}$ 이다.

19

정답 해설

구 분	SF$_4$	PCl$_5$	I$_3^-$
중심 원자	S	P	I
SN	5	5	5
중심 원자의 비공유 전자쌍	1쌍	0쌍	3쌍
분자 구조	시소형	삼각쌍뿔	직선형

②

20

정답 해설

④ 액체상에서 A의 몰분율은 x_A, B의 몰분율은 $1-x_A$ 이다. 주어진 온도에서 각 성분의 증기압은 $P_A{}^\circ x_A = 400x_A$, $P_B{}^\circ x_A = 150(1-x_A)$ 이다. 이상 기체 혼합물에서 분압의 비는 각 성분 기체 몰분율 비와 같다. 기체상의 A의 몰분율이 액체상의 A의 몰분율의 2배이므로 계산하게 되면 $x_A = 0.2$ 이므로 액체상의 B의 몰분율은 0.80이다.

21

정답 해설

⑤ '꺾임' 구조를 나타내고, 생체막의 유동성을 높이는 지방산은 '불포화 지방산'이다.

오답 해설

④ 인지질 이중층은 막의 내층(세포질 쪽)과 외층(세포외액 쪽)에 막단백질, 스테롤 등이 비대칭적으로 분포되어 있으며, 내층과 외층을 구성하는 인지질의 종류도 차이가 난다.

22

오답 해설

ㄷ. (×) 리보솜은 아미노산 단량체를 거대 분자인 폴리펩티드로 중합(탈수축합)한다.

23

오답 해설

① 식물은 기체 질소(N_2)를 직접 흡수하지 못하며, 암모늄 이온(NH_4^+)과 질산 이온(NO_3^-) 형태로 흡수한다.
② 질산 이온(NO_3^-)을 질소(N_2)로 환원시키는 과정은 탈질산화(denitrification)이다.
③ 암모늄 이온(NH_4^+)을 아질산 이온(NO_2^-)으로 전환시키는 과정은 질산화(nitrification)이다.
⑤ 암모니아화(ammonification)는 미생물이 생물 사체 등을 분해하는 과정 중 아민이나 아마이드기를 함유하는 아미노산, 뉴클레오티드 등의 유기물을 분해하여 암모늄 이온을 생성시키는 과정이다.

24

정답 해설

① 교감 신경계는 위험 상황이나 강한 활동 시의 '격투-도주(fight or flight) 반응'을 관장한다. 즉 혈당 증가, 심장 박동 및 호흡 증가와 기관지 이완, 혈압 상승 등을 유발하며 소화와 배설 기능은 억제한다. 또한 동공 주변의 홍채 방사근을 수축시켜 동공을 확장시키는 기능도 한다. 이러한 교감 신경의 작용은 신경절 뒷부분 신경(절후신경)의 축삭 말단에서 분비되는 신경전달물질인 노르에피네프린(norepinephrine)에 의해 주로 유발된다.

25

정답 해설

ㄱ. (○) 플라스미드는 일부 세균, 효모 등에서 발견되는 작은 환형의 DNA로, 기본 염색체와는 별도로 세포질에 보통 한 개 이상 존재한다.

ㄴ. (○) 플라스미드는 자체 복제 시점(origin of replication)을 지녀 기본 염색체와는 독립적으로 자체 복제된다.

오답 해설

ㄷ. (×) 플라스미드는 평상시 생존에는 필수적이지 않은 항생제 저항성, 접합(conjugation) 및 색소 생성 관련 유전자 등을 함유한다.

26

답 ⑤

정답 해설

④·⑤ 캘빈 회로는 스트로마에서 일어나며, 명반응의 산물을 이용해 포도당을 생성시킨다.

오답 해설

① 광계는 엽록체의 틸라코이드 막에 위치하는 색소와 단백질의 복합체 구조이다.

② 광계 Ⅰ의 반응중심 엽록소 a는 700nm를, 광계 Ⅱ의 반응중심 엽록소 a는 680nm를 최대로 흡수한다.

③ 수소(전자) 운반체인 NADP$^+$는 틸라코이드 막으로부터 고에너지 전자를 전달받아 스트로마 부위에서 환원된다.

27

답 ④

오답 해설

① DNA는 반보존적 방식으로 복제되어, 모 DNA로부터 가져온 한 가닥과 새로 합성된 가닥이 이중 가닥을 구성한다.

② 원핵 세균의 mRNA 반감기는 진핵세포 mRNA보다 비교적 짧다.

③ 세균은 한 종류의 RNA 중합효소를 지닌다.

⑤ 세균의 mRNA는 5′-capping과 3′-poly A 꼬리, 스플라이싱 같은 mRNA 가공과정(mRNA processing)이 일어나지 않는다.

28

정답 해설

ㄷ. (○) 전기영동 후 겔 염색 시 나타나는 DNA 밴드(band)의 굵기는 DNA의 양에 비례하므로 정량 분석도 할 수 있다.

오답 해설

ㄱ. (✕) DNA는 인산기를 보유해 음전하를 나타내므로, 전기영동 시 양극으로 이동한다.
ㄴ. (✕) 다공성의 겔 내에서는 짧은 DNA 절편이 저항이 적어 긴 DNA보다 더 빨리 이동한다.

29

정답 해설

④ 전문적인 항원 제시 세포(APC)인 대식세포, 수지상세포, B 세포는 표면에 Ⅰ, Ⅱ형 MHC 분자를 모두 지닌다. 전문 APC를 제외한, 핵을 지니는 모든 세포들(적혈구 제외)은 표면에 Ⅰ형 MHC만 보유한다.

오답 해설

① IgG는 단량체형으로만 존재하며, 5량체를 형성하는 것은 IgM 타입이다.
② T 세포 중 TC 세포가 세포성 면역 반응을 매개하며, 감염 세포나 암세포를 사멸시킨다.
③ · ⑤ B 세포는 항체를 분비하여 체액성 면역 반응을 매개한다.

30

오답 해설

ㄴ. (✕) 섬유소 다당류로 이루어진 것은 식물과 녹조류의 세포벽이다.
ㄷ. (✕) 분자 이동의 주된 선택적 장벽은, 반투과성이며 특이 수송 단백질들을 함유하는 세포막(원형질막)이다.

31

정답 해설

⑤ 산안드레아스 단층은 보존형 경계 중 하나이다.

해령에서는 맨틀물질이 상승하여 새로운 해양판이 만들어지므로 지각 열류량이 주변 해저에 비해 높다. 해령과 해령 사이에는 판이 확장되면서 형성된 V자형의 열곡이 발달한다. 육지에 발달된 발산 경계로는 동아프리카 열곡대, 아이슬란드 열곡대가 있다.

32

답 ③

오답 해설

ㄴ. (×) 외핵은 액체 상태로 존재한다.
ㄹ. (×) 지각을 이루는 암석은 화성암과 변성암이 약 95%를 차지하고 퇴적암은 약 5%에 불과하다.

33

답 ④

정답 해설

④ 감람석과 흑운모는 규산염 사면체를 기본 구조로 가지는 규산염 광물이다.

황철석(FeS_2)은 황화 광물, 방해석($CaCO_3$)은 탄산염 광물, 강옥(Al_2O_3)은 산화 광물이다.

34

답 ④

정답 해설

④ 고생대 지층은 주로 강원도에 분포하고 있는 석회암이다.

오답 해설

① 석탄은 고생대 후기 지층인 평안 누층군에서 주로 산출된다.
② 공룡 발자국 화석은 중생대 후기 지층인 경상 누층군에서 산출된다.
⑤ 삼엽충은 고생대 지층에서 산출되는 대표적인 고생대 표준화석이다.

35

정답 | 해설

② 중간권은 고도가 상승할수록 온도가 감소하므로 기층이 불안정해 대류 현상이 일어난다. 하지만 중간권에는 수증기량이 매우 적어 대류권에서와 같은 기상 현상은 일어나지 않는다.

오답 | 해설

③ · ④ 성층권은 오존의 농도가 높기 때문에 태양으로부터 오는 자외선을 흡수해 고도가 높을수록 기온이 높다. 따라서 성층권은 대기가 안정하여 대류 현상이 일어나지 않는다.

⑤ 대류권계면과 같은 권계면에서 등온층이 나타나는 이유는 열관성때문이다. 열관성이란 물체가 원래 가지고 있던 열을 유지하려는 성질이다.

※ 성층권에서 오존의 농도는 오존층(고도 약 25~30km 부근)에서 가장 높게 나타나지만 실제로 태양의 자외선을 가장 많이 흡수하는 곳은 성층권의 윗부분이다. 따라서 성층권의 온도는 아랫부분보다 윗부분에서 더 높게 나타난다.

36

정답 | 해설

④ 공기가 불포화 상태일 때에는 기온이 이슬점보다 높고, 공기가 포화 상태일 때에는 기온과 이슬점이 같다. 상승 응결 고도(H)는 $H(m) = 125(T - T_d)$이며, $T = 20℃$, $T_d = 12℃$이므로 $H = 1,000m$이다. 따라서 A-B 구간에서는 공기가 건조 단열 변화를 하므로 B 지점에서의 기온과 이슬점은 모두 10℃이다. B-C 구간에서 공기는 습윤 단열 변화를 하므로 습윤 단열 감률이 0.5℃/100m일 때, C 지점에서 기온과 이슬점은 모두 7.5℃이다. C-D 구간에서 공기는 건조 단열 변화를 하므로 D 지점에서의 기온은 22.5℃이며, 이슬점은 10.5℃이다. 따라서 산을 타고 넘어온 공기가 있는 D 지점에서는 A 지점보다 기온이 높다. B 지점과 C 지점에서는 모두 공기가 포화 상태이므로 기온과 이슬점이 같다.

37

정답 | 해설

① 저탁류는 대륙주변부 중 대륙붕에 쌓여 있던 퇴적물을 포함한 물이 대륙사면을 따라 흐르는 것이므로 대륙사면에서 주로 나타난다.

오답 | 해설

② 해저 지형에서 가장 깊은 지역은 수심이 6,000m 이상인 해구이다.

③ · ④ · ⑤ 대륙붕은 암석학적으로는 대륙 지각에 속하는 수심이 얕은 지형이다. 반면 심해저평원은 수심이 약 4,500~6,000m이며 해저에서 가장 넓은 영역을 차지한다. 따라서 평균 수심이 약 44m인 우리나라의 황해에는 심해저평원이 아닌 대륙붕이 발달되어 있다.

38

정답 해설

② 수성과 금성은 위성을 가지고 있지 않다.

오답 해설

① 수성은 지구보다 공전 궤도 반지름이 작은 내행성이다.
③ 공전 주기는 태양으로부터 멀어질수록 길어지므로 화성의 공전 주기는 지구보다 길다.
⑤ 토성은 태양계 행성 중 가장 밀도가 작은 행성이다.

39

정답 해설

② 달의 위상은 A에서 삭, B에서 상현달, C에서 망, D에서 하현달이다.

오답 해설

① 달이 B의 위치에 있을 때는 정오에 떠오른다.
③ 달이 C의 위치에 있을 때는 달이 지구의 그림자에 가려지는 월식이 일어날 수 있다.
④ 달이 D의 위치에 있을 때는 새벽에 관측된다.
⑤ 달이 A에 위치하면 달을 관측할 수 없다.

40

정답 해설

ㄱ. (○) A는 지구에서 별까지의 거리가 10pc이므로 절대 등급과 겉보기 등급이 같다. 따라서 A의 겉보기 등급은 3등급이다.

오답 해설

ㄴ. (×) A와 B의 절대 등급이 같으므로 두 별의 실제 밝기는 같다. 그런데 별까지의 거리는 B가 더 짧으므로 맨 눈으로 볼 때 A가 B보다 어둡다.
ㄷ. (×) C는 지구에서 별까지의 거리가 20pc으로, 10pc보다 멀기 때문에 겉보기 등급이 절대 등급보다 크고, 실제보다 어둡게 보인다.

2019년 제56회 정답 및 해설

문제편 088p

01	02	03	04	05	06	07	08	09	10	11	12	13	14	15	16	17	18	19	20
①	③	④	⑤	①	①	④	②	⑤	①	⑤	④	③	③	①	④	②	①	②	③
21	22	23	24	25	26	27	28	29	30	31	32	33	34	35	36	37	38	39	40
②	③	①	③	④	④	⑤	⑤	④	①	③	②	④	②	③	②	②	⑤	③	③

01

답 ①

정답 해설

① 최고점 도달시간은 연직운동성분과 관련이 있다. 최고점 도달시간을 T라고 하면 $T = \dfrac{v_0 \sin\theta}{g}$ 에서 v_0와 g는 동일하므로 $\sin\theta$가 클수록 최고점 도달시간이 크다. $T_A < T_B < T_C$ 가 된다.

02

답 ③

정답 해설

③ 2차원 충돌에서도 운동량은 각각 x성분과 y성분이 보존된다. x성분의 운동량은 충돌 전과 충돌 후 모두 0으로 보존이 되고, y성분의 운동량도 충돌 전과 충돌 후 모두 0으로 보존돼야 한다. 충돌 후 A의 속력을 v_A, B의 속력을 v_B 라고 놓으면 $mv_A = 2mv_B$ 이고, 탄성충돌이므로 충돌 전후 운동에너지가 보존되어 다음과 같은 식을 만족해야 한다. $\dfrac{1}{2}mv^2 + \dfrac{1}{2}2m\left(\dfrac{v}{2}\right)^2 = \dfrac{1}{2}mv_A^2 + \dfrac{1}{2}2mv_B^2$ 이다. 위 두식을 연립하면 $v_A = v$, $v_B = \dfrac{1}{2}v$가 된다. 그러면 충돌 후 A의 $+y$방향의 이동거리는 vt_1 이 되고, B의 $-y$방향의 이동거리는 $\dfrac{1}{2}vt_1$ 이 되어서 충돌 직후부터 t_1 까지 A와 B 사이의 거리는 $\dfrac{3}{2}vt_1$ 이 된다.

03

정답 해설

ㄴ. (○) 역학적 에너지가 보존되므로 진폭은 (가)와 (나)의 경우 동일하다.

ㄷ. (○) 역학적 에너지가 보존되므로 탄성력 퍼텐셜에너지의 최댓값은 운동에너지의 최댓값과 동일하다.

오답 해설

ㄱ. (×) 용수철진자의 주기는 $T = 2\pi\sqrt{\dfrac{m}{k}}$ 에서 k는 동일하고 m은 (나)에서가 2배이므로 주기는 $1 : \sqrt{2}$ 가 된다.

04

정답 해설

ㄴ. (○) 원점에서 세 점전하에 의한 전기장의 방향이 $+y$방향이 되려면 q_2에 의한 전기장과 q_3에 의한 전기장이 상쇄되고 $-q_1$에 의한 전기장만 존재해야 한다. 그러므로 q_2와 q_3 모두 양(+)전하이다.

ㄷ. (○) 원점에서 세 점전하에 의한 전기장의 방향이 $+y$방향이 되려면 q_2에 의한 전기장과 q_3에 의한 전기장의 세기가 같아야 한다. 두 점전하에 의한 거리가 같으므로 전하량도 같다.

오답 해설

ㄱ. (×) 원점에서 세 점전하에 의한 전기장의 방향이 $+y$방향이 되려면 q_1은 음(−)전하이어야 한다.

05

정답 해설

① (가)와 (나)에서 도선의 위쪽과 아래쪽 도선이 받는 힘은 서로 상쇄되므로 옆 도선이 받는 힘만 계산하면 된다. (가)에서 P도선의 왼쪽에서 받는 힘을 F_1, 오른쪽 부분이 받는 힘을 F_2라 하면 P도선의 알짜 자기력은 $\Sigma F_P = F_1 - F_2 = BI_P d - \dfrac{B}{2}I_P d = \dfrac{1}{2}BI_P d$ 가 된다.

같은 방법으로 Q도선의 알짜 자기력은 $\Sigma F_Q = F'_1 - F'_2 = BI_Q\dfrac{d}{2} - \dfrac{2}{3}BI_Q\dfrac{d}{2} = \dfrac{1}{6}BI_Q d$가 된다.

$\dfrac{1}{2}BI_P d = \dfrac{1}{6}BI_Q d$이므로 $\dfrac{I_P}{I_Q} = \dfrac{1}{3}$ 이다.

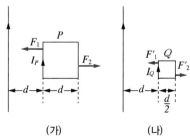

06

정답 해설

① 코일이 직렬로 연결되었을 때 합성 인덕턴스는 축전기의 합성 전기용량을 구하는 방법과 반대로 그냥 더하면 된다. 스위치를 a에 연결하였을 때와 b에 연결하였을 때 저항에서 소모되는 평균 전력은 같으므로 전류의 세기가 같아야 한다. 그러면 임피던스도 동일해야 하므로 스위치 a에 on했을 때 임피던스를 Z_1이라 하면 $Z_1 = \sqrt{R^2 + (2\pi f2L)^2}$ 이고, b에 on했을 때 임피던스 $Z_2 = \sqrt{R^2 + \left(2\pi fL - \dfrac{1}{2\pi fC}\right)^2}$ 가 같아야 한다. 그러면 $|4\pi fL| = \left|2\pi fL - \dfrac{1}{2\pi fC}\right|$ 이 된다. 그런데 우변이 (+)값을 가지면 (−)부호가 등장하므로 우변을 (−)값으로 결정해야 한다. 즉, $4\pi fL = -2\pi fL + \dfrac{1}{2\pi fC}$ 이다. f에 대해 정리를 하면 $f = \dfrac{1}{2\pi}\dfrac{1}{\sqrt{3LC}}$ 이다.

07

정답 해설

ㄱ. (○) 마찰이 없는 피스톤이 평형상태로 정지해 있으므로 압력이 같아야 한다.

ㄷ. (○) 단원자 기체 분자 평균 운동에너지 식에서 $\dfrac{1}{2}mv_s^2 = \dfrac{3}{2}kT$ 온도는 $1:2$이고 질량이 $1:2$이므로 제곱 평균 제곱근 속력은 $1:1$이 된다.

오답 해설

ㄴ. (×) 이상기체 상태 방정식에서 $PV = nRT$ 압력과 부피는 동일한데 몰수가 $2:1$이므로 온도가 $1:2$이어야 한다.

08

정답 해설

② 1/8초 동안 파동은 $+x$방향으로 $1m$를 이동했다. 파장이 $\lambda = 4m$이고, 파동은 한 주기 동안 한 파장을 이동하므로 주기는 $T = 1/2$초가 된다. 그러므로 진동수는 $f = \dfrac{1}{T} = 2\text{Hz}$ 이다.

09

정답 해설

ㄱ. (○) 두 대전입자가 받는 알짜힘이 전기력이므로 $qE = ma$에서 $q = 2:1$, $E = 1:1$, $m = 1:2$이므로 $a = 4:1$가 된다. 가속도가 큰 A가 먼저 도달한다. $s = \frac{1}{2}at^2$에서 도달하는 시간의 비는 $1:2$이다.

ㄴ. (○) 전기력이 대전 입자에 한 일이 운동에너지의 변화량과 같으므로 $qEd = \Delta K$에서 $q = 2:1$이고 전기장과 거리는 동일하므로 $\Delta K = 2:1$이다.

ㄷ. (○) 드브로이 파의 파장은 $\lambda = \dfrac{h}{\sqrt{2mK}}$에서 $m = 1:2$, $\Delta K = 2:1$이므로 $\lambda = 1:1$이 된다.

10

답 ①

정답 해설

① (가)는 $n = 2$인 상태이고, (나)는 $n = 3$이 상태이다. 그러면 진동수 조건에 의해 전자가 (나)의 상태에서 (가)의 상태로 전이할 때 방출되는 광자의 에너지는 $E_3 - E_2 = -\dfrac{|E_1|}{3^2} - \left(-\dfrac{|E_1|}{2^2}\right) = \dfrac{5}{36}|E_1|$가 된다.

11

답 ⑤

정답 해설

⑤ 중성 원자에서 원자당 전자의 개수는 양성자의 개수와 동일하므로 19개이다.

12

답 ④

정답 해설

④ C—O—C—C—C—C　　C—O—C—C—C
　　　　　　　　　　　　　　　　|
　　　　　　　　　　　　　　　　C

C—O—C—C—C　　　　C—C—O—C—C—C
　　　　|
　　　　C

C—C—O—C—C　　　　　　　C
　　　　　|　　　　　　　　　|
　　　　　C　　　　C—C—O—C
　　　　　　　　　　　　　　　|
　　　　　　　　　　　　　　　C

13

정답 ③

정답 해설

③ 1번째 조건을 정리하면 $O_2(g) \rightarrow 2O(g)$ $\triangle H° = 498\text{kJ}$이고

2번째 조건에서 $2O_2(g) + 2O(g) \rightarrow 2O_3(g)$ $\triangle H = -212\text{kJ}$의 식을 얻을 수 있다.

두 식을 더하면 $3O_2(g) \rightarrow 2O_3(g)$ $\triangle H = 286\text{kJ}$이다.

따라서 $O_3(g)$ 1몰에 대한 값인 표준 생성 엔탈피는 $\triangle H° = 143\text{kJ}$이다.

14

정답 ③

정답 해설

③ 고립 전자쌍을 가지는 원소는 질소로, 모든 질소가 고립 전자쌍을 가지고 있으므로 총 5개의 고립 전자쌍을 가진다. 모든 결합은 1개가 σ 결합을 하므로 모든 결합의 수를 세어보면 총 15개이다. 입체수가 2인 탄소는 총 5개이다.

15

정답 ①

정답 해설

① $K_p = \dfrac{P_C}{P_B} = 4$ 이므로 B와 C의 분압의 비는 1 : 4임을 알 수 있다.

	$A(s)$	$+$	$B(g)$	$\rightleftarrows$	$C(g)$
초 기	1		1		0
반 응	$-x$		$-x$		$+x$
평 형	$1-x$		$1-x$		x

$\dfrac{x}{1-x} = 4$이고 $x = \dfrac{4}{5}$ 이다. 따라서 평형 상태의 $A(s)$는 0.2몰이다.

16

정답 ④

정답 해설

④ 음이온이 면심입방 구조이므로 단위세포당 4개 존재한다. 양이온은 사면체 구멍 자리 중 $\dfrac{1}{2}$ 을 차지하고 있기 때문에 단위세포당 4개가 존재한다. 따라서 이 화합물의 화학식은 MX이다. 양이온은 사면체 구멍에 존재하며 이 자리는 4개의 음이온이 최인접 거리에서 둘러싸고 있어 배위수는 4이다. 음이온의 구조만 고려하면 면심입방 구조이다.

17

답 ②

정답 해설

② $pH = pK_a + \log \dfrac{[A^-]}{[HA]} = 4 + \log \dfrac{0.05}{0.1} = 4 - \log 2 = 3.7$

18

답 ①

정답 해설

① $Cu^{2+}(aq) + e^- \rightarrow Cu^+(aq) \qquad E_1^\circ, \ \triangle G_1^\circ$

$Cu^+(aq) + e^- \rightarrow Cu(s) \qquad E_2^\circ, \ \triangle G_2^\circ$

$Cu^{2+}(aq) + 2e^- \rightarrow Cu(s) \qquad E_3^\circ, \ \triangle G_3^\circ$

라고 하면 $\triangle G_3^\circ = \triangle G_1^\circ + \triangle G_2^\circ$이다. $\triangle G^\circ = -nFE^\circ$임을 이용하면

$E_3^\circ = \dfrac{E_1^\circ + E_2^\circ}{2} = \dfrac{0.16 + 0.52}{2} = 0.34V$ 이다.

19

답 ②

정답 해설

② 적외선 스펙트럼은 각 결합에 신축운동을 일으키는 데 필요한 적외선 파장을 측정하여 유기 분자에 존재하는 주로 특정 작용기 존재 유무를 판단하는 분광법이다. 결합의 세기와 원자 질량에 따라 흡수 파장이 다음과 같이 결정된다.
- C−H 결합은 2500~4000cm^{-1}
- C = O 이중결합은 1500~2000cm^{-1}
- C−O 단일결합은 400~1500cm^{-1}

따라서 (가) > (다) > (나) 이다.

20

답 ③

정답 해설

③ 그래프가 직선형임을 통하여 모두 1차 반응임을 알 수 있다. 직선 그래프의 절댓값은 속도 상수에 해당하므로 (가)의 기울기가 (2)의 기울기보다 2배이므로 속도 상수도 2배이다. t_1에서 X의 생성 속도와 $2t_1$일 때 Y의 생성 속도는 같다.

21

ㄴ. (○) 10세대에서 RR 빈도 = 0.4, Rr 빈도 = 0.1, rr 빈도 = 0.50이고, r빈도 = rr 빈도 + 1/2(Rr 빈도)이므로 0.5 + 0.05 = 0.55이다.

ㄱ. (×) 1세대에서 RR 빈도 = 0.1, Rr 빈도 = 0.6, rr 빈도 = 0.30이고, R빈도 = RR 빈도 + 1/2(Rr 빈도)이므로 0.1 + 0.3 = 0.40이다.

ㄷ. (×) 대립유전자의 빈도가 변화되었으므로, 하디-바인베르크 평형이 유지되고 있지 않다.

22

답 ③

미토콘드리아는 진핵생물만 지니고, 클로람페니콜은 세균의 70S 리보솜의 펩티드 결합 형성을 저해하는 항생제이므로, A는 진핵생물인 식물 세포, B는 진정세균, C는 고세균이다.

ㄱ. (○) 모든 진핵생물과 일부 고세균의 DNA에는 히스톤 단백질이 결합되어 있다.

ㄴ. (○) 세균은 세포질에 70S 리보솜을 지닌다.

ㄷ. (×) 번역 과정 중 개시 아미노산이 포밀메티오닌인 것은 진정세균이다. 고세균과 진핵생물은 포밀기(formyl group)가 부착되지 않은 메티오닌이 개시 아미노산이다.

23

① 부모가 모두 A형인 집안에서 첫째 아이가 O형이므로, 부모는 둘다 AO($I^A i$) 유전자형인 것을 알 수 있다. 이 부모한테서 O형 여자아이가 태어날 확률은 O형일 확률(1/2 × 1/2) × 여자일 확률(1/2) = 1/8이다.

24

답 ③

정답 해설

ㄴ. (○) 광합성에서 명반응은 빛 에너지를 화학 에너지인 ATP와 NADPH로 전환하는 과정이고, 캘빈 회로에서 이 ATP와 NADPH를 이용해 CO_2를 환원시켜 또 다른 화학 에너지 형태인 유기물(포도당)을 합성한다. 이 유기물은 식물에서 다양한 생명 활동을 수행하는데 필요한 ATP 생성 과정, 즉 세포 호흡에 쓰인다.

오답 해설

ㄱ. (×) 광합성도 명반응에서 ATP가 생성된다.

ㄹ. (×) 명반응에서 생성되는 산소는 전자공여체인 물로부터 전자가 빠져나올 때 수소 이온과 함께 생성된다.

25

답 ④

정답 해설

ㄴ. (○) 활동 전위의 상승기는 역치 이상의 자극에 의해 전압개폐성 Na^+ 통로가 열리면서 Na^+ 이온의 투과도가 높아질 때 발생한다. 휴지기에 Na^+-K^+ 펌프의 작용으로 세포 바깥쪽에 고농도로 유지되던 Na^+가 통로를 통해 농도기울기를 따라 유입되면서 전압이 상승하는 것이다. 활동 전위의 상승기엔 전압개폐성 K^+ 통로는 열리지 않으므로, 이 시기엔 K^+의 투과도가 Na^+의 투과도보다 낮다.

ㄷ. (○) 활동 전위는 전압개폐성 Na^+ 통로와 전압개폐성 K^+ 통로의 작용으로 발생하므로, 이들의 작용을 막을 경우 활동 전위는 생성되지 않는다.

오답 해설

ㄱ. (×) 활동 전위의 하강기는 활동 전위의 정점에서 전압개폐성 K^+ 통로가 열리면서 K^+ 이온의 투과도가 높아질 때 발생한다. 즉, 휴지기에 Na^+-K^+펌프의 작용으로 세포 안쪽에 고농도로 유지되던 K^+가 통로를 통해 농도기울기를 따라 빠져나가면서 전압이 하강하는 것이다.

26

답 ④

정답 해설

ㄱ. (○) 산소는 물에 대한 용해도가 낮아서, 척추동물에서는 산소와 결합할 수 있는 특수 혈색소인 헤모글로빈을 사용하여 산소 운반 효율을 높인다.

ㄴ. (○) 폐순환 고리는 심장에서 폐동맥을 통해 저산소 혈액을 폐로 펌프하여, 혈액이 산소를 충전하고 이산화탄소를 배출한 후 산소 포화도가 높은 고산소 혈액이 되어 폐정맥을 타고 심장으로 돌아오는 과정이다.

오답 해설

ㄷ. (×) 혈압은 심장에서 멀어질수록 낮아지는데, 즉 동맥 > 모세혈관 > 정맥 순이다. 모세혈관은 체조직과 물질 교환을 하는 부위이므로, 그에 적합하게 혈관 총 단면적이 가장 넓고, 혈류 속도는 가장 느리다.

27

정답 | 해설

염기 한 개가 다른 염기로 대체되는 돌연변이는 점 돌연변이(point mutation : 염기 한 개의 변화) 중 치환(substitution) 돌연변이이다.

⑤ 해독틀이동은 염기가 삽입되거나 결실된 경우에 일어나며, 염기 한 개의 치환에 의해서는 발생하지 않는다.

오답 | 해설

① 난센스(nonsense : 종결) 돌연변이로, 염기 치환으로 인해 새로운 종결 서열이 생성되었을 때 발생할 수 있다.
② 미스센스(missense : 과오) 돌연변이로, 염기 치환에 의해 코돈이 변화되어 아미노산 치환으로 연결될 수 있으며 단백질의 구조에 영향을 미쳐 비정상 폴리펩티드가 생성될 수 있다.
③ 여러 코돈이 한 개의 아미노산을 지정할 수 있는데(코돈의 중복성), 이때 그런 코돈들은 세 번째(3′쪽) 염기 서열만 차이가 나는 경우가 대부분이다. 그러므로 코돈의 세 번째 염기 서열을 변화시키는 치환 돌연변이는 대부분 아미노산 변화를 유발하지 않는다. 이러한 돌연변이를 침묵(silent) 돌연변이라 한다.
④ 염기 치환에 의해 한 아미노산이 화학적 특성이 유사한 아미노산으로 변화되거나, 단백질의 구조와 기능에 크게 영향을 미치지 않는 부위에 아미노산 변화가 일어난 경우 단백질의 기능에 해로운 영향도, 이로운 영향도 미치지 않게 된다. 이러한 돌연변이는 중립(neutral) 돌연변이라 한다.

28

오답 | 해설

ㄱ. (×) 사바나는 열대 및 아열대 지역에서 발달하는 거대 초원(grass land)으로, 초본류(풀)가 우점한다.

29

정답 | 해설

④ 광우병(mad cow disease)을 유발하는 병원체는 단백질성 감염 입자인 프리온(prion)이다. 프리온 단백질은 포유류 신경 세포의 원형질막에 존재하는 단백질로서 여러 가지 3차 구조를 나타내는데, 이 중 질병형(PrP^S) 구조가 되면 뇌 조직에 단백질 응집체를 축적시키고 구멍을 형성하여 죽음을 초래하는, 전염성 해면상 뇌증(Transmissible Spongiform Encephalopathies : TSEs)이 유발된다. 질병형(PrP^S) 프리온이 체내로 유입되면 정상형 프리온 단백질(PrP^C)을 질병형으로 전환시키는 연쇄 반응이 유발되며 TSEs가 발생한다. 질병형 프리온 단백질은 동물의 면역계에 의해 제거되지 않으며, 열, 방사선 및 화학 물질에 의해서도 파괴되지 않는다.

30

오답 해설

ㄴ. (×) 탈질산화 박테리아는 질산 이온(NO_3^-)을 질소 기체(N_2)로 전환하며, 이 질소 기체는 대기로 다시 유입된다.

ㄷ. (×) 질산화 박테리아는 암모늄 이온(NH_4^+)을 질산 이온(NO_3^-)으로 전환하며, 이 질산 이온은 암모늄 이온과 더불어 식물 내로 흡수되어 질소 화합물의 생성 과정에 이용될 수 있다.

31

답 ③

오답 해설

ㄷ. (×) A는 B보다 화석종의 생존시간이 짧다. 따라서 A보다 B가 더 긴 지질 시대의 지층에 걸쳐 산출된다.

32

답 ②

정답 해설

② 시간은 경도의 영향을 받으며, 동쪽으로 갈수록 15°마다 1시간씩 빨라진다. A 지역의 경도는 135°E이므로 경도선의 기준이 되는 그리니치 천문대보다 9시간 더 빠를 것이다. 반면 B 지역의 경도는 120°W이므로 그리니치 천문대보다 8시간 더 느릴 것이다. 따라서 B 지역은 현재 A 지역보다 총 17시간 더 느린 1월 25일, 07:20 AM이다.

33

답 ④

정답 해설

④ 대륙판과 대륙판이 수렴하는 경계에서는 화산 활동이 일어나지 않으며, 천발지진과 중발지진이 일어난다. 해양판과 대륙판이 수렴하는 경계에서는 해구와 화산호가, 해양판과 해양판이 수렴하는 경계에서는 해구와 호상열도가 발달한다. 보존경계에서는 천발지진이 활발하게 일어나며, 화산 활동은 일어나지 않는다.

34

정답 해설

ㄴ. (○) 경상 누층군은 중생대 후기에 형성된 육성층으로, 공룡 발자국 화석이 발견된다.

오답 해설

ㄱ. (×) 중생대에는 대보 화강암과 불국사 화강암의 관입이 일어났다.

ㄷ. (×) 중생대의 화산 활동은 중생대 후기에 집중적으로 일어났다.

35

답 ③

정답 해설

③ ^{14}C는 방사성 동위 원소이다. ^{14}C가 처음 양의 1/4만큼 남아있었으므로 반감기는 2회 지났다. 따라서 이 지층의 퇴적 시기는 지금으로부터 약 5,730년 × 2 = 11,460년이다.

36

답 ②

정답 해설

ㄱ. (×), ㄴ. (○) 그림 (가)는 연기가 위아래로 퍼져나가지 않는 것으로 보아 기층이 안정한 경우이고, 그림 (나)는 연기가 위아래로 활발하게 퍼져나가는 것으로 보아 기층이 불안정한 경우이다. 따라서 (가)는 기온 감률이 건조 단열 감률보다 작고, (나)는 기온 감률이 건조 단열 감률보다 크다.

오답 해설

ㄷ. (×) 기층이 불안정한 경우에는 아래로 하강한 공기의 온도가 주변 기온보다 낮으므로 (나)에서 공기 연직 운동의 열 수송으로 지표면의 기온이 높아지지는 않는다.

37

답 ②

정답 해설

② 금성은 우리 지구로부터 가장 가깝기 때문에 가장 밝게 보인다. 금성의 대기는 주로 이산화탄소로 구성되어 있고 대기압이 약 95기압으로 매우 크기 때문에 온실 효과가 크게 일어나 표면 온도가 매우 높다.

38

정답 해설

ㄱ. (○) 대류권계면은 기온이 높은 적도에서 높고, 기온이 낮은 극에서 낮다.

ㄴ. (○) 기상 현상은 기층이 불안정하고 수증기량이 많은 대류권에서 주로 일어난다. 중간권은 기층은 불안정하지만 수증기량이 많지 않아 대류현상만 일어나고 기상 현상은 일어나지 않는다.

39

답 ③

정답 해설

ㄱ, ㄴ. (○) A~B는 풍랑, C는 너울이며 D는 연안 쇄파이다. A~C는 수심이 파장의 $\frac{1}{2}$ 보다 깊으므로 심해파에 속하며, D는 수심이 파장의 $\frac{1}{20}$ 보다 얕으므로 천해파에 속한다. 심해파의 전파 속도는 파장의 제곱근에 비례하므로 B, C에서 해파의 속도는 파장이 길수록 빠르다.

오답 해설

ㄷ. (×) D는 천해파이므로 해저의 마찰을 받기 때문에 물 입자는 수평 방향이 긴 타원 운동을 한다.

40

답 ③

정답 해설

ㄱ. (○) 각 별의 절대 등급과 겉보기 등급을 알기 때문에 거리지수 공식을 이용하여 지구로부터의 거리를 구할 수 있다. $m - M = 5\log r - 5$ 이므로 스피카의 거리지수는 4, 베텔기우스는 6.4, 시리우스는 −2.8이다. 그러므로 지구로부터 거리가 가장 가까운 별은 시리우스이다.

ㄴ. (○) 표면 온도는 분광형으로 알 수 있으며 O형에서 M형으로 갈수록 표면 온도가 낮아진다. 그러므로 표면 온도가 가장 낮은 별은 베텔기우스이다.

오답 해설

ㄷ. (×) 반지름은 표면 온도가 낮을수록, 광도가 클수록 크다. 그러므로 반지름이 가장 큰 별은 표면 온도가 가장 낮고 광도가 가장 큰 베텔기우스이다.

2018년 제55회 정답 및 해설

✅ 문제편 105p

01	02	03	04	05	06	07	08	09	10	11	12	13	14	15	16	17	18	19	20
④	④	④	③	④	①	②	⑤	④	⑤	⑤	③	⑤	④	②	①	⑤	④	④	①
21	22	23	24	25	26	27	28	29	30	31	32	33	34	35	36	37	38	39	40
①	②	④	③	②	⑤	③	③	④	①	③	⑤	④	①	⑤	②	②	②	③	④

01

답 ④

정답 해설

④ B의 절반 위 부분의 질량을 $2m$이라 하고 그 부분의 질량 중심은 $(4, 6)$이다. B의 아래 부분은 질량이 m이고 질량중심은 $(6, 2)$이다. 질량중심 구하는 식에 대입을 하면 $x_{CM} = \dfrac{2m \times 4 + m \times 6}{2m + m} = \dfrac{14}{3}$ 이고, $y_{CM} = \dfrac{2m \times 6 + m \times 2}{2m + m}$ 이다. 그러므로 전체 질량중심은 $\left(\dfrac{14}{3}, \dfrac{14}{3} \right)$가 된다.

02

답 ④

정답 해설

④ 임의의 폐곡면을 잡았을 때 알짜 전기선속은 $\Phi = \dfrac{Q_\in}{\epsilon_0}$ 에서 Q_{in} 은 폐곡면(가우스 면)속의 알짜전하이다. 중심이 원점에 있고 한 변의 길이가 $3a$인 정육면체를 가우스 면으로 잡으면 각 축에 대해 $1.5a$까지만 가우스면 안에 포함된다. 그러므로 $Q_\in = +5Q - Q - Q = +3Q$가 된다. $\Phi = +\dfrac{3Q}{\epsilon_0}$ 이다.

03

정답 해설

④ 로렌츠 힘이 구심력의 역할을 하므로 $q\mathrm{B} = \dfrac{mv^2}{r}$ 에서 $v = \dfrac{qBr}{m}$ 이다. 전하량, 질량, 자기장이 같으므로 $r = 1 : 2$이면 $v = 1 : 2$이다. 드브로이 파장 $\lambda = \dfrac{h}{mv}$ 에서 v는 $1 : 2$이므로 $\lambda = 2 : 1$이 된다. 따라서 $\dfrac{\lambda_\mathrm{A}}{\lambda_\mathrm{B}} = 2$이다.

04

정답 해설

③ 원자핵이 알파 붕괴를 한 번 하면 질량수는 4개, 원자번호는 2개 감소한다. 또 베타-마이너스 붕괴를 하면 질량수는 변함이 없고 원자번호만 1개 증가한다. 알파붕괴만 질량수의 변화에 관련이 있으므로 알파붕괴가 x번 일어났다면 $232 - 4x = 208$에서 $x = 6$이다. 알파붕괴는 6번 일어났다. 원자번호는 90에서 82가 되었으므로 $90 - 2x + y = 82$가 되어서 $y = 4$가 된다. 그러므로 $x + y = 10$이다.

05

정답 해설

④ 상태 변화가 일어날 때는 공급된 열이 모두 상태 변화에만 쓰이기 때문에 온도가 일정하게 된다. 상태 A에 있던 얼음이 P를 지나 상태 B가 될 때는 고체에서 바로 기체가 되므로 상태 변화가 한 번만 일어난다.

06

정답 해설

① 물체가 정지해 있으므로 힘의 평형상태이다. 각 물체의 합력이 0이 된다. 물체 1에 작용하는 힘은 $mg + T = \rho g V$이고 물체 2에 작용하는 힘의 관계는 $4mg = T + \rho g 3V$가 된다. 두 식을 연립하면 $\dfrac{1}{4}mg$이다.

07

정답 해설

② 폐관에서 만들 수 있는 정상파의 일반식은 $f_n = \dfrac{nv_{음속}}{4L}$ 이고 $n = 1, 3, 5 \cdots\cdots$ 이다. 그러면 $f_1 = \dfrac{v}{4L}$, $f_2 = \dfrac{3v}{4L}$, $f_5 = \dfrac{5v}{4L} \cdots\cdots$

이다. 맥놀이 진동수는 $f_b = |f - f'|$ 이므로 맥놀이 진동수의 최솟값은 $\dfrac{v}{2L}$ 이 된다.

08

정답 해설

⑤ 균일한 전기장 속에서의 대전입자의 운동은 지면 근처 중력장 내의 운동에 그대로 적용이 가능하다. 대전입자는 $+y$방향으로

일정한 전기력을 받으므로 y축 방향의 가속도는 $qE = ma_y$ 에서 $a_y = \dfrac{qE}{m}$ 가 된다. x축 방향으로는 등속운동, y축 방향으로는

등가속도운동을 하므로 (ℓ, d)인 지점에 도착할 때까지 걸린 시간을 t 라 하면 수평방향의 식은 $l = v_0 t$ 이고, 수직방향의

식은 $d = \dfrac{1}{2}\dfrac{qE}{m}t^2$ 이 돼서 두 식에서 t를 소거하고 E에 대해 정리하면 $E = \dfrac{2mdv_0^2}{ql^2}$ 가 된다.

09

정답 해설

④ 이 문제에서 조심해야 될 부분은 등가속도운동이 아니기 때문에 등가속도 공식을 사용할 수 없다는 것이다. 그래프에서

$\dfrac{da}{dt} = -1$ 이다. $\displaystyle\int_{a_0}^{a} da = -\int dt$ 에서 $a = 3 - t$ 가 된다. $a = \dfrac{dv}{dt}$ 이므로 $\displaystyle\int (3-t)dt = \int_{v_0}^{v} dv$ 에서 $v_0 = 10\text{m/s}$ 이므로

$v = 10 + 3t - \dfrac{1}{2t^2}$ 이다. 또 $v = \dfrac{ds}{dt}$ 에서 $\displaystyle\int_0^3 (10 + 3t - \dfrac{1}{2}t^2)dt = \int ds$ 이므로 $s = 10t + \dfrac{3}{2}t^2 - \dfrac{1}{6}t^3$ 가 된다. $t = 3$을 대입

하면 $s = 39\text{m}$ 가 나온다.

10

정답 해설

⑤ 공진(공명) 진동수가 f_0 일 때 임피던스는 R이다. 문제의 조건에서 $2f_0$ 이면 $2R$이다. f_0 일 때는 $2\pi f_0 L = \dfrac{1}{2\pi f_0 C}$ 이고, $2f_0$ 일

때 $2R$이 되려면 $2R = \sqrt{R^2 + \left(2\pi 2f_0 - \dfrac{1}{2\pi 2f_0 C}\right)^2}$ 이어야 하므로 $\left(2\pi 2f_0 - \dfrac{1}{2\pi 2f_0 C}\right)^2 = 3R^2$ 을 만족하면 된다. 양변에 제곱

근을 씌우고 $\dfrac{1}{2\pi f_0 C} = 2\pi f_0 L$을 대입하고 정리하면 $\dfrac{4\pi f_0 L}{R} = \dfrac{4}{\sqrt{3}}$ 이다.

11

정답 해설

⑤ 질량수가 M과 (M + 2)인 2가지 종류의 동위원소로 구성됨을 알 수 있다. 상대적으로 질량수가 작은 2M이 가장 많이 존재하는 것으로 보아 질량수가 작은 동위원소가 자연계에 많이 존재함을 알 수 있다. 질량수가 M인 동위원소 A와 질량수가 M + 2인 동위원소 A의 상대적인 존재 비율은 0.9 + 0.3 : 0.3 + 0.1 = 1.2 : 0.4 = 3 : 1로 생각할 수 있다. 따라서 A의 평균 원자량은 $\left[M \times \dfrac{3}{4} + (M+2) \times \dfrac{1}{4} \right]$ 이다. (2M + 2)에 해당하는 피크는 질량수 M인 A와 질량수가 M + 2인 A가 결합하여 만들어진 분자이다.

12

정답 해설

NO_2^+	NO_2	NO_2^-
③ $:\ddot{O} = N — \ddot{O}:$ 0 +1 0		

13

정답 해설

⑤ 주어진 분자궤도 함수를 보면 원자 B가 A보다 오비탈의 에너지가 낮은 것을 알 수 있다. 이를 통해 B의 전기음성도가 더 크다는 것도 알 수 있다. A와 B의 원자가 전자 수의 합이 11이다. 문제에서 그려진 분자 궤도 함수에 11개의 전자를 넣어보면 π_{2P}^*에 1개의 전자가 채워짐을 알 수 있다. 따라서 상자기성이다. 결합 길이는 AB는 2.5차이고, AB^+는 3차이다.

14

정답 해설

④ 반응 1 : $C_2H_5OH(aq) + 3H_2O(l) \rightarrow 2CO_2(g) + 12H^+(aq) + 12e^-$
반응 2 : $Cr_2O_7^{2-} + H^+(aq) + e^- \rightarrow Cr^{3+}(aq) + H_2O(l)$
반응한 $Cr_2O_7^{2-}$는 $0.05M \times 40mL = 2mmol$ 이므로 50g 시료에 C_2H_5OH에는 1mmol이 존재한다.

따라서 시료 속 C_2H_5OH의 질량 %는 $\dfrac{0.046g}{50g} \times 100 = 0.092$이다.

15

정답 해설

② z축상에 리간드가 존재하면 d_z 오비탈 전자들이 리간드와 강한 반발을 하므로 항상 가장 높은 에너지 상태에 있게 된다.

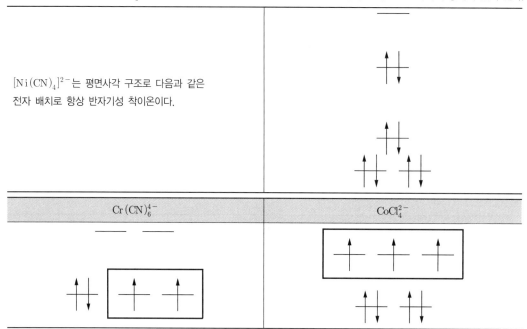

$[\mathrm{Ni(CN)_4}]^{2-}$는 평면사각 구조로 다음과 같은 전자 배치로 항상 반자기성 착이온이다.

16

정답 해설

①

	$\mathrm{CaF_2}$	$\rightleftarrows$	$\mathrm{Ca^{2+}}(aq)$	$+$	$2\mathrm{F^-}$
초 기	0.1				
반 응	$-x$		$+x$		$+x$
남은 양	0.1로 근사		x		x

산성 수용액에서 $\mathrm{F^-}(aq)+\mathrm{H^+}(aq) \rightarrow \mathrm{HF}(aq)$ 반응이 진행되므로 $\mathrm{F^-}$가 감소하게 된다. 따라서 정반응이 더 진행되고 $\mathrm{Ca^{2+}}(aq)$의 농도가 증가하게 된다. 그에 따라 $\mathrm{CaF_2}(s)$의 용해도가 증가하므로 $y > x$이다.

또한, $\mathrm{K_{sp}} = [\mathrm{Ca^{2+}}][\mathrm{F^-}]^2 = x(2x)^2 = 4x^3 = 4 \times 10^{-11}$ 이므로 $x > 10^{-4}$ 이다.

수용액(가)에 NaF를 녹이면 $\mathrm{F^-}$가 발생한다. 공통이온 효과로 역반응이 진행되어 $\mathrm{CaF_2}(s)$의 용해도가 감소하게 된다.

17

정답 해설

$$\begin{array}{lcccc} & \text{HA} & \rightleftharpoons & \text{A}^- & + & \text{H}^+ \end{array}$$

⑤

	HA	$\rightleftharpoons$	A$^-$	+	H$^+$
초 기	0.1mmol				
반 응	−0.02mmol		+0.02mmol		+0.02mmol
남은 양	0.08mmol		0.02mmol		0.02mmol

물의 증발이 일어난 후 수소 이온의 농도를 구하면 $K_a = \dfrac{[\text{A}^-]}{[\text{HA}]}[\text{H}^+] = \dfrac{1}{4}[\text{H}^+] = \dfrac{5}{4}10^{-5}$ 이므로

$[\text{H}^+] = 5 \times 10^{-5}$ 이다. 생성된 수소 이온의 몰수는 0.02mmol이므로 수용액의 부피가 400mL가 되어야 수소 이온의 농도를 $[\text{H}^+] = 5 \times 10^{-5}$로 맞출 수 있다. 따라서 600mL의 물이 증발되어야 한다.

18

정답 해설

④ 기체 압력이 $\dfrac{5}{3}$ 증가하였다면 온도도 역시 $\dfrac{5}{3}$ 증가했다. $\triangle T = \dfrac{5}{3}T_0 - T_0 = \dfrac{2}{3}T_0$ 이다.

$q = nC_v \triangle T = 2 \cdot \dfrac{3}{2}R \cdot \dfrac{2}{3}\triangle T = 2RT_0$ 이므로 $\dfrac{q}{RT_0} = 2$ 이다.

19

정답 해설

④ A의 2차 반응이므로 직선의 기울기는 각 온도에서의 속도 상수이다.

T의 기울기 : $\dfrac{4}{3}T$의 기울기 = 1 : 4이므로 아레니우스 속도식에 대입하여 활성화 에너지를 구한다.

20

정답 해설

① $K_2 = 12K_1$ 이므로 K_2는 $\dfrac{9}{4RT_2} = \dfrac{12}{6RT_1}$ 이다.

따라서 $\dfrac{T_2}{T_1} = \dfrac{9}{8}$ 이다.

21

정답 해설

① RrYy와 rryy의 검정교배 시 R 유전자와 Y 유전자가 독립(다른 염색체 상에 위치)이거나 연관(동일한 염색체 상에 위치)이거나 상관없이, 둥글고 노란 종자와 주름지고 녹색인 종자는 1 : 1로 나타난다.

22

정답 해설

② 인슐린은 음식으로 섭취된 혈중 포도당, 아미노산, 지방산이 체조직으로 흡수되어 고분자인 글리코겐, 단백질, 지방 형태로 저장되도록 하며, 포도당 신생합성과 지방 분해를 억제하고 세포 호흡을 촉진한다. 제1형 당뇨에선 인슐린이 분비되지 않아 지방 분해가 증가하고, 혈중 지방산이 지방으로 전환되어 저장되지 못하므로 높은 농도의 지방산이 분해되면서 생성된 아세틸-CoA가 시트르산 회로에서 모두 대사되지 못하고 축적된다. 이 경우 아세틸-CoA는 산성의 케톤체(아세토아세트산, 하이드록시 부티르산 등)로 전환되며 혈액의 pH가 낮아질 수 있다(당뇨병성 케토산증). 그리고 인슐린은 신장에서 Na^+의 재흡수를 촉진하기도 하므로, 인슐린 농도가 저하된 당뇨에서는 Na^+의 배설, 물의 배설이 증가한다. 또한 포도당이 요로 배설되면서 요의 삼투압이 증가하여 물의 배설이 증가하기도 한다.

23

정답 해설

ㄱ. (○) 캘빈 회로는 명반응의 산물인 ATP와 NADPH를 소모하며 일어나므로, 명반응이 진행되는 낮에만 일어난다.
ㄴ. (○) RuBP의 재생 반응은 캘빈 회로의 일부이므로 스트로마에서 일어난다.

오답 해설

ㄷ. (×) 틸라코이드 막의 전자전달 과정 중 H^+는 틸라코이드 공간 쪽으로 펌프되므로, 틸라코이드 공간의 pH는 감소한다.

24

오답 해설

ㄷ. (×) 수렴진화는 계통이 다른 생물들이 서로 비슷한 환경에 적응하면서 외형과 기능이 유사한 구조(상사 구조)를 발달시키는 현상이다.

25

답 ②

정답 해설

A. 담즙에 의한 지방 유화
B. 리파아제에 의한 지방의 가수분해
C. 지방의 재형성
D. 유미입자의 형성 → 크기가 커서 융모 내부의 모세혈관으로 유입되지 못하고, 유미림프관으로 유입되어 림프계를 거쳐 순환계로 들어간다.

② A와 B는 소장 내강에서 일어난다.

26

답 ⑤

정답 해설

ㄱ. (○) 액틴 미세섬유와 미오신 섬유가 수축환을 형성시킨다.
ㄴ. (○) 튜불린으로 구성된 미세소관이 방추사를 형성시킨다.
ㄷ. (○) 라민 단백질로 구성된 중간섬유가 핵막층(핵 라미나)을 구성한다.

27

답 ③

정답 해설

③ 염색체 돌연변이 중 비상동염색체 사이의 DNA 절편 교환을 전좌라 한다.

28

답 ③

정답 해설

ㄱ. (○) 헬리카제를 비롯한 복제 관련 단백질들은 복제 원점으로부터 양방향으로 2세트가 사용되어 양방향 복제가 이루어진다.
ㄷ. (○) DNA 중합효소는 복제 시 딸가닥을 $5' \rightarrow 3'$ 방향으로 중합하므로, (나)에서 A를 주형으로 합성되는 딸가닥은 복제 분기점의 진행 방향(→ 헬리카제 진행 방향임)과 반대 방향으로 합성된다. 이런 경우 헬리카제가 주형 가닥을 조금씩 풀 때마다 조각조각으로 딸가닥 합성이 이루어지는데, 이런 방식으로 합성되는 딸가닥을 후발 가닥(지연 가닥)이라 하며 각 조각들은 오카자키 절편이라 한다.

오답 해설

ㄴ. (×) DNA 회전효소(DNA 위상이성질화효소)는 ㉠의 복제 시점(origin of replication)이 아닌, 헬리카제의 앞, 즉 복제 분기점(replication fork)의 앞쪽에서 작용하며 과도한 꼬임을 방지해준다.

정답 해설

ㄱ. (○) 제한효소 자리를 제한효소로 절단하고 인슐린 유전자(cDNA 서열)를 삽입한다.

ㄷ. (○) 플라스미드의 항생제 저항성 유전자를 이용하여 플라스미드가 제대로 삽입된 세균을 항생제 저항성으로 쉽게 선별할 수 있다.

오답 해설

ㄴ. (×) 세균은 스플라이싱을 할 수 없으므로, 진핵세포 유전자를 세균에서 단백질로 발현시키는 경우엔 성숙한 mRNA로부터 역전사로 합성된 cDNA(상보성 DNA : complement DNA)를 사용한다. 이 cDNA는 유전자 내의 비암호 부위인 인트론은 제거되고, 암호 부위인 엑손만을 함유한 상태이다.

30

정답 해설

① A. 미토콘드리아가 없으므로 원핵생물이고, 세균 70S 리보솜을 저해하는 스트렙토마이신에 감수성이 있으므로 세균인 대장균이다.

   B. 원핵생물인데 세균 70S 리보솜을 저해하는 스트렙토마이신에 감수성이 없으므로, 고세균(원시세균)인 메탄생성균이다.

   C. 미토콘드리아가 있으므로 진핵생물인 효모이다.

정답 해설

ㄷ. (○) C에서 PS시 값이 가장 큰 것으로 보아 C는 진원에서 가장 먼 관측소이다.

오답 해설

ㄱ. (×) 그림은 A, B, C에서 동일한 지진에 의해 기록된 지진파의 모습이므로 지진의 규모는 A, B, C 모두 같다.

ㄴ. (×) B에 기록된 지진파에 S파가 존재한다. S파는 액체 상태인 외핵을 통과하지 못하므로 B에 도달한 지진파는 외핵을 통과하지 않았다.

32

정답 해설

⑤ 현무암질 마그마는 SiO₂ 함량이 52% 이하이며, 유문암질 마그마는 SiO₂ 함량이 63% 이상, 안산암질 마그마는 SiO₂ 함량이 52~63%이다. 따라서 A는 현무암질 마그마, B는 안산암질 마그마, C는 유문암질 마그마이다. 그러므로 A 마그마의 온도가 가장 높고, C 마그마의 점성이 가장 높다.

33

정답 해설

④ D는 보존경계로 천발지진만 발생한다.

오답 해설

① A는 동아프리카 열곡대로 열곡이 발달한다.
② B는 히말라야 산맥이 발달한 곳으로 대륙판과 대륙판의 수렴경계이다.
③ C는 열점에 의한 화산 활동으로 인해 형성된 하와이 열도이다.
⑤ E는 아이슬란드 열곡대로 화산 활동이 활발하다.

34

정답 해설

ㄱ. (○) 공룡 화석이 발견되는 것으로 보아 이 지층은 육성기원의 중생대 퇴적층인 경상 누층군에 해당한다.

오답 해설

ㄴ. (×) 이 지층은 중생대 때 생성되었다. 제주도와 울릉도가 형성된 시기는 신생대이다.
ㄷ. (×) 필석은 고생대 표준화석이다.

35

정답 해설

⑤ 기압 경도력의 식은 $\dfrac{1}{\rho} \times \dfrac{\Delta P}{\Delta z}$ 로, 등압선의 간격이 좁아질수록 커지며, 고기압에서 저기압 쪽으로 작용한다. 전향력의 식은 $C = 2v\Omega\sin\phi$ 로, 풍속이 증가할수록 커진다.

36

정답 해설

② 흑점의 극대 또는 극소 주기는 평균 11년이다.

오답 해설

④ 태양의 자전 방향은 서에서 동(시계 반대 방향)으로, 지구의 자전 방향과 같다.

⑤ 태양의 자전 주기와 자전 속도는 흑점의 이동 속도를 통해 알 수 있다. 이를 통해 구한 태양의 자전 주기는 저위도일수록 짧다. 그러므로 태양의 자전 속도는 고위도보다 적도에서 빠르다.

37

답 ②

정답 해설

ㄷ. (○) 북반구에서 태풍의 진행방향을 기준으로 오른쪽은 태풍의 회전 방향과 진행 방향이 일치하므로 피해가 더 심한 위험반원 이고, 왼쪽은 태풍의 회전 방향과 진행 방향이 반대이므로 피해가 덜한 안전반원이다. 따라서 북반구에서 위험반원은 태풍의 진행방향을 기준으로 오른쪽에 위치한다.

오답 해설

ㄱ. (×) 태풍은 찬 공기와 따뜻한 공기가 만나서 생기는 것이 아니라 따뜻한 열대 해상에서 발달하므로 전선을 동반하지 않는다.

ㄴ. (×) 태풍의 눈은 바람이 불어 들어오지 않아 풍속이 급격히 감소하는 지점이다.

38

답 ②

정답 해설

② 지구형 행성은 목성형 행성보다 질량과 반지름이 작다. 반면 지구형 행성은 주로 규산염 물질로, 목성형 행성은 주로 수소와 헬륨으로 이루어져 있으므로 밀도는 지구형 행성이 목성형 행성보다 크다. 위성의 수는 지구형 행성에 비해 목성형 행성이 많으며, 공전 주기는 태양으로부터의 거리가 먼 목성형 행성이 더 길다.

39

정답 해설

ㄱ. (○) 별 A의 겉보기 등급은 6등급이고 별 B의 겉보기 등급은 1등급이므로 지구에서 관측된 별의 밝기는 B가 A보다 100배 밝다. 이때 별 A와 별 B의 절대 등급은 같으므로 별 A까지의 거리는 별 B까지의 거리보다 10배 멀다. 그러므로 r_A가 r_B보다 크다.

ㄷ. (○) 별 A까지의 거리는 별 B까지의 거리보다 10배 멀기 때문에 $r_A = 100pc$이면 $r_B = 10pc$이다. 그러므로 B의 절대 등급은 겉보기 등급과 같은 1등급이다.

오답 해설

ㄴ. (×) A의 절대 등급이 8등급이면 거리 지수 공식 $m - M = 5\log r - 5$에 의해 $-2 = 5\log r - 5$이므로 $r_A = 10^{\frac{3}{5}}pc$이다.

40

정답 해설

④ 허블 상수는 $v = H \times r$ 식을 만족한다. 따라서 위의 그래프로 구한 허블 상수는 50kms⁻¹Mpc⁻¹이다.

오답 해설

⑤ 멀리 있는 은하일수록 시선속도가 빠르다. 따라서 $v = \dfrac{\Delta \lambda}{\lambda_0} \times c$ 식에 의해 적색 편이가 크게 나타난다.

2017년 제54회 정답 및 해설

✔ 문제편 125p

01	02	03	04	05	06	07	08	09	10	11	12	13	14	15	16	17	18	19	20
②	③	①	⑤	⑤	④	④	①	③	③	⑤	③	⑤	③	④	④	⑤	②	⑤	②
21	22	23	24	25	26	27	28	29	30	31	32	33	34	35	36	37	38	39	40
④	①	④	③	①	⑤	①	③	②	⑤	①	⑤	⑤	①	④	②	②	③	④	②

01

답 ②

정답 해설

② 동일한 진동자이므로 (가)와 (나)에서 진동수가 같고 줄의 장력도 동일하다. 현의 정상파의 일반식 $f_n = \frac{n}{2L}\sqrt{\frac{T}{\mu}}$ 에서 장력만 다르게 된다. $f = \frac{n_1}{2L}\sqrt{\frac{mg}{\mu}} = \frac{n_2}{2L}\sqrt{\frac{mg - \rho g V}{\mu}}$ 를 이용해 V에 대해 정리하면 $V = \frac{m}{\rho}\left[1 - \left(\frac{n_1}{n_2}\right)^2\right]$ 가 된다.

02

답 ③

정답 해설

③ 히터에서 소비되는 전기에너지가 모두 물의 온도를 올리는 데 사용되므로 $\frac{V^2}{R}t = cm\Delta T$에 대입을 하면

$\frac{100^2}{R}600 = 4,000 \times 1 \times (60.0 - 10.0)$ 이 되고, 정리하면 $R = 30\,\Omega$ 이다.

03

답 ①

정답 해설

① 유도전류 $I = \frac{\epsilon}{R}$ 에서 ϵ은 유도 기전력이다. $\epsilon = A\frac{dB}{dt} = \pi R^2 \times 2 = 2\pi$가 된다. 그러면 $I = \frac{\epsilon}{R} = \frac{2\pi}{8} = \frac{\pi}{4}$ 이다.

04

정답 해설

⑤ 등속운동을 하고 있으므로 합력이 0인 힘의 평형상태이다. A와 B를 한 덩어리로 보고 힘 분석을 하면

$mg + 4mg\sin 30° = \mu 4mg\cos 30°$에서 $\mu = \dfrac{\sqrt{3}}{2}$ 이 된다.

05

답 ⑤

정답 해설

⑤ 각속도 w가 동일하고, 만유인력이 구심력의 역할을 하므로 A: $G\dfrac{M_A m}{r^2} = mrw^2$, B: $G\dfrac{M_B m}{4r^2} = m2rw^2$ 가 된다. 두 식을

양변을 나누어서 정리하면 $\dfrac{M_B}{M_A} = 8$이다.

06

답 ④

정답 해설

④ A의 부피를 V라고 하면 B의 부피는 $2V$라고 할 수 있다. 그러면 두 물체를 한 덩어리처럼 보았을 때 중력과 부력이
힘의 평형을 이룰 때가 B가 물에 완전히 잠기기 위한 최소 조건이 된다. $m_A g + m_B g = B_A + B_B$ 임을 만족하므로

$\dfrac{3}{2}\rho_0 Vg + \rho_B 2Vg = \rho_0 g3V$에서 $\rho_B = \dfrac{3}{4}\rho_0$를 만족하게 된다.

07

답 ④

정답 해설

④ 아래 그림처럼 전류를 잡고 전압법칙의 식을 세운다. 먼저 왼쪽 위 폐회로에 대해 시계방향으로 돌리면서 식을 세우면
$10 - I_1 + 2I_2 = 0$이고, 오른쪽 위 폐회로에 대해 반시계방향으로 돌리면서 식을 세우면 $10 - I_2 - I_3 + 2I_1 - 2I_3 = 0$이다.
또한 아래 폐회로에 대해 시계방향으로 돌리면서 식을 세우면 $10 - 2I_2 - I_2 - I_3 = 0$이 되어서 위의 세 식을 연립하면
$I_3 = 10A$ 가 된다.

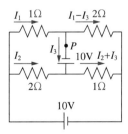

08

정답 해설

① 단일슬릿에 의한 회절무늬는 $\dfrac{L\lambda}{a}$ 로 큰 무늬이고, 이중슬릿에 의한 간섭무늬는 $\dfrac{L\lambda}{b}$ 로 작은 무늬 사이의 간격이다. b를 $\dfrac{b}{2}$ 로 감소시키면 이중슬릿에 의한 작은 무늬 간격만 두 배로 넓어진다. 단일슬릿에 의한 첫 번째 극소점의 위치는 변하지 않는다.

09

정답 해설

③ 광전효과에서 에너지 방정식은 $hf = W + K_{\max}$ 이고 $W = hf_0$, $K_{\max} = eV_0$ 를 만족한다. 금속판 X의 문턱진동수를 f_0 라고 하면 빛 a의 진동수는 $2f_0$ 가 되면서 빛 a를 비추어 주었을 때 $h2f_0 = hf_0 + eV_0$ 에서 $h2f_0 = 2eV_0$ 가 된다. 빛 b의 진동수를 f 라고 하면 $hf = hf_0 + 2eV_0$ 에서 $hf = 3eV_0$ 가 된다. a의 진동수는 $2f_0 = \dfrac{2eV_0}{h}$ 이고 b의 진동수는 $f = \dfrac{3eV_0}{h}$ 가 되어 b의 진동수는 a의 진동수의 $\dfrac{3}{2}$ 배가 된다.

10

정답 해설

ㄱ. (○) 확률밀도함수는 파동함수의 제곱이므로 ψ_B 를 제곱하면 $x = 0$에서 Y를 발견할 확률은 0이다.
ㄴ. (○) ψ_A 는 $n = 3$인 양자상태, ψ_B 는 $n = 2$인 양자 상태이다. n값이 큰 E_A 가 E_B 보다 크다.

오답 해설

ㄷ. (×) 바닥 상태의 에너지는 $x = 0$에서 진폭이 최대가 되는 파동함수이어야 한다.

11

정답 해설

	AB₃	⇌	AB	+	B₂
초 기	4기압		0기압		0기압
반 응	−0.8기압		+0.8기압		+0.8기압
평 형	3.2기압		0.8기압		0.8기압

⑤

$X_{B_2} = \dfrac{0.8}{4.8} = \dfrac{1}{6}$

AB기체의 분압 : 0.8

평형 상태에서 0.08몰이 2L에 있으므로 $[AB_3] = 0.04M$이다.

$K_p = \dfrac{0.8 \times 0.8}{3.2} = 0.2$

$K_c = \dfrac{0.01 \times 0.01}{0.04} = 0.0025$

12

정답 해설

③ $\triangle H_r° = -110 = -10 - 2 \times \triangle H_f°(A(g))$이므로 A(g)의 표준 생성 엔탈피는 50이다.

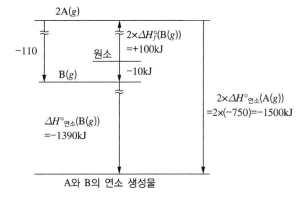

13

정답 해설

⑤ 발열 반응이므로 정반응보다 역반응 활성화 에너지가 크다. 정반응 속도 상수보다 역반응 속도 상수가 작으므로 $K_c = \dfrac{[Y]}{[X]} = \dfrac{k_f}{k_r} > 1$ 이다.

온도가 높아지면 정반응과 역반응 모두 속도 상수가 커진다. 역반응이 흡열 반응이므로 온도를 높여 역반응이 진행된 후 새로운 평형에 도달하면 평형 상수는 작아진다. 따라서 정반응의 자발성이 감소한다.

14

정답 해설

③
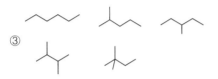

15

정답 해설

유효 핵전하는 $Z_{eff} = Z - \sigma$ 이다.

ㄴ. (○) 같은 주기에서 원자 번호가 클수록 핵전하(양성자수)가 증가하므로 유효 핵전하는 증가한다.
ㄷ. (○) F에서 $1s$ 전자는 $2p$ 전자보다 가리움 상수가 작기 때문에 유효 핵전하가 크다.

오답 해설

ㄱ. (×) 핵전하는 헬륨이 수소의 2배이지만 가리움 상수가 있기 때문에 유효 핵전하는 수소의 2배보다 작은 값이다.

16

정답 해설

구 분	ClF_3	SF_4	PBr_5	I_3^+
중심 원자	Cl	S	P	I
SN	5	5	5	4
중심 원자의 비공유 전자쌍	2쌍	1쌍	0쌍	2쌍
분자 구조	T자형	시소형	삼각쌍뿔	굽은형

④

17

정답 해설

⑤ 암모니아는 1자리 리간드, 에틸렌다이아민은 2자리 킬레이트이므로 2번째 반응의 생성물이 평형 상태에서 더 안정한 형태로 존재하고 평형 상수가 더 크다. 2번째 반응의 결과 4개의 에틸렌다이아민이 착이온을 형성하면서 6개의 물 분자가 방출되었으므로 계의 엔트로피는 증가한다. 두 자리 킬레이트와만 결합한 착이온은 대칭면이 없고 겹치지 않으므로 거울상 이성질체가 있다.

18

정답 해설

② 완충 용액은 약산과 그 짝염기의 양이 많으면서 서로 비슷한 양을 가지고 있을 때 크다. ③ · ④ · ⑤는 완충용액이 아니고 ①은 아세트산과 짝염기가 각각 0.2몰씩, ②는 아세트산과 짝염기가 0.5몰씩 존재한다.

19

정답 해설

⑤ $n = 6$, $E° = -1.66 - (-2.37) = 0.71V$

∴ $\triangle G° = -nFE° = -6 \times a \times 0.71 = -4.26a$

20

정답 해설

② H_A는 이중선이면서 전자를 끄는 작용기인 나이트로기에 근접하므로 (ㄱ)이다.
H_D는 이중선이므로 (ㄷ)이다.
H_B는 삼중선이면서 비공유 전자쌍이 존재할 수 있으므로 상대적으로 화학적 이동이 작아야 하므로 (ㄹ)이다.

21

답 ④

정답 해설

④ 재조합 빈도 = {(재조합형 자손 수)/(전체 자손 수)} × 100(%) (검정교배 시)
재조합형 : Ab, aB
∴ {(18 + 22)/(183 + 177 + 18 + 22)} × 100 = 10%

22

답 ①

정답 해설

① 신장에서 물의 재흡수는 세포막의 물 통로인 아쿠아포린을 이용한 촉진 확산에 의해 주로 일어난다.

오답 해설

② 헨레 고리 상행지의 피질 부위로 올라갈수록 NaCl이 재흡수되면서 여액의 삼투농도는 감소하므로 (나)쪽이 더 높다.
③ 집합관에서 NaCl의 재흡수는 능동 수송에 의해 이루어진다.
④ ADH는 시상하부에서 생성된 후 뇌하수체 후엽에서 분비되어 원위 세뇨관과 집합관에서 아쿠아포린의 발현을 촉진하여 수분 재흡수를 증가시킨다.
⑤ (가)~(마)에서 NaCl의 재흡수가 일어나지 않는 곳은 (가) 부위뿐이다.

23

답 ④

정답 해설

④ 배아줄기세포는 포배(배반포) 단계의 내부세포괴(안세포 덩어리)에서 추출할 수 있으며, 체내 모든 종류의 세포로 분화가 가능하다.

오답 해설

⑤ 2n = 8(체세포 분열), n = 8(감수분열)로 동일하다.

24

정답 해설

ㄱ. (○) (A)는 방향성 선택으로, 대립유전자 빈도가 변화한다.
ㄷ. (○) (C)는 안정화 선택이며 개체군의 평균은 변화하지 않는다.

오답 해설

ㄴ. (×) (B)는 분단성 선택이며, 살충제에 대한 저항성 증가는 방향성 선택이다.

25

정답 해설

① A 지점을 묶으면 십이지장으로의 담즙 분비가 일어나지 않아, 담즙산염의 지방 유화가 일어나지 못하므로 리파아제에
의한 지방 분해의 속도가 느려진다.

26

정답 해설

⑤ 개체군 크기가 매우 크고, 무작위 교배가 일어나며, 자연선택이나 유전자 흐름이 없다면 개체군의 대립유전자 빈도는 변화하
지 않는다(하디-바인베르그 평형).

오답 해설

② 감자와 고구마는 형태가 비슷하나 감자는 줄기, 고구마는 뿌리로서 그 해부학적 구조도 다르고 계통도 달라 상사기관으로
볼 수 있다.
④ 따개비는 고래 몸 표면을 서식지로 삼으며 고래가 이동할 때 먹이를 얻지만, 고래는 따개비로 인해 아무런 이득도 해도
없으므로 편리공생이다.

27

정답 해설

그림은 우연에 의해 유전자 풀이 변화하는 유전적 부동(genetic drift) 중, 특히 교란(자연재해 및 인간 활동) 등에 의해 개체 수가 급감하면서 생존자 집단에서의 대립유전자 빈도(유전자 풀)가 원래 집단과 달라지게 되는 병목 효과(bottle neck effect)를 나타낸 것이다.

① 북태평양 물개는 남획(교란)에 의해 그 수가 급감하였고 그로 인해 유전자 풀이 변화된 것이므로 병목 효과가 나타난 예이다.

오답 해설

② 지리적 격리에 의한 이소종분화의 예이다.
③ 집단 내에 변이를 유지시키는 기작 중 이형접합자(잡종) 우세(균형 선택의 한 종류)의 예이다.
④ 방향성 자연선택의 예이다.
⑤ 흰 민들레가 출현한 것은 새로운 변이의 발생에 의한 것일 수도 있고, 유전자 흐름(흰색 민들레 꽃씨의 유입)에 의한 것일 수도 있다.

28

정답 해설

③ 분비 단백질은 조면소포체 상의 리보솜에 의해 합성된 후 소포체 내강에서 당화 등의 변형이 일어난 후 골지체로 보내진다. 골지체에선 단백질이 추가 변형된 후 목적지별로 분류되어 분비 소낭으로 포장된다. 이 분비 소낭은 세포막과 융합되어 세포외배출작용에 의해 단백질이 세포 밖으로 분비된다.

29

오답 해설

ㄹ. (×) 탄소가 고정되는 과정은 캘빈 회로(암반응)이다.
ㅁ. (×) 광합성 생물들은 모두 가시광선(379~750nm)을 주로 이용한다.

30

물질대사는 다단계 효소 반응으로 일어난다. 최소 배지에 중간산물(전구물질) C를 첨가한 경우는 야생형(정상형)만 생존하므로 C가 A, B, C 중 가장 앞 단계의 중간산물이며, 세 종류의 돌연변이체들은 이 물질의 뒷 단계에서 사용되는 효소 유전자에 돌연변이가 일어났음을 알 수 있다. 최소 배지에 B를 추가하였을 때 돌연변이체 II가 최초로 생존을 시작하였으므로, II는 C로부터 B를 합성하는 단계의 효소 유전자에 변이가 일어나 B 합성을 못해 최소배지에서 생존 못하는 돌연변이체임을 알 수 있다. 최소 배지에 A를 추가하였을 때 생존하기 시작한 III은 B로부터 A를 합성하는 단계의 효소 유전자에 변이가 일어나 A합성을 못해 최소배지에서 생존하지 못하는 돌연변이체임을 알 수 있다. 돌연변이체 I은 X를 추가하였을 때에만 생존하므로, A가 X로 전환되는 가장 마지막 단계의 효소 유전자에 돌연변이가 일어난 것이다. 즉, X 합성의 대사 경로는 C → B → A → X 순서이다.

ㄴ. (O) 돌연변이체 II은 C → B 단계의 효소가 정상적으로 생성되지 못하는 돌연변이가 일어난 경우이고 뒷 단계의 효소들은 정상(한 유전자에만 돌연변이가 일어났다 하였으므로)이므로 B를 기질로 이용해 X를 합성할 수 있다.

ㄱ. (×) 돌연변이체 I은 X 합성의 마지막 단계인 A → X 과정의 효소가 정상적으로 생성되지 못하는 돌연변이가 일어난 경우이므로 A, B, C 중 어느 것을 첨가해도 X를 합성하지 못한다.

31

ㄱ. (O) 지각은 고체 상태이기 때문에 전도로 열이 전달된다.

ㄴ. (×) 중앙해령은 새로운 해양 지각이 형성되는 곳이므로 지각 열류량이 많아 암석권 온도가 높다. 또한, 해양 지각의 두께는 중앙해령으로부터의 거리가 멀어질수록 두꺼워진다.
ㄷ. (×) 외핵은 액체 상태이므로 대류에 의해 대부분의 열이 전달된다.

32

⑤ 점토 광물은 규산염 광물의 일종으로 층상구조를 가지고 있다. 고령토는 점토 광물의 대표적인 예시로 도자기의 원료가 된다. 이러한 점토 광물은 물을 흡수하면 가소성이 있고 물을 제거하면 단단해지는 성질이 있는데, 이는 도자기를 빚고 구워 제작하는 과정을 떠올리면 이해하기 쉽다.

33

오답 해설

① 용해 작용으로, 석회암이 이산화탄소가 용해되어 있는 지하수에 녹아 석회 동굴이 형성되는 과정이다.
② 분자와 물이 결합하여 수화물이 되는 작용으로, 적철석이 갈철석이 되는 과정이다.
③ 가수분해 작용으로, 정장석이 이산화탄소가 용해되어 있는 물과 만나 고령토가 되는 과정이다.
④ 감람석이 물을 만나 적철석과 마그네슘이 되는 산화 환원 반응이다.

34

답 ①

정답 해설

① SiO_2 함량이 45% 이하인 심성암을 감람암이라고 한다. 심성암에는 반려암, 섬록암, 화강암이 있으며, 반려암의 SiO_2 함량이 가장 낮고, 화강암의 SiO_2 함량이 가장 높다.

35

답 ④

정답 해설

④ · ⑤ 전향력의 식은 $C = 2v\Omega\sin\phi$이므로 풍속이 증가할수록 전향력이 커지며, 풍속이 동일하면 고위도 지역으로 갈수록 전향력이 증가한다.

오답 해설

① · ② 기압 경도력은 등압선 간격이 좁을수록 커지며, 고기압에서 저기압 쪽으로 작용한다.
③ 전향력은 북반구에서 진행해가는 방향의 오른쪽으로 바람을 전향하게 한다.

36

답 ②

정답 해설

② 그림에서 연기는 상하로 활발하게 퍼져나가고 있다. 따라서 이 기층은 불안정하다. 불안정한 상태의 기층에서는 기온 감률이 단열 감률보다 크므로 ②가 이 지역의 대기 상태를 가장 잘 나타낸 것이다.

37

정답 해설

② 대류권계면에서부터 고도 약 45km까지를 성층권, 고도 약 45km부터 고도 약 80km까지를 중간권이라고 한다. 대류권과 중간권은 높이가 올라갈수록 기온이 감소하는 불안정한 층이며, 대류권의 두께는 기층의 온도가 높을수록 두껍다. 열권은 고도가 높아짐에 따라 기온이 상승하는 안정한 층이다.

38

정답 해설

③ 별의 밝기는 5등급에 100배만큼 차이난다. 따라서 겉보기 등급의 차이가 5인 두 별의 겉보기 밝기는 약 100배 차이난다.

39

정답 해설

ㄴ. (○) 태양이 하지점에 있을 때 태양의 적위는 23.5°이다.

ㄷ. (○) 적위가 0°인 천체는 정동에서 떠서 정서로 지며, 적위가 0°보다 큰 천체는 북동쪽에서 북서쪽으로, 적위가 0°보다 작은 천체는 남동쪽에서 남서쪽으로 이동한다. 겨울에 태양의 적위는 0°보다 작으므로 태양은 남동쪽에서 떠서 남서쪽으로 진다.

오답 해설

ㄱ. (×) 남중고도 구하는 식은 $h = 90° - \phi + \delta$이므로 적위가 0°인 봄에 태양의 남중고도는 53°이다.

40

정답 해설

② ㄱ은 거성 위에 분포하는 초거성, ㄴ은 주계열성 오른쪽 위에 분포하는 거성, ㄷ은 왼쪽 위에서 오른쪽 아래에 분포하는 주계열성, ㄹ은 주계열성의 왼쪽 아래에 분포하는 백색 왜성이다.

2016년 제53회 정답 및 해설

✓ 문제편 143p

01	02	03	04	05	06	07	08	09	10	11	12	13	14	15	16	17	18	19	20
③	⑤	②	③	②	①	④	④	①	②	③	⑤	③	④	⑤	②	④	②	②	①
21	22	23	24	25	26	27	28	29	30	31	32	33	34	35	36	37	38	39	40
⑤	②	②	①	③	⑤	④	④	①	④	③	④	⑤	②	③	④	④	⑤	①	①

01

답 ③

정답 해설

③ 물체가 정지해 있으므로 합력이 0인 힘의 평형상태이다. 두 물체를 하나의 물체로 보면 2kg의 물체에 작용하는 중력 20N과 같은 크기의 마찰력이 4kg의 물체 왼쪽 방향으로 작용하고 있어야 한다.

02

답 ⑤

정답 해설

구심력은 mrw^2인데 w와 m이 동일하다.

ㄱ. (○) 선속도 $v_t = rw$에서 r이 클수록 v_t가 크다.

ㄴ. (○) mrw^2에서 r이 클수록 구심력의 크기가 크다.

ㄷ. (○) 각운동량 $L = rmv$에서 v와 r이 모두 B가 크다.

03

정답 해설

② 회전하는 물체에 대해 외력이 작용하지 않으면 각운동량이 충돌 전후 보존된다. 회전축에 대해 막대의 각운동량을 반시계 방향으로 Iw라 하고, 입자의 속력을 v, 각운동량은 시계 방향으로 $\frac{L}{2}mv$라 놓으면, 충돌 후에 정지하였으므로 충돌 전 각운동량의 합은 0이다. 즉 $Iw = \frac{L}{2}mv$이다. 질량이 M이고 길이가 L인 막대의 한 쪽 끝을 회전축으로 했을 때, 회전관성모 멘트는 $I = \frac{1}{3}ML^2$이다. 그러므로 $\frac{1}{3}ML^2w = \frac{L}{2}mv$가 되어서 v에 대해 정리하면 $v = \frac{2MLw}{3m}$가 된다.

04

정답 해설

③ 스위치 a에 연결되면 A축전기 양단의 전위차가 V_0가 되므로 A축전기에 저장되는 전하량을 Q_0라고 하면 $Q_0 = C_0 V_0$이다. 이 상태에서 스위치를 b에 연결하고 B와 C축전기를 하나의 축전기로 보면 두 축전기의 합성 전기용량이 $\frac{1}{2}C_0$가 된다. A축전기와 B, C축전기는 양단의 전위차가 같으므로 $Q = CV$에서 Q는 C에 비례한다. A축전기와 B, C축전기는 전기용량 의 비가 $2:1$이므로 A축전기에 저장된 전하량 $C_0 V_0$를 $2:1$로 나누어 갖는다. 결국 A축전기에 저장되는 전하량은 $\frac{2}{3}C_0 V_0$ 이다.

05

정답 해설

② 10Ω의 병렬연결이므로 전체 합성저항은 5Ω이다. 그러면 전류는 $1 = \frac{\Sigma V}{5}$에서 $\Sigma V = 5V$가 된다. $\Sigma V = V_0 - 3 + 6 = 5$에서 $V_0 = 2V$가 된다.

06

정답 해설

① 비오-사바르의 법칙에 의하면 (가)와 (나) 모두 직선도선 부분은 p와 q에 아무런 자기장 영향을 주지 않는다. p에서의 자기장은 두 반원형 도선에 의한 자기장의 방향이 같으므로 $B_p = \left(\dfrac{\mu_0 I_1}{2\pi 2R} + \dfrac{\mu_0 I_1}{2\pi R} \right) \times \dfrac{1}{2}$ 이고, q에서의 자기장은 두 반원형 도선에 의한 자기장의 방향이 반대이므로 $B_q = \left(\dfrac{\mu_0 I_2}{2\pi R} - \dfrac{\mu_0 I_2}{2\pi 2R} \right) \times \dfrac{1}{2}$ 가 된다. $B_p = B_q$이므로 $\dfrac{I_2}{I_1} = 3$이 된다.

07

정답 해설

엔트로피가 증가하는 경우는 열을 흡수하는 경우와 비가역 과정이다.

ㄱ. (○) 등온 팽창은 $\Delta U = 0$이지만 $W > 0$이어서 열을 흡수하므로 엔트로피가 증가한다.
ㄷ. (○) 열이 고온에서 저온으로 이동하는 경우는 대표적인 비가역이므로 엔트로피가 증가한다.

오답 해설

ㄴ. (×) 단열팽창은 열의 출입이 없고 가역적이므로 엔트로피의 변화량이 0이다.

08

정답 해설

④ 이중슬릿에 의한 간섭무늬 간격은 $y = \dfrac{L\lambda}{d}$ 이다. y가 작아지는 경우는 ㄱ, ㄴ이 해당된다.

09

정답 해설

① 에너지 보존에 의해 충돌 전 광자의 에너지는 충돌 후 광자와 전자의 에너지의 합과 동일하다. 전자의 운동에너지를 K라 하면 $h\dfrac{c}{\lambda} = h\dfrac{c}{2\lambda} + K$에서 $K = \dfrac{hc}{2\lambda}$ 이다.

10

정답 해설

② 폭이 L인 일차원 무한 퍼텐셜 우물에 갇혀 있는 전자의 에너지 준위는 $\dfrac{n^2h^2}{8mL^2}$ 이다. (가)의 바닥상태($n=1$) 에너지와

(나)의 두 번째 들뜬 상태($n=3$)의 에너지가 같으므로 $\dfrac{1^2h^2}{8mL_1^2}=\dfrac{3^2h^2}{8mL_2^2}$ 에서 $\dfrac{L_2}{L_1}=3$이다.

11

답 ③

정답 해설

③ 비활성기체로 몰분율은 일정하지만 외부 압력이 증가했으므로 분압 역시 증가하였다. 운동에너지는 온도가 일정하다면 He와 Ne은 동일하다. 제곱 평균근 속력은 분자량이 작은 He가 더 빠르다.

12

답 ⑤

정답 해설

ㄱ. (○) 500g의 물에 (가) 용질의 양은 110g, (나) 용질의 양은 100g이므로 몰랄 농도는 (가)가 (나)의 1.1배이다.
ㄴ. (○) 비휘발성 물질은 몰랄 농도가 클수록 증기압이 낮아진다. 따라서 증기압은 (가) < (나) = (다) 순이다.
ㄷ. (○) 몰랄 농도가 같으면 어는점 내림은 같다. 따라서 (나)와 (다)의 어는점은 같다.

13

답 ③

정답 해설

ㄱ. (○) 기울기가 클수록 활성화 에너지는 크다. 따라서 (나)의 활성화 에너지가 (가)보다 크다.
ㄷ. (○) 1차 반응이므로 생성된 P의 양은 속도 상수와 초기농도에 비례한다. 따라서 생성된 양은 Ⅲ > Ⅱ > Ⅰ 순서이다.

오답 해설

ㄴ. (×) 1차 반응이므로 반감기는 속도 상수의 역수에 비례하게 된다. 따라서 Ⅱ가 Ⅰ보다 10배 빠른 반응이므로 반감기는 10배 짧아진다.

14

정답 해설

$n+l=3$인 경우의 수는 $(n=2,\ l=1)$, $(n=3,\ l=0)$이다.

바닥 상태의 원자에서 $n+l=3$을 만족하는 전자가 총 7개라면 $n=2,\ l=1$ 즉 $2p$오비탈에 6개의 전자가 다 채워지고, $n=3,\ l=0$ 즉 $3s$오비탈에 1개의 전자가 채워진 경우이다.

이 원자는 $1s^2\,2s^2\,2p^6\,3s^1$의 전자 배치를 가지는 Na이라는 것을 알 수 있다.

④ $m_l=0$을 만족하는 오비탈은 $1s,\ 2s,\ 2p$ 중 1개, $3s$이므로 총 7개의 전자가 채워진다.

오답 해설

① 3주기 원소이다.
② 홀전자 수는 1개이다.
③ $n+l=2$를 만족하는 경우는 $n=2,\ l=0$밖에 없으므로 $2s$를 채우는 전자의 수는 2개이다.
⑤ 전자가 채워진 오비탈 중 가장 큰 n은 3이다.

15

정답 해설

⑤ Cl^-와 결합한 착물의 전체 전하가 +2이다. 따라서 중심 원자 금속 Co는 +3인 d^6 착물임을 알 수 있다. 또한 반자기성이므로 정팔면체 구조로 저스핀임을 알 수 있다.

16

정답 해설

② (가) $:\ddot{S}=C=\ddot{N}:$ (나) $:S\equiv C-\ddot{N}:$ (다) $:\ddot{S}-C\equiv N:$
　　　　 0　0　−1　　　　 +1　 0　−2　　　　−1　 0　 0

가장 안정한 구조는 (다)이다.

17

④

18

정답 ②

정답 해설

② ^{X}A를 원자량이 작은 경우로, ^{Y}A를 원자량이 큰 경우로 생각해 본다.

A_2는 ^{X}A^{X}A, ^{X}A^{Y}A, ^{Y}A^{Y}A의 조합으로 만들어질 수 있으며 그 중 가장 질량이 작은 ^{X}A^{X}A가 2X이고, 가장 질량이 큰 ^{Y}A^{Y}A가 2X + 4라고 볼 수 있다.

중간의 질량을 가지는 경우는 ^{X}A^{Y}A이다. 따라서 자연계에 존재하는 ^{X}A와 ^{Y}A의 비율은 50% : 50%임을 알 수 있다. 1개의 ^{X}A의 질량은 X이고 1개의 ^{Y}A의 질량은 X + 2이다.

∴ 평균 원자량 : $X \times \dfrac{50}{100} + (X+2) \times \dfrac{50}{100} = (2X+2)\dfrac{1}{2} = X + 1$

19

정답 ②

정답 해설

② $K = e^{-\frac{\Delta G°}{RT}}$, $\Delta G° = -nFE°$이므로 $K = e^{\frac{nFE°}{RT}}$ 이다.

$\dfrac{RT}{F} = a$로 주어졌으므로 $nE°$만 구해내면 된다.

$nE° = n_1E_1° + n_2E_2° = 2 \times (5 \times -0.44) + 5 \times (2 \times -1.51) = -19.5$ 이다.

2016년 제53회 정답 및 해설 **293**

20

정답 해설

① 같은 온도에서 피스톤이 달린 실린더 안에서 일어나는 화학 반응이므로 전체 압력은 대기압 1atm으로 동일할 것이다. 초기 상태에는 A기체만 들어 있었고 시간이 지나 평형 상태가 되었을 때 부피가 $\frac{5}{4}$ 가 되었음을 통해 다음과 같이 몰수의 비로 반응을 나타낼 수 있다.

	$2A(g)$	$\rightleftarrows$	$2B(g)$	$+$	$C(g)$
초 기	1		0		0
반 응	−0.5		+0.5		+0.25
평 형	0.5		0.5		0.25

이를 통해 평형이 이루어진 후 A와 B의 몰분율(기압)은 $\frac{2}{5}(\mathrm{atm})$이고, C의 몰분율(분압)은 $\frac{1}{5}(\mathrm{atm})$이다.

$$\frac{K_p}{x} = \frac{(\frac{2}{5})^2(\frac{1}{5})}{\frac{(\frac{2}{5})^2}{(\frac{2}{5})}} = \frac{1}{2} \text{이다.}$$

21

정답 해설

⑤ 액틴은 세포골격 중 미세섬유의 구성 성분이다.

오답 해설

① 콜라겐은 피부와 결합 조직에서 세포외기질(ECM)의 주 구성 성분이다.
② 미오신은 근육 세포 내에서 근원섬유의 구성 성분으로도 쓰이고, 동물 세포의 세포질 분열 시 수축환의 성분 등으로 사용된다.
③ 디네인은 미세소관에 부착되어 작용하는 운동 단백질이다.
④ 키네신은 미세소관에 부착되어 작용하는 운동 단백질이다.

22

오답 해설

ㄱ. (×) 삼투는 반투막을 통한 물의 확산이다.
ㄴ. (×) 폐포와 대기 사이의 CO_2, O_2의 기체 교환은 기체의 분압 차에 의한 확산에 의해 일어난다.

23

답 ②

② 5합체를 형성하여 크기가 커 태반을 통과하지 못하는 항체는 IgM이며, IgG는 크기가 가장 작은 항체로서 태반을 통과해 태아에게 전달되어 수동 면역을 형성시킬 수 있다.

24

답 ①

② 전자전달계의 최종 전자수용체는 O_2이다.
③ 전자전달계를 이용한 ATP 합성 과정은 화학삼투적(산화적) 인산화이다.
④ 시트르산 회로에서 GTP는 숙시닐-CoA가 숙신산으로 전환될 때 일어난다.
⑤ 미토콘드리아에서 ATP 합성효소는 전자전달계가 H^+를 막간 공간으로 퍼내어 막간 공간의 pH가 기질보다 낮을 때 ATP를 합성한다.

25

답 ③

ㄷ. (O) 동물 세포의 분열 과정 중 중심체로부터 방추사가 형성된다.

ㄱ. (×) 동물 세포에서 세포질 분열은 수축환을 형성하여 일어난다. 세포판은 식물 세포의 세포질 분열 과정에서 형성된다.
ㄴ. (×) 핵막의 붕괴는 전기에 일어난다.

26

답 ⑤

⑤ 상피 세포는 상피조직을 구성한다.

27

정답 해설

(가)는 복제, (나)는 전사, (다)는 번역 과정이다.

ㄱ. (○) 복제, 전사 및 번역 과정은 모두 에너지가 소모된다.
ㄴ. (○) 복제, 전사 및 번역 과정은 모두 효소가 작용한다.

오답 해설

ㄷ. (×) rRNA는 단백질 발현에 이용되지 않으며, 리보솜의 구성 성분으로 사용되며 mRNA로의 부착과 펩티드 결합 형성 등의 기능을 수행한다.

28

정답 해설

④ PCR과 디데옥시 사슬 종결법은 모두 DNA 복제를 이용하므로 프라이머와 DNA 중합효소가 사용되며, DNA 중합효소에 의한 새로운 가닥의 합성은 5′ → 3′ 방향으로 일어난다. PCR은 변성 단계에서 가열에 의해 두 주형 가닥이 분리될 때 수소 결합이 끊어지며, 디데옥시 사슬 종결법에서도 복제 후 딸가닥을 길이에 따라 분석하기 전에 주형 가닥으로부터 딸가닥을 분리시키는 변성을 유발할 때 수소 결합이 끊어진다.

29

정답 해설

ㄱ. (○) 생태계는 생물적 요소인 군집과 무생물적 요소인 그 주변 환경으로 구성된다.

오답 해설

ㄴ. (×) 한 지역에 서식하는 서로 다른 종(개체군)들이 모여 이루어진 집단은 군집이다.
ㄷ. (×) 동일 지역에 서식하는 동일 종 개체들의 집단은 개체군이다.

30

정답 해설

④ 개미는 당이 함유된 진딧물의 배설물을 먹이로 이용하며, 대신 천적으로부터 진딧물을 보호해주는 상리공생 관계이다('상호작용').

오답 해설

① 동면은 환경이 생물에 영향을 미치는 '작용'이다.
② 광주성(phototaxis : 방향성 움직임)이다('작용').
③ '작용'이다.
⑤ '작용'이다.

31

답 ③

정답 해설

③ 진원은 탄성 에너지가 최초로 방출된 지점으로, 주로 지구 내부에 위치한다.

오답 해설

① S파와 P파는 모두 지구 내부를 통과하여 진행하는 실체파이다.
② S파의 속도가 P파의 속도보다 느리다.
④ 지진은 단층이 발생하는 경우 외에도 화산이 폭발하거나 지하의 공동이 붕괴하는 경우에 발생할 수 있다.
⑤ 같은 지진이라고 하더라도 진도는 진원으로부터의 거리, 지하 내부 물질의 종류, 구조물의 형태 등에 따라 그 값이 달라진다. 같은 지진의 경우 모든 지역에서 값이 같은 것은 규모이다.

32

답 ④

정답 해설

ㄴ. (○) 방해석($CaCO_3$)과 마그네사이트($MgCO_3$)는 화학조성은 다르지만 결정 구조가 같은 유질동상이다.
ㄷ. (○) 규산염 광물은 SiO_4 사면체를 기본구조로 가진다.

오답 해설

ㄱ. (×) 지각에 가장 많은 광물은 규산염 광물이다.

33

답 ⑤

정답 해설

⑤ 응회암은 용암이 식어서 생성된 화산암이 아니라 화산재가 쌓여 생성된 퇴적암의 일종이다.

34

정답 해설

ㄴ. (○) 중생대 후기에 형성된 경상 누층군은 육성층으로, 공룡 발자국 화석이 다량으로 발견된다.

오답 해설

ㄱ. (×) 조선 누층군은 고생대 초기에 퇴적되었다.

ㄷ. (×) 불국사 화강암은 경상 누층군이 퇴적된 이후인 중생대 후기에 관입하였다.

35

정답 해설

③ (나)에서 방사성 원소 X의 양이 50%로 줄어드는 데 걸리는 시간(반감기)은 1억 년이다. A에 포함된 방사성 원소 X의 양은 처음 양의 1/8이므로 반감기가 3회 지났다. 따라서 A의 절대 연령은 3억 년이다. C에 포함된 방사선 원소 X의 양은 처음 양의 1/4이므로 반감기가 2회 지났다. 따라서 C의 절대 연령은 2억 년이다. 관입의 법칙에 의해 B 지층은 A와 C보다 먼저, D지층은 C보다 먼저 형성되었다. 또한, 부정합의 법칙에 의해 D지층은 A보다 나중에 형성되었다. 따라서 암석과 지층의 생성 순서는 B → A → D → C이다. 그러므로 가장 오래된 지층은 B이고, D는 3억 년 전~2억 년 전에 생성되었으므로 고생대 말기에서 중생대 초기에 퇴적된 지층이다.

36

정답 해설

ㄱ. (○) 지각 열류량은 맨틀 대류의 하강부인 해구보다 맨틀 대류의 상승부인 해령에서 더 크다.

ㄴ. (○) 해저 지형에서 가장 깊은 곳은 수심이 6,000m 이상인 해구이다.

오답 해설

ㄷ. (×) 저탁류는 대륙주변부 중 경사가 급해지는 대륙 사면에서 주로 나타난다.

37

정답 해설

④ 상승 응결 고도(H)는 H(m) = 125(T−T_d)이며, T = 30℃, H = 800m이므로 지표면에서의 이슬점은 T_d =23.6℃이다. 건조 단열 감률이 1℃/100m이므로 고도가 800m인 지점에서 공기의 온도는 22℃이다. 또한 800~2,000m 구간에서 공기는 습윤 단열 변화를 하므로 산꼭대기에서 공기의 온도는 16℃이다. 그리고 다시 산꼭대기에서 B 지점으로 오는 동안 공기는 건조 단열 변화를 하므로 B 지점에서 공기의 온도는 36℃이다.

38

정답 해설

⑤ 태양은 주계열성이다. 주계열 단계에서는 중심핵에서 수소 핵융합 반응이 일어난다.

오답 해설

① 코로나는 태양의 가장 바깥쪽 대기로, 광구에 비해 어두워서 태양이 가려지는 개기일식 때 관찰할 수 있다.
② 태양의 자전 속도는 흑점의 이동 속도를 통해 알 수 있다. 흑점의 이동 속도를 통해 구한 태양의 자전 주기는 적도에서는 약 25일, 중위도에서는 약 28일, 고위도에서는 약 35일이다. 그러므로 태양의 자전 속도는 적도보다 고위도에서 느리다.
③ 광구는 태양 표면에 해당하는 부분이다.
④ 흑점수의 극대 또는 극소 주기는 평균 11년이다.

39

정답 해설

ㄱ. (O) 세 별의 겉보기 등급과 절대 등급이 나와 있으므로 거리 지수 공식 $m - M = 5\log r - 5$에 대입하면 별까지의 거리를 구할 수 있다. 이렇게 구한 별까지의 거리는 A는 100pc, B는 10pc, C는 $10^{\frac{3}{5}}$ pc이다. A까지의 거리는 100pc이므로 연주 시차 공식 $d[pc] = \dfrac{1}{p['']}$에 대입하면 A의 연주 시차는 0.01''이다.

오답 해설

ㄴ. (×) 밝기가 밝을수록 등급 값이 작으므로 겉보기 밝기가 가장 밝은 별은 C이다.
ㄷ. (×) 거리 지수 값이 클수록 멀리 떨어진 별이므로 가장 멀리 있는 별은 A이다.

40

정답 해설

ㄱ. (O) 지구의 자전은 지구가 자전축을 중심으로 하루 동안 시계 반대 방향으로 스스로 한 바퀴 회전하는 운동이다. 따라서 지구 자전 때문에 일어나는 현상은 하루를 주기로 하는 별의 일주운동이다.

오답 해설

ㄴ, ㄷ. (×) 별의 연주 시차와 태양의 연주 운동은 1년을 주기로 하는 운동이므로 지구의 공전 때문에 나타나는 현상이다.

2015년 제52회 정답 및 해설

✔ 문제편 160p

01	02	03	04	05	06	07	08	09	10	11	12	13	14	15	16	17	18	19	20
②	정답없음	④	⑤	①	①	⑤	③	②	③	④	문제오류	⑤	⑤	④	⑤	④	③	①	③
21	22	23	24	25	26	27	28	29	30	31	32	33	34	35	36	37	38	39	40
②	④	⑤	①	①	②	③	③	④	⑤	①	④	③	①	③	⑤	③	④	②	④

01

답 ②

정답 해설

② 실이 끊어지기 전 등속운동을 하면 합력이 0이므로 A, B, C를 한 덩어리로 보고, A와 B에 작용하는 마찰력을 각각 f라고 하면 $mg = 2f$이고 $f = \mu mg$이다. $\mu = \dfrac{1}{2}$이 된다. 물체 A와 B 사이의 줄이 끊어지면 $mg - f = 2ma$에서 $f = \dfrac{1}{2}mg$이므로 $a = \dfrac{1}{4}g$이다.

02

답 정답없음

정답 해설

원통형 도르래에 대해 작용하는 힘이 물체의 무게인 mg가 아닌 실의 장력 T이기 때문에 물체와 원통형 도르래의 2가지로 나누어 운동방정식을 세워야 한다.

물체의 운동방정식은 $mg - T = ma$이고 원통형 도르래의 운동방정식은 $TR = I\alpha = I\dfrac{a}{R}$이므로 $T = \dfrac{aI}{R^2}$가 되고

$a = \dfrac{mg}{m + \dfrac{I}{R^2}} = \dfrac{15}{4}\,\mathrm{m/s^2}$이며, $R = \dfrac{3}{5}$이므로 $\alpha = \dfrac{25}{4}\,\mathrm{rad/s^2}$이 된다.

원통은 등각가속도운동을 하므로 $20\pi = \dfrac{1}{2} \times \dfrac{25}{4} \times t^2$에서 $t = \sqrt{\dfrac{32}{5}\pi}$가 되어 보기에는 정답이 없다.

03

정답 | 해설

④ 각운동량은 $L = Iw$이다. 여기서 회전관성모멘트 I는 원형 고리와 막대기로 된 정삼각형이 내접한 모양의 구조물이다.

먼저 $I = mR^2$이고, 원의 선밀도 $\mu = \dfrac{m}{2\pi R}$이므로 원형 고리의 $I = \mu 2\pi R R^2 = 2\pi \mu R^3$이고, 막대 하나의 회전 관성모멘트는

$I = I_{cm} + md^2$에서 $I = \dfrac{1}{12}\mu\sqrt{3}R3 R^2 + \mu\sqrt{3}R\dfrac{R^2}{4} = \dfrac{\sqrt{3}}{2}\mu R^3$이다. 여기서 막대 한 개의 길이는 $\sqrt{3}R$이어서

$m = \mu l = \mu\sqrt{3}R$이고, 막대 한 개의 질량 중심에서 회전축까지의 거리는 $\dfrac{R}{2}$이다. 그러면 막대 세 개의 회전 관성모멘트는

$\dfrac{3\sqrt{3}}{2}\mu R^3$이 되어서 $I = I_{도르래} + I_{막대3개} = \left(2\pi + \dfrac{3\sqrt{3}}{2}\right)\mu R^3$이다. 그러므로 각운동량은 $L = \left(2\pi + \dfrac{3\sqrt{3}}{2}\right)\mu R^3 w$이다.

04

정답 | 해설

⑤ 막대가 받는 힘은 유도전류에 의한 자기력이 운동방향과 반대 방향의 알짜힘이다. 운동방정식은 $-\dfrac{B^2 l^2 v}{R} = ma = m\dfrac{dv}{dt}$에서

$-\displaystyle\int_0^3 \dfrac{B^2 l^2}{mR}dt = \int_3^1 \dfrac{1}{v}dv$이 되고 $\dfrac{3B^2 l^2}{mR} = \ln 3$이 된다. B에 대해 정리하면 $B = \sqrt{\dfrac{mR\ln 3}{3l^2}}$이다.

05

정답 | 해설

① 전기용량은 $C = \dfrac{Q}{\Delta V_C}$이다. 여기서 ΔV_C는 구형 축전기의 외부전극과 내부전극 양단의 전위차이다. 전위차의 정의에

의해 $\Delta V_C = -\displaystyle\int_{r_3}^{r_2} \dfrac{Q}{4\pi\epsilon_2 r^2}dr - \int_{r_2}^{r_1} \dfrac{Q}{4\pi\epsilon_1 r^2}dr$에서 $\Delta V_C = \dfrac{Q}{4\pi\epsilon_2}\left(\dfrac{1}{r_2} - \dfrac{1}{r_3}\right) + \dfrac{Q}{4\pi\epsilon_1}\left(\dfrac{1}{r_1} - \dfrac{1}{r_2}\right)$가 되어 $C = \dfrac{Q}{\Delta V_C}$에 대

입을 하면 $C = \dfrac{4\pi\epsilon_1\epsilon_2 r_1 r_2 r_3}{\epsilon_1(r_1 r_3 - r_1 r_2) + \epsilon_2(r_2 r_3 - r_1 r_3)}$이 된다.

06

정답 해설

① 저항값 R을 갖는 두 저항기를 병렬로 연결한 회로 양단에 내부 저항이 0.05Ω이고 전압이 $15V$인 전지를 연결하면 전체 합성저항이 $\frac{R}{2}+0.05$가 되어 저항기 한 개에 흐르는 전류는 $I_p = \dfrac{15}{\frac{R}{2}+0.05} \times \frac{1}{2}$이다. 또한 저항기를 직렬로 연결한 회로 양단에 같은 전지를 연결하면 전체 합성저항이 $2R+0.05$가 되어 저항기 한 개에 흐르는 전류가 $I_s = \dfrac{15}{2R+0.05}$이다. 문제 $\dfrac{I_P}{I_S} = \dfrac{3}{2}$인 조건에 대입을 해보면 $R=0.2$이다.

07

정답 해설

⑤ 현에서의 정상파 일반식 $f = \dfrac{n}{2L}\sqrt{\dfrac{T}{\mu}}$ 에서 장력이 T_1 일 때의 제2조화 진동수는 장력을 T_2로 하였을 때의 제1조화 진동수와 같다고 했으므로 $\dfrac{2}{2L}\sqrt{\dfrac{T_1}{\mu}} = \dfrac{1}{2L}\sqrt{\dfrac{T_2}{\mu}}$ 에서 $T_2 = 4T_1$ 이다.

08

정답 해설

③ 엔트로피 변화량은 $\Delta S = \displaystyle\int \dfrac{dQ}{T}$ 이다. 여기서 $dQ = dU + dW = \dfrac{3}{2}nRdT + nRdT$이다. a의 온도를 T_0으로 잡으면 b의 온도는 $9T_0$가 된다. 그러므로 $\Delta S = \displaystyle\int_{T_0}^{9T_0} \dfrac{\frac{3}{2}RdT}{T} + \int_{T_0}^{9T_0} \dfrac{RdT}{T} = 4R\ln 3$이다.

09

정답 해설

② 폭이 L인 무한우물에서의 양자화된 고유에너지는 $E_n = \dfrac{n^2 h^2}{8mL^2}$ 이다. $E_1 = \dfrac{h^2}{8mL^2}$ 에서 m이 2배, L이 2배이면 E_1의 $\dfrac{1}{8}$ 이 된다.

10

답 ③

정답 해설

③ $\lambda_A = \dfrac{h}{m_A v_A}$ 이고, $\lambda_B = \dfrac{h}{m_B v_B}$ 이다. 양변을 나누면 $\dfrac{\lambda_B}{\lambda_A} = \dfrac{m_A v_A}{m_B v_B} = \dfrac{1}{k_m k_v}$ 가 된다.

11

답 ④

정답 해설

④ 프로필렌(C_3H_6)이 단량체인 폴리프로필렌(PP)이다.

폴리프로필렌은 대표적인 열가소성 플라스틱이면서 산촉매조건하에서 이중결합에 첨가가 반복되어 생성된다.

12

답 문제오류

정답 해설

문제 오류로 수록하지 않음

13

답 ⑤

정답 해설

⑤ 농도가 같다면 산 이온화 상수로 비교할 수 있다. Ka가 클수록 센 산이므로 이온화 백분율이 크다.

이온화 백분율 : ① > ② > ③, ④ > ⑤

가장 이온화 백분율이 작은 것을 고르는 것이므로 ③과 ⑤를 비교한다.

농도가 커질수록 이온화 백분율이 작아지므로 0.1M의 CH_3COOH가 가장 이온화 백분율이 작다.

14

정답 해설

⑤ 바닥 상태에서 전자 배치는 예외적으로 24Cr이 $[Ar]4s^13d^5$ 이므로 6개의 홀전자를 가지게 된다.

오답 해설

① 전기 음성도는 같은 주기에서 원자 번호가 클수록 커진다(C < O).
② 등전자 이온에서 원자 번호가 클수록 이온 반지름이 작아진다.
③ 제1차 이온화 에너지는 O가 N보다 작다.
④ 같은 주기에서 최외각 전자가 느끼는 유효 핵전하는 원자 번호가 증가할수록 커진다.

15

정답 해설

④ (가)는 톨루엔의 압력이고 (나)는 톨루엔과 벤젠 혼합 용액의 압력이다.
　벤젠 몰분율 0.6에서 (나) = 톨루엔 + 벤젠 = 600이다.
　(가)에서 0.6의 톨루엔의 압력이 120이므로 벤젠의 부분 증기 압력은 480이다.

16

정답 해설

⑤ 중간체는 HS와 Cl이고 RDS(속도 결정 단계)는 활성화 에너지가 가장 큰 단계 Ⅲ이다. RDS인 단계 Ⅲ의 속도식은 $v = k_3[\text{HS}][\text{Cl}]$ 이다. 다음 두 식을 넣어준다.

$$k_1[\text{Cl}_2] = k_{-1}[\text{Cl}]^2 \rightarrow [\text{Cl}] = \sqrt{\frac{k_1[\text{Cl}_2]}{k_{-1}}}$$

$$k_2[\text{H}_2\text{S}][\text{Cl}] = k_{-2}[\text{HCl}][\text{HS}] \rightarrow [\text{HS}] = \frac{k_2[\text{H}_2\text{S}][\text{Cl}]}{k_{-2}[\text{HCl}]}$$

[Cl]과 [HS] 자리에 위의 두 식을 넣으면 $v = k_3 \dfrac{k_2[\text{H}_2\text{S}][\text{Cl}]}{k_{-2}[\text{HCl}]} \cdot \sqrt{\dfrac{k_1[\text{Cl}_2]}{k_{-1}}}$ 이다.

따라서 H_2S 에 대한 반응 차수는 1이다.

17

정답 해설

④ C는 쉴딩된 피크로 메틸기(CH_3)이고, A는 3.5 근처의 OCH_3이다. C는 3개의 피크가 있어 수소가 옆에 2개, A는 4개의 피크가 있어 수소가 옆에 3개, B는 단일 피크로 옆에 커플링된 수소가 없다.

봉우리의 면적비로 알 수 있는 것은 A는 2개의 수소 피크이고, B와 C는 3개의 피크라는 것이다. A수소가 붙어있는 탄소와 C수소가 붙어있는 탄소는 서로 붙어있고 A수소가 붙어있는 탄소 옆에는 산소가 붙어있다. 가장 끝에는 B수소가 붙어있는 탄소가 달려있어 $CH_3(\ )OCH_2CH_3$와 같은 구조일 것이다. 분자량을 맞추면 $CH_3COOCH_2CH_3$임을 알 수 있다.

18

정답 해설

③ 르샤틀리의 원리에 따라 반응물이 더 많으면 정반응이 유리하고, 생성물이 많으면 역반응이 유리하다. 따라서 반응물이 많으면 전지 전위는 표준환원전위보다 높고, 생성물이 많으면 전지 전위는 표준환원전위가 낮아진다. $[Cu^{2+}] = 0.5M$, $[Zn^{2+}] = 0.1M$로 정반응 물질이 많아 전압은 1.10V보다 크다.

EDTA를 사용하면 Cu^{2+}의 농도를 감소시킨다. 그 결과 역반응이 유리하게 되어 전지 전위가 감소하게 된다.

19

정답 해설

① A는 시스플라틴으로 항암 효과가 있다(시스플라틴 : $Pt(NH_3)_2Cl_2$). d^8화합물로 평면사각형 구조이다. C는 A와 입체이성질체 관계이다.

20

정답 해설

③ 역반응이 빠르므로 평형 상수는 1보다 작다. T_2에서 역반응이 더욱 빠르기 때문에 정반응의 생성물이 T_1에서보다 더 많다. T_2에서 평형 상수는 작아진다. 발열 반응은 역반응의 활성화 에너지가 정반응보다 더 크다. 생성물인 C보다 반응물인 A와 B의 비율이 높아지므로 $\triangle G°$는 T_2에서 더 큰 값을 가진다.

21

답 ②

ㄴ. (×) 용질이 투과할 수 없는 반투과성막을 통해 물이 확산되는 현상이다.
ㄷ. (×) 삼투 시 고농도 용질 부위로 물이 확산되므로 막을 가로지르는 용질 농도기울기는 감소한다.

22

답 ④

정답 해설

④ 해당과정의 ATP는 기질수준 인산화로 생성된다.

오답 해설

③ 세포 호흡의 중간 산물인 시트르산 농도가 증가하면 해당작용의 PFK(인산과당 인산화효소) 등의 주요 효소들이 음성 되먹임에 의해 억제되어 해당작용이 감소한다.

23

답 ⑤

정답 해설

⑤ 수용성 호르몬은 세포막 수용체에 특이적으로 결합된 후 세포 내로 유입되지 않고 수용체를 활성화시켜 내부 신호전달이 일어나도록 하며, 지용성 호르몬은 세포 내부로 확산되어 수용체와 복합체를 형성하면 핵 내에서 특정 유전자의 발현을 조절한다.

24

답 ①

정답 해설

ㄱ, ㄷ. (○) 체온이 떨어지면 TRH, TSH의 분비가 증가하여 티록신의 분비가 촉진되고, 전신의 세포에 작용하여 물질대사를 촉진시켜 체온을 상승시킨다.

오답 해설

ㄴ. (×) 티록신의 과다분비로 농도가 증가하면 시상하부와 뇌하수체 전엽의 TRH, TSH 분비를 음성되먹임하여 감소시키므로 티록신의 농도가 점차 감소하게 된다.
ㄹ. (×) 갑상선 비대증은 요오드 결핍 등으로 티록신 농도가 감소될 때 TSH 분비가 증가하여 갑상선이 과도하게 자극받으면서 나타난다.

25

답 ①

정답 해설

① DNA가 반보존적으로 복제되면서 딸 DNA는 모 DNA로부터 가져온 한 가닥과 새로 합성된 한 가닥이 이중 가닥을 형성하므로, 처음에 모 DNA를 구성하던 ^{15}N를 함유한 두 가닥이 32분자의 딸 DNA 중 두 분자 내에 각각 한 가닥씩 포함되어 있다.

26

답 ②

오답 해설

ㄱ. (×) 유전자는 DNA 내에서 특정 폴리펩티드 합성을 위한 유전 정보가 몰려있는 부위로, 수백개 이상의 뉴클레오티드로 구성된다.

ㄷ. (×) 번역 과정에 직접 관여하는 것은 유전자 부위로부터 전사로 형성된 mRNA이다.

27

답 ③

오답 해설

ㄴ. (×) 배아 내의 모든 세포는 수정란 하나에서 유래되었으므로 동일한 유전체를 지니나, 각기 다른 유전자들이 발현되어 분화(세포의 구조와 기능의 특수화)가 일어난다.

28

답 ③

정답 해설

③ 왓슨과 크릭의 DNA의 분자적 구조를 밝힌 논문에선 DNA가 뉴클레오티드로 구성된 핵산 두 가닥이 꼬여있는 이중 나선 구조이며 이 두 가닥은 서로 역평행하고, 퓨린 염기와 피리미딘 염기가 상보적으로 수소 결합을 형성(A-T, G-C)하고 있음을 밝혔다. 또한 염기 간 상보성을 이용한 반보존적 복제 방식도 제안했다.

29

답 ④

정답 해설

④ 개화는 빛을 감지하는 광수용체를 이용해 연속된 밤의 길이 변화를 파악하여 일어난다.

30

정답 해설

ㄱ. (○) 자포동물(방사대칭) 이후에 나타난 촉수담륜동물(편형, 윤형, 환형 및 연체동물)과 탈피동물(선형 및 절지동물), 그리고
후구동물(극피 및 척삭동물)은 좌우대칭이다.
ㄴ. (○) 진정한 조직은 자포동물부터 나타난다.
ㄷ. (○) 진정한 조직으로 분화가 일어나는 등 파생 형질(후손 생물에서 나타나는 형질)을 더 많이 공유하는 자포동물–탈피동물
사이가 유연관계가 더 가깝다.

31

정답 해설

① 해양판과 대륙판의 수렴경계에서는 천발지진과 중발지진, 심발지진이 발생하며, 판이 섭입되므로 해구가 생성된다. 또한
화산 활동이 일어나므로 대륙판 위에 화산호가 발달한다. 해양판과 대륙판의 수렴경계에서 발달한 지형의 예시로는 나츠카
판과 남미판의 경계에 발달한 안데스 산맥이 있다.

32

정답 해설

④ 신생대는 히말라야 산맥과 알프스 산맥이 형성되고 홍해가 형성되는 등 오늘날과 비슷한 수륙분포가 완성된 시기이다.
또한 이 시기에 한반도에서는 백두산, 제주도, 철원–전곡 일대에서 화산 활동이 일어났다.
판게아의 분리가 시작된 시기는 중생대 초반이며, 한반도에 대규모의 석탄층이 형성된 시기는 고생대이다.

33

정답 해설

ㄱ. (○) 강원도 지역에 대규모로 분포하는 석회암층은 고생대 지층에 해당한다.
ㄴ. (○) 석회암은 시멘트의 원료로 많이 이용된다.

오답 해설

ㄷ. (×) 석회암을 구성하는 탄산칼슘은 낮은 수온, 높은 수압에서 물에 잘 녹는 특성을 가지고 있다. 따라서 수심이 4~5km
이상인 곳에서는 석회암 퇴적층을 발견할 수 없다. 그러므로 석회암층이 발견되면 이 지역은 당시에 수심이 얕은 바다였다는
것을 알 수 있다.

34

정답 해설

① 대륙 지각은 40억 년이 넘는 지각도 발견되는 반면, 해양 지각은 약 2억 년 이상 된 지각이 존재하지 않는다. 해양 지각의 나이가 약 2억 년 이상이 되면, 해양 지각의 밀도가 커져 지구 내부로 섭입하여 소멸된다. 따라서 대륙 지각은 해양 지각보다 나이가 많다.

오답 해설

② 맨틀은 SiO_2의 비율이 45% 이하인 감람암으로 구성되어 있다. 감람암은 초염기성암의 한 종류이다.

35

오답 해설

① 분출암은 관입암보다 빠르게 냉각되어 세립질 조직 또는 유리질 조직을 가진다.
② 염기성마그마는 산성마그마보다 점성이 낮으며 온도가 높다.
④ 염기성암에 존재하는 사장석은 Ca를 많이 포함하고 있고, 산성암에 존재하는 사장석은 Na를 많이 포함하고 있으므로 염기성암에서 산성암으로 갈수록 SiO_2, Na_2O 함량은 증가하며 CaO 함량은 감소한다.
⑤ 염기성암은 유색 광물의 비율이 높으므로 염기성암에서 산성암으로 갈수록 FeO와 MgO 함량은 감소한다.

36

정답 해설

⑤ 상승 응결 고도(H)는 H(m) = 125(T−T_d)이며, T = 30℃, T_d = 20℃이므로 H = 1,250m이다. 따라서 0~500m 구간에서 공기는 건조 단열 변화를 한다. 그러므로 기온 감률은 1℃/100m이며, 이슬점 감률은 0.2℃/100m이다. 따라서 고도 500m인 지점에서의 기온은 25℃, 이슬점은 19℃이다.

37

정답 해설

ㄴ. (○) (가)는 성층권에서 오존층이 있는 구역으로, (가)에서 기온이 상승하는 이유는 태양 복사 에너지 중 자외선을 흡수하는 오존층이 존재하기 때문이다.
ㄷ. (○) (나)는 대류권으로, 대류권의 높이는 저위도에서 높고, 고위도로 갈수록 낮아진다.

오답 해설

ㄱ. (×) (가)는 성층권의 초입에 해당한다.
ㄹ. (×) (나)에서 기압은 고도가 높아질수록 낮아진다.

38

정답 해설

④ (나)에서 최대 에너지를 방출하는 파장(λ_{max})은 A가 B보다 길다. λ_{max}는 별의 표면 온도에 반비례하므로 표면 온도는 B가 A보다 크다. 색지수는 별의 표면 온도가 작을수록 큰 값을 가지므로 색지수는 별 A가 별 B보다 크다.

39

정답 해설

② 절대 등급이 5등급인 별 10,000개로 이루어진 구상성단은 절대 등급이 5등급인 별 1개보다 10,000배 밝다. 별의 밝기는 5등급에 100배만큼 차이가 나므로 별 10,000개로 이루어진 구상성단의 절대 등급은 −5등급이다. 이때 이 성단까지의 거리는 100pc이므로 실제 구상성단의 겉보기 등급은 별까지의 거리를 10pc으로 가정한 절대 등급보다 100배 어둡다. 그러므로 이 성단의 겉보기 등급은 0등급이다.

40

정답 해설

ㄴ. (○) 동짓날 태양의 적경은 18^h이며, 쌍둥이자리가 자정에 남중하였으므로 쌍둥이자리와 태양의 적경 차이는 12^h이다. 따라서 쌍둥이자리의 적경은 약 6^h이다.

ㄷ. (○) 1개월 후에는 태양의 적경이 1^h만큼 증가하므로 1개월 후 자정에 남중하는 별자리는 쌍둥이자리보다 적경이 1^h만큼 큰 게자리이다.

오답 해설

ㄱ. (×) 이날 달은 자정에 거의 남중하고 있으므로 이날 달의 모습은 보름달에 가깝다.

2025 시대에듀 변리사 1차 자연과학개론 10개년 기출문제집

초 판 발 행	2024년 06월 10일(인쇄 2024년 06월 07일)
발 행 인	박영일
책 임 편 집	이해욱
편 저	김학균, 박상일, 조효진, 이윤희
편 집 진 행	석지연
표 지 디 자 인	박수영
편 집 디 자 인	김민설 · 하한우
발 행 처	(주)시대고시기획
출 판 등 록	제10-1521호
주 소	서울시 마포구 큰우물로 75 [도화동 538 성지 B/D] 9F
전 화	1600-3600
팩 스	02-701-8823
홈 페 이 지	www.sdedu.co.kr
I S B N	979-11-383-7270-1 (13400)
정 가	26,000원

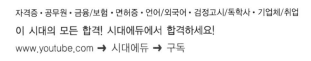